计算机技术
开发与应用丛书

Unity3D插件开发之路

陈星睿 ◎ 著

清華大學出版社
北京

内容简介

本书是一本专注于帮助 Unity3D 开发者学习和掌握 Unity3D 插件开发的优秀指南。本书分析了 Unity3D 插件开发的重要性,探讨了 Unity3D 插件开发的架构设计方法,讲解了 Unity3D 插件开发与测试的核心技术,最后分享了 Unity3D 插件如何进行发布和维护。此外,本书为读者提供了大量的案例,让读者可以更深入地理解和掌握 Unity3D 插件开发的技术和方法。

本书共 9 章,第 1 章介绍 Unity3D 插件开发的必备基础知识,包括开发环境选择、Unity3D 编辑器扩展技术讲解、ScriptableObject 详解和 Unity3D 插件开发的常用类介绍,读者将从这里掌握 Unity3D 插件开发的各种"神兵利器"。第 2 章对插件架构设计做了详细介绍,其中包括软件架构设计的常用方法和 Unity3D 插件架构设计所涉及的内容,读者可以系统地对 Unity3D 插件开发有所了解。第 3～7 章从基础过渡到高级,重点探讨了 Unity3D 插件的高级开发技术,包括 Unity3D 插件开发的高级功能、跨平台技术、对现有插件的扩展、优化和测试方法及如何发布和维护,读者将学习设计灵活可扩展的插件开发方式,并了解优化插件性能的方法和插件的发布和维护流程。第 8 章对 Unity3D 插件的商业化和市场推广进行了概括,读者将从这里知道插件出售的商业模式、定价策略、市场推广技巧和插件更新策略。第 9 章展望了 Unity3D 插件开发的未来,介绍了新的技术发展趋势和发展方向,读者将从这里获得对 Unity3D 插件开发趋势的前瞻性认识,以及 Unity3D 插件开发的发展前景和机遇。

本书采用渐进式的方法进行阐述,对于初学者来讲十分友好。另外,本书中涉及的软件架构设计思想和插件的发布运营方式对于具备多年开发经验的开发者也有一定的参考价值,因此无论是为了提升自己的开发技能,还是为了开发出优秀的 Unity3D 插件,抑或是为了对插件进行分享、出售等,本书都是一本不错的实用指南。

图书在版编目(CIP)数据

Unity3D 插件开发之路 / 陈星睿著. -- 北京 : 清华大学出版社, 2025. 1.
(计算机技术开发与应用丛书). -- ISBN 978-7-302-67914-1
Ⅰ. TP311.5
中国国家版本馆 CIP 数据核字第 2025YC5113 号

责任编辑: 赵佳霓
封面设计: 吴 刚
责任校对: 时翠兰
责任印制: 宋 林

出版发行: 清华大学出版社
网　　址: https://www.tup.com.cn, https://www.wqxuetang.com
地　　址: 北京清华大学学研大厦 A 座　　**邮　　编:** 100084
社 总 机: 010-83470000　　**邮　　购:** 010-62786544
投稿与读者服务: 010-62776969, c-service@tup.tsinghua.edu.cn
质量反馈: 010-62772015, zhiliang@tup.tsinghua.edu.cn
课件下载: https://www.tup.com.cn,010-83470236
印 装 者: 北京鑫海金澳胶印有限公司
经　　销: 全国新华书店
开　　本: 186mm×240mm　　**印　　张:** 16.25　　**字　　数:** 365 千字
版　　次: 2025 年 3 月第 1 版　　**印　　次:** 2025 年 3 月第1次印刷
印　　数: 1～1500
定　　价: 69.00 元

产品编号:106007-01

序 一

FOREWORD

Unity 作为全球主流的 3D 引擎之一，已逐渐在游戏、影视、文旅、建筑和教育等多个宽广领域绽放其独特魅力，而 Unity 插件，作为 Unity 生态系统中不可或缺的一部分，显著地提升了 Unity 的开发效益和对引擎的扩展潜能。

《Unity3D 插件开发之路》是一本深入浅出的系统性书籍，全面揭示了 Unity 插件开发的全过程。在书中，作者以 Unity 插件开发为主线，详细解读了 Unity 开发者所需掌握的核心技术，其内容囊括 Unity 编辑器扩展技术、软件架构设计、插件架构设计、插件交互技术、跨平台技术、Unity 优化技术及代码测试技术等。作者对这些技术深入地进行了技术解析和实例讲解，对于初学者或资深开发人员都有很好的指引意义。

其次，作者也对 Unity 插件开发及其扩展的必要性和意义进行了深刻阐述，这对于提升 Unity 开发者的插件化思维有着很有意义的影响。本质上，通过插件化的开发方式对一个复杂的软件系统进行拆解后，既能简化系统的复杂度，满足高内聚低耦合的设计理念，又能让插件可以独立开发、测试及满足个性化需求，从现实角度提升了系统的可维护性和灵活性。

此外，书中还详细介绍了 Unity 插件的发源地——Unity Asset Store 和 Unity Package Manager。为众多开发者提供了各式各样的开发资源和插件管理的能力，同时也为插件开发者提供了一条将技术创新推向社区，或转换为收入的途径。作者对此也投入了大量的笔墨，例如将插件上传到 Unity Asset Store，或上传到 Unity Package Manager 等，作者都从开发者角度逐步骤进行了演示。书中对插件的商业化策略和市场推广也给出了教学指导建议。

最后，本书也结合了行业内外的最新技术，对未来的 Unity 插件的发展方向进行了合理预测，既立足于目前状况，又远瞻未来技术，这将有助于 Unity 开发者在这个飞速发展的科技时代抓住先机，为数字空间设计、数字人智能化、数实结合视频开发、元宇宙开发探索、游戏开发等提供帮助。

李　琳

中国移动首席专家

2024 年 12 月

序二

FOREWORD

《Unity3D 插件开发之路》是一本深入浅出阐述 Unity 引擎插件开发的书籍。对初学者非常友好，覆盖了 Unity 入门的开发知识，同时也囊括了开发 Asset Store 插件的高级内容。本书从基础入手，逐步深入到架构设计、高级功能实现、跨平台开发、插件优化与测试，直至最终的发布流程，构建了一个完整的学习框架。

Unity Asset Store 是官方的在线资产和插件市场，于 2010 年推出正式上线，至今已经有十余年时间。商店内提供了种类繁多的游戏开发资源，极大地丰富了 Unity 的生态系统。目前 Asset Store 拥有数百万活跃用户，对于插件开发者来讲，Asset Store 提供了一种将技术专长和创意转换为实际收入的渠道。开发者可以通过销售 Unity 插件获得收入，甚至将其发展为主要的收入来源。

书中，作者细致地探讨了如何扩展现有插件、优化与测试策略，以及最终的发布流程。特别是第 6 章中的调试与优化方法，涵盖了从 Unity 内置工具到外部调试器的使用，再到内存、CPU 和 GPU 的优化策略，为提升插件性能提供了全面指导，而第 7 章关于插件发布的详细介绍，确保开发者能够以专业的方式将作品呈现给用户，包括打包、文档编写和常见问题解答的准备等，这些对于提高用户体验极为重要。

《Unity3D 插件开发之路》是一本内容丰富、结构清晰、实践性强的操作指南。它不仅教会读者如何开发插件，更重要的是，引导他们如何高效、高质量地完成整个开发周期的工作。无论是 Unity 新手还是资深开发者都能从中获取灵感与知识，进一步提升在 Unity 平台上的开发能力。这本书无疑是 Unity 插件开发领域的一盏明灯，照亮了开发者的技术进阶之路。

张黎明

Unity 大中华区技术总监

2024 年 12 月

前言

PREFACE

目前的软件开发早已进入了插件化开发模式，这种模式既能满足软件系统设计的高内聚低耦合原则，又有利于团队之间合作协同，还能方便应用程序的差异化更新。Unity3D 作为一款应用广泛的商业游戏引擎，也为插件开发提供了良好的生态环境。

2005 年 6 月 Unity 发布了第 1 个版本，用以创作 2D 和 3D 游戏，之后持续迭代，2010 年 9 月 Unity 发布了 Unity3D 3.0 版本，此版本除了引入了全新的 Shuriken 例子系统和支持 Flash Player 11 的功能外，同年 11 月便发布了 Unity Asset Store，用于对资产进行管理，但是初期的 Asset Store 提供的内容相对较少，主要是一些基础资源和插件，从此便打开了插件市场的大门。直到 2012 年，Asset Store 积累了大量的资源和工具，其中包括模型、纹理、音效、场景等资产，如此庞大的资产汇集让 Asset Store 成为 Unity 开发者非常重要的资产获取渠道之一。此后，Unity Asset Store 便开始彻底走红。截至现在，Asset Store 包含的插件已经扩展到教育、医疗、建筑、汽车、交通、AI 等多个领域了，Unity Technologies 依然在不断地维护和更新 Asset Store，推动更多的独立开发者和团队参与插件开发，共建 Unity 开发生态系统。Unity Asset Store 的官网界面如图 1 所示。

图 1　Unity Asset Store 官网

无独有偶，虽然 Unity Asset Store 是一个很好的工具，可以让开发者轻松获取第三方的资源和工具，但整个工作流程仍然分散，开发者在工程里管理和更新它们不方便，尤其是在下载的资产包之间存在依赖时会非常烦琐，Unity 在 2017 年的 Unity 版本 2017.1 中引入了 Unity Package Manager 来解决依赖管理问题，但当时它的使用范围还比较有限。真正让 Unity Technologies 将 Unity Package Manager 作为一项核心功能的是在 2018 年发布的 Unity 2018.1 版本，它内置在 Unity 引擎里，用于管理和维护项目中使用的第三方资源和依赖项。开发者可以轻松地添加、配置和升级项目中所依赖的第三方资源和工具，还可以方便地管理 Unity 引擎的版本和扩展包。此外，它还支持多种版本管理、依赖解析和自动化构建等功能，可以帮助 Unity 开发者大大提高开发效率和代码质量。与 Unity Asset Store 相比，Unity Package Manager 则是将多项开发工作流程整合到了一个单一的统一的平台，提高了资产的可重用性。Unity Package Manager 界面如图 2 所示。

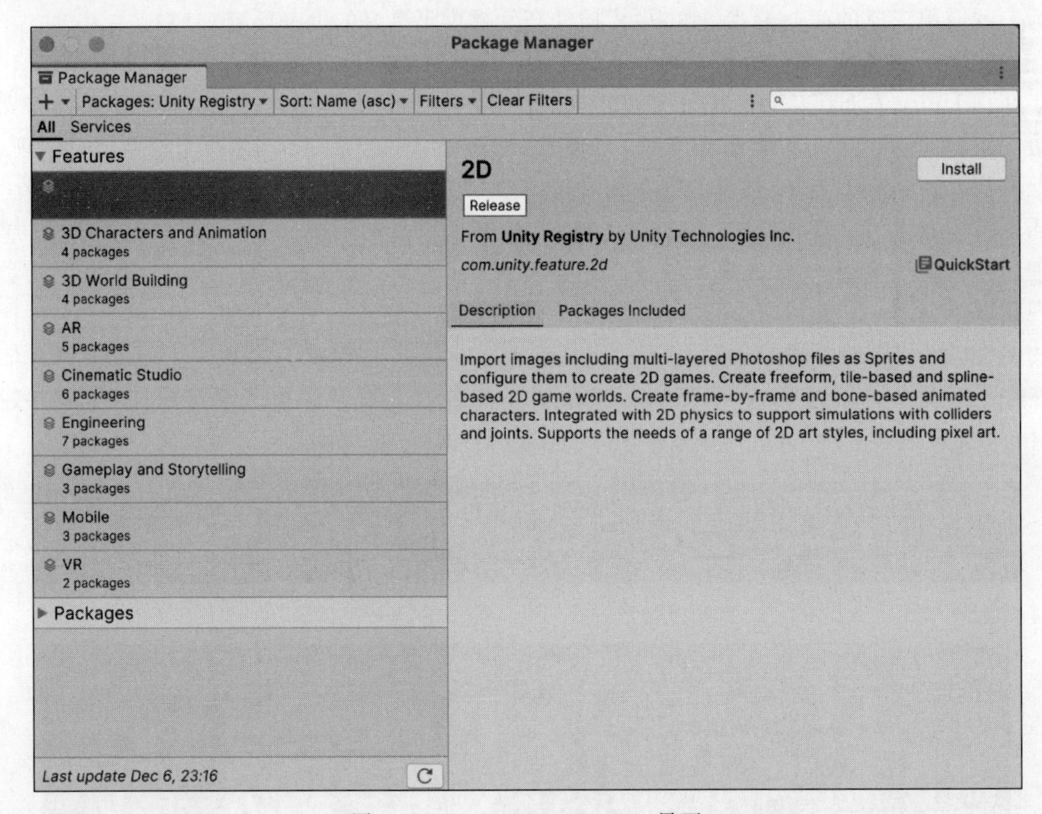

图 2 Unity Package Manager 界面

简单来讲，Unity Package Manager 是一个依赖管理工具，专注于包的集成和版本控制，而 Unity Asset Store 是一个资源市场，用于寻找和购买开发游戏所需的各种资产。两者都是通过插件化开发思想进行资源管理的，它们在共筑 Unity 的开发生态系统上相辅相成。

总而言之，插件化的开发模式早已成为软件设计的趋势，而 Unity 又给开发者提供了两套插件管理系统，因此无论开发者是想通过插件来完成软件系统开发，还是通过发布插件来获得利润，Unity3D 插件开发都将是一条坦途。

本书主要内容

本书以 Unity3D 引擎为基石，以插件开发为导向，辅以开发技巧与方法，旨在铺就一条 Unity3D 插件开发之路。本书可帮助读者掌握 Unity3D 插件开发的基础技能和进阶技术，并提供了一系列实用的案例，辅助读者走上从初学者到高级开发者的成长之路。

本书全文不仅是从技术到方法的演进，更是从基础到深入的逐一解析，希望每章都能让读者有所收获。

第 1 章详细介绍了 Unity3D 插件开发的基础，从开发环境的准备到对 Unity3D 编辑器的扩展技术，再到对自定义数据容器 ScriptableObject 的一笔浓墨，最后到对 Unity3D 常用类的分类及详细介绍，这些知识足以为读者打开 Unity3D 插件开发之路的大门。

第 2 章以软件架构设计思想对 Unity3D 的插件开发进行了艺术性抽象和步骤性总结，程序开发本身也是一种艺术，作为研发人员谁不愿拥有优雅的代码，同时又有良好的质量呢？

第 3 章讲解一些常见的高级功能，掌握这些高级的通信与协作技术可以进一步提升代码的质量，降低复杂需求的实现难度。再结合 Unity3D 编辑器的扩展技术便能开发出提升开发效率的个性化工具。

第 4 章阐述跨平台插件开发的一些方法与技巧，掌握这些跨平台的方法可以帮助读者在开发跨平台应用的插件时，提升其兼容性。

第 5 章对现有插件进行扩展，从而形成更便捷的插件，此种应用颇多，尤其是对现有插件扩展一些编辑器功能，以此来快速地进行操作。

第 6 章总结了一系列调试方法、优化方法和测试方法，掌握这些技术可能帮助读者有效对疑难问题进行排查优化，最后输出一个稳健性强的插件。

第 7 章介绍插件开发完成后如何打包、如何规范文档、如何发布、发布到哪里及如何推广宣传的方法，掌握这些方法读者便可以合法地对插件进行售卖了。

第 8 章介绍插件的商业模式、定价策略和市场的推广方法与技巧，以及如何进行用户支持与插件更新维护。

第 9 章根据目前的技术发展和个人经验，分享一些对 Unity3D 插件开发的方向预测和对未来的展望。

阅读建议

本书是一本完整讲解 Unity3D 插件开发生态的书籍，既有基础知识，又有丰富的案例，包括详细的操作步骤和完整的代码脚本，实操性强。为了更好地阅读和理解本书内容，以下是一些阅读须知和建议：

(1) 本书以模块化架构设计思想为核心讲解如何进行 Unity3D 插件开发。

(2) 本书涉及代码技术的章节不适用于纯美术资源或 Shader 的插件，仅适用于涉及代码开发的插件。

(3) 在阅读本书之前，建议读者先了解 Unity3D 引擎的基本操作，如果对这方面不熟悉，则可以先阅读一些 Unity3D 的基础操作教程。

(4) 本书是按从基础到高阶，从开始设计到最后发布部署的顺序展开的，建议读者按顺序逐章阅读。每章都包含了相关的概念、实例和代码示例，可以帮助读者逐步理解和掌握这些技术和技巧。

(5) 本书的案例都有完整的代码，建议读者在阅读过程中可以同步实践练习，并能举一反三地修改本书案例，进一步掌握这些技术，最后在实际项目中学以致用。

扫描目录上方的二维码，可获取本书源代码。

致谢

一直以来都有将所学所思落笔成书之念，此时又恰逢从业十年，虽时常有积累准备，但又有些彷徨与自我设限。直到有一天我的妻子点醒我“欲买桂花同载酒，终不似，少年游”，想做，便提笔，故而写下此书。在此感谢我的妻子和女儿给予我的鼓励和支持，同时也感谢清华大学出版社赵佳霓编辑的指导。

由于时间仓促且本人水平有限，书中难免存在不妥之处，请读者见谅并批评指正。

陈星睿

2024 年 12 月

目录

CONTENTS

本书源码

第 1 章

CHAPTER 1

Unity3D 插件基础

Unity3D 的插件开发几乎涉及 Unity 引擎的所有技术层面，无论是对编辑器的扩展，还是对渲染管线的扩展都可以插件的形式存在，这完全取决于开发者开发的插件所归属的功能类别，但无论是什么类别的插件（纯美术资源插件除外）都会用到一些 Unity 的基础技术，本章将选取其中最常用的技术进行详细讲解。

1.1 Unity3D 插件开发准备

使用 Unity 引擎进行开发需要安装开发环境，但只需安装 Unity 引擎和编写代码的集成开发环境（Integrated Development Environment，IDE）工具。Unity 的安装需要在 Unity 官网下载 Unity Hub，然后通过 Hub 选择一款或者多款 Unity 引擎版本安装，这里需要注意区分使用的是国际版还是中国版。最后，IDE 的安装目前有 3 种主流的选择。

1.1.1 Visual Studio

Visual Studio 是一款强大的集成开发环境，提供了丰富的功能和工具。Unity 官方推荐使用 Visual Studio 作为 Unity 的默认脚本编辑器，它提供了强大的调试功能、智能代码完成、语法高亮和代码重构等特性，Visual Studio 支持 C# 和 Unity 脚本的开发。Unity 在 Windows 和 macOS 系统目前都支持 Visual Studio。如果没有安装 Visual Studio，则可以从官网手动下载、安装并进行设置。需要注意的是 Unity 从 2018.1 版本开始，安装时已会自动检测是否已安装了 Visual Studio，必要时会自动安装 Visual Studio。在安装 Unity 版本时勾选安装 Visual Studio 模块如图 1-1 所示。

当 Visual Studio 下载完成后，再勾选支持 Unity 的选项，其他的选项可以选择性勾选，如图 1-2 所示。

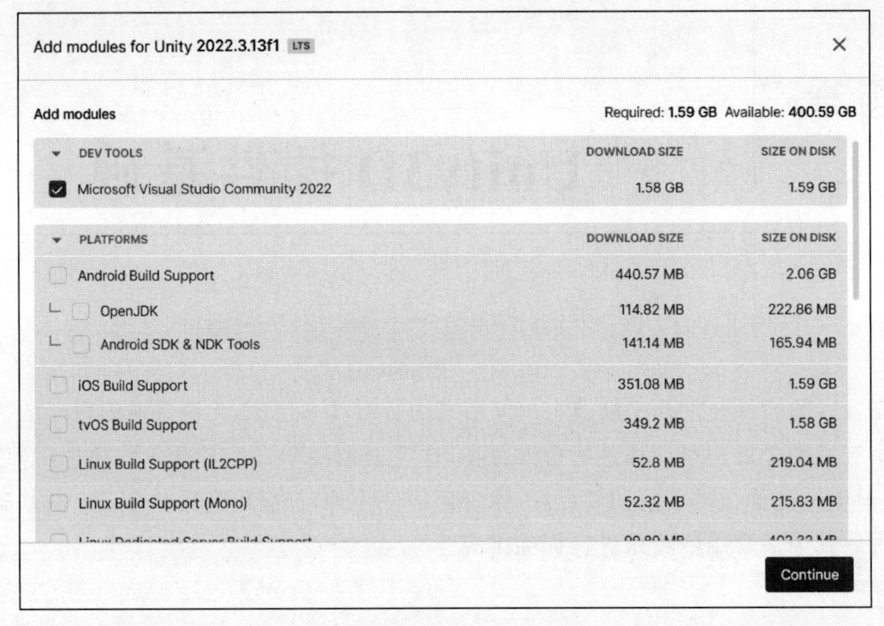

图 1-1 Unity 2022 安装界面

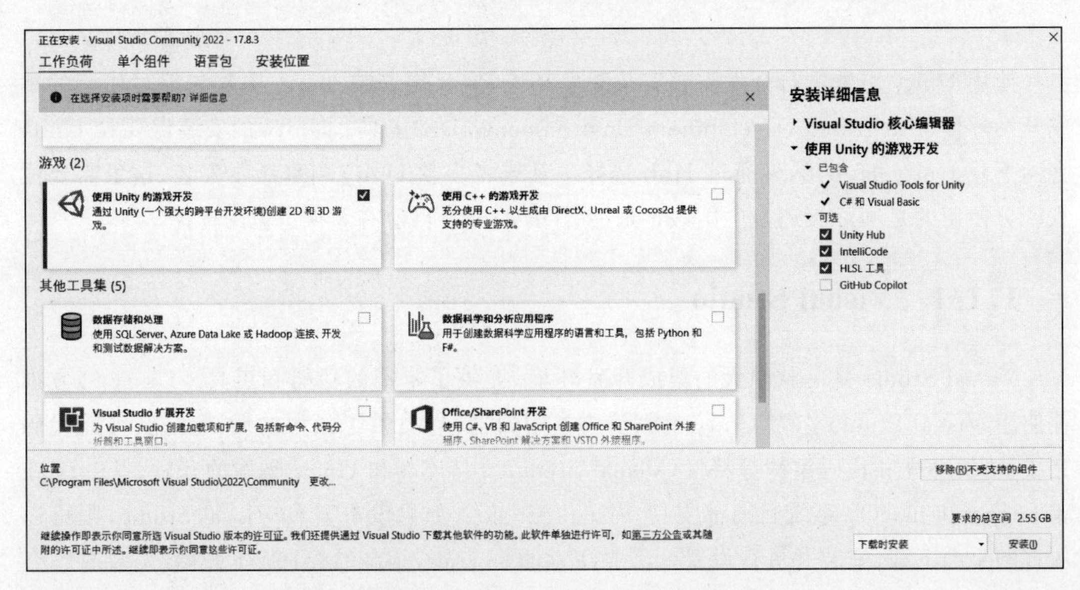

图 1-2 Visual Studio 2022 安装界面

1.1.2 JetBrains Rider

JetBrains Rider 是由 JetBrains 开发的一款跨平台的.NET 和 Unity 集成开发环境。它提供了丰富的功能，包括智能代码完成、重构、调试和版本控制集成等。Rider 专注于提供高效的 Unity 开发体验，并对 Unity 项目有良好的集成支持，目前支持在 Windows 系统、macOS 系统和 Linux 系统上安装及使用。Rider 需要从官网手动下载并安装，安装后在 Unity 引擎中选择 Edit→Preferences→External Tools 选项，设置后才能正常使用，如图 1-3 所示。

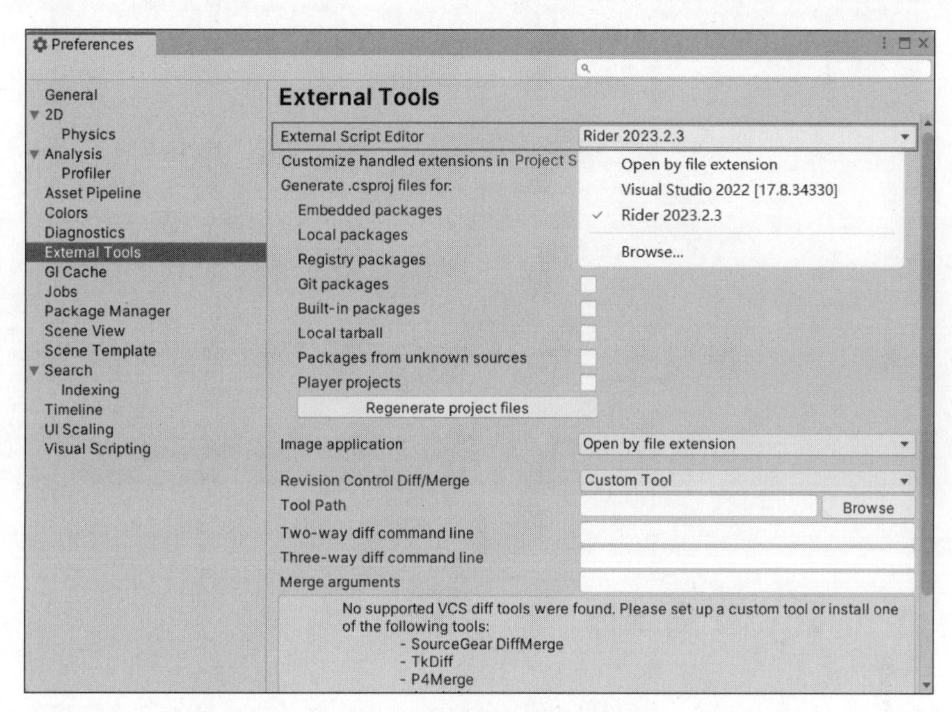

图 1-3　Unity 设置 Rider 界面

1.1.3　Visual Studio Code

Visual Studio Code 是一个轻量级的跨平台的源代码编辑器，也是一款比较热门的 IDE。它具有丰富的插件生态系统，可以扩展其功能来支持各种编程语言和框架，也包括 Unity 开发。通过安装适当的插件，开发者可以在 Visual Studio Code 中编写、调试和管理 Unity 项目。它目前支持在 Windows、macOS 和 Linux 系统上安装及使用。Visual Studio Code 可从官网手动下载并安装，安装好后同样需要在 Unity 引擎中进行设置才能正常使用，如图 1-4 所示。

读者可以根据自己的偏好选择 IDE，个人推荐在前两者任选其一。其实在 Unity 2018.1 版本之前默认安装的是 Mono Develop 脚本编辑器，但这个编辑器从 Unity 2018.1 版本开始便不再维护了，因此本书不推荐，仅了解即可。最后需要说明的是，本书的开发环境选择的是国际版 Unity 2022.3.13f1 和 Visual Studio 2022(偶尔也用 2019 版本)，读者可根据实际情况进行选择。

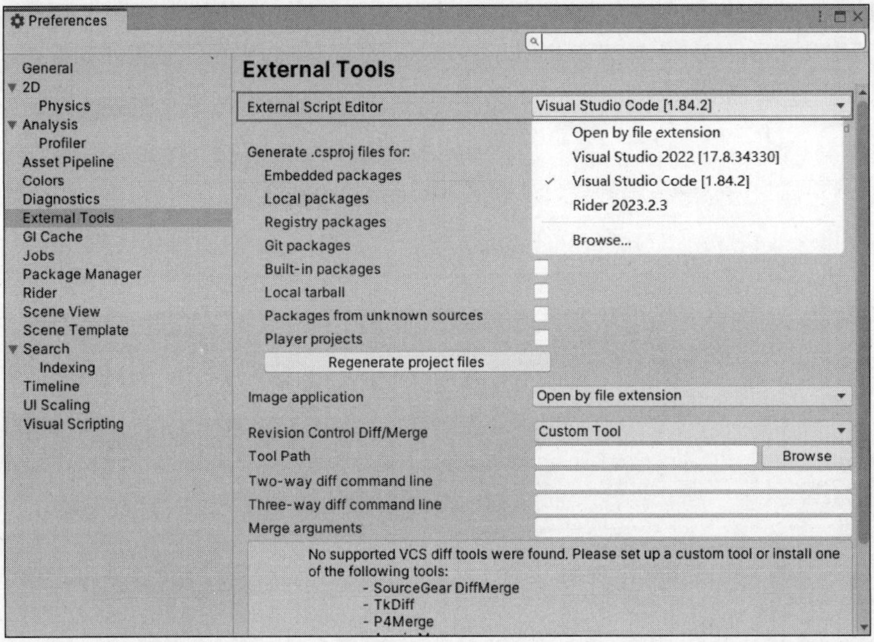

图 1-4 Unity 设置 Visual Studio Code 界面

1.2 Unity3D 编辑器扩展技术

众所周知，Unity 引擎是一款闭源引擎，因此为了让开发者拥有更加灵活的开发方式，Unity 团队提供了强大的编辑器扩展能力，开发者通过这些可扩展的 API 可以创作出独具特色的编辑器窗口。

1.2.1 Project 视图扩展

Project 视图是一个用于管理项目资源的面板，它显示了项目中的文件和文件夹，以及用于编辑和组织这些资源的工具和选项。由于默认的布局比较简单，本节将用一个案例来学习如何扩展它。

【案例 1-1】 新建一个 Unity 工程，在 Project 视图中可以右击选中是否一键创建工程管理文件夹，包含 Scripts（脚本）、Scenes（场景）、Prefabs（预制件）、Materials（材质）、Textures（纹理）、Sprites（精灵图）、Models（模型）、Audios（音频）、Fonts（字体）和 Animations（动画）这些文件夹，然后每个文件夹可以通过单击其右侧的"查询"按钮或者右击"查找当前目录下未被使用资源"来查询此目录有哪些从未被使用过的资源。如果检测到了，则选中这些资源，以便后续操作。

首先，扩展右键菜单，实现在任意文件夹下面一键生成这些资产目录，代码如下：

```
//第 1 章/Script_1_1.cs

//定义资产目录数组
static string[] directoriesArray = new string[]
{
    "Scripts", "Scenes", "Prefabs", "Materials", "Textures",
    "Sprites", "Models", "Audios", "Fonts", "Animations"
};

//<summary>
//创建资产管理目录
//</summary>
[MenuItem("Assets/PluginDev/创建资产管理目录")]
private static void CreateAssetDirectories()
{
    for (int i = 0; i < directoriesArray.Length; i++)
    {
        string path = string.Format("{0}/{1}", AssetDatabase.GetAssetPath(Selection.
activeInstanceID),directoriesArray[i]);
        if(!Directory.Exists(path))
        {
            Directory.CreateDirectory(path);
        }
    }
    AssetDatabase.Refresh();
}
```

实现效果如图 1-5 所示，右击 Project 视图的任意目录便会出现 PluginDev→“创建资产管理目录”的选项。

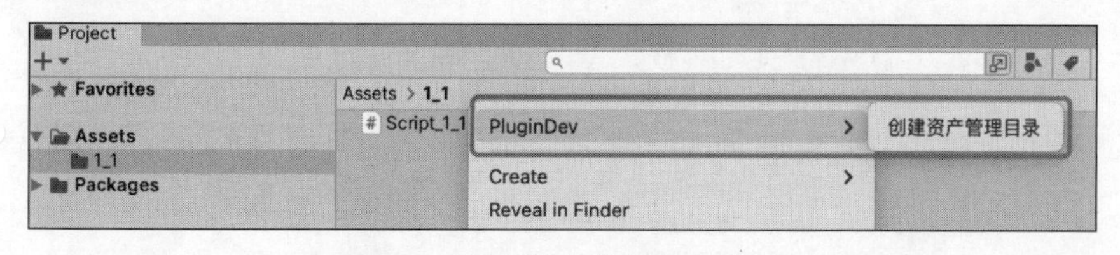

图 1-5 “创建资产管理目录”选项

需要注意的是，Unity 引擎的目录操作方式是只选中文件夹，实际上无法获取正确的路径，为了确保调用 Selection 类的变量能获取正确的路径，需要先选中区域 1 内的目录，然后在选中目录的区域 2 的位置单击一下才会真正激活，如图 1-6 所示。

接下来实现查询工程下的所有资产依赖的功能，这里需要先通过 AssetDatabase.GetAllAssetPaths 接口获取所有的资产路径，再通过 AssetDatabase.GetDependencies 接口获取所有资产的依赖资产，然后对选中的文件下的资源进行依赖查找即可，代码如下：

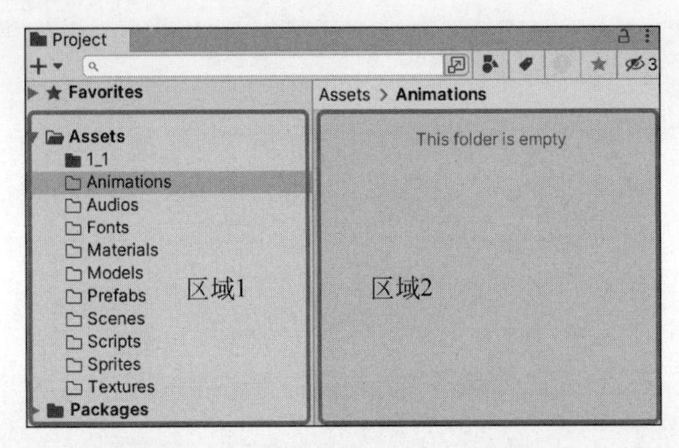

图 1-6 Unity Project 视图点选激活

```
//第 1 章/Script_1_1.cs

//定义资产引用存储字典
static Dictionary<string, string[]> assetDependenciesDict = new Dictionary<string, string[]>();

//<summary>
//绘制 Project 列表项
//</summary>
[InitializeOnLoadMethod]
private static void Initialization()
{
EditorApplication.projectWindowItemOnGUI = delegate(string guid, Rect selectionRect) {
//确保选择有效且是文件夹
        if (Selection.activeObject && guid == AssetDatabase.AssetPathToGUID(AssetDatabase.
GetAssetPath(Selection.activeInstanceID)) && AssetDatabase.IsValidFolder(AssetDatabase.
GetAssetPath(Selection.activeInstanceID)))
        {
            float width = 50f;
            selectionRect.x += (selectionRect.width - 50f);
            selectionRect.y += 2f;
            selectionRect.width = width;
            GUI.color = Color.green;
            if (GUI.Button(selectionRect, "查询"))
            {
                FindUnusedAsset();
            }
            GUI.color = Color.white;
        }
    };
}
```

```
//<summary>
//刷新资源依赖数据
//</summary>
private static void GetAssetDenpenciesDict()
{
    assetDependenciesDict.Clear();
    string[] pathArray = AssetDatabase.GetAllAssetPaths();
    for (int i = 0; i < pathArray.Length; i++)
    {
        string path = pathArray[i];
        var dependencies = AssetDatabase.GetDependencies(path).ToList();
        //移除自身,否则将会获取引擎的一些配置资源
        dependencies.Remove(path);
        if (dependencies.Count > 0)
            assetDependenciesDict.Add(path, dependencies.ToArray());
        EditorUtility.DisplayProgressBar("正在重建资产资源字典", path, (float)i + 1 /
pathArray.Length);
    }
    EditorUtility.ClearProgressBar();
}

[MenuItem("Assets/PluginDev/查找当前目录下未被使用资源",false,2)]
private static void FindUnusedAsset()
{
    //刷新资源依赖数据
    GetAssetDenpenciesDict();

    string targetDir = AssetDatabase.GetAssetPath(Selection.activeInstanceID);
    if (string.IsNullOrEmpty(targetDir))
    {
        Debug.LogWarning("选择的目录为空!");
        return;
    }

    //如果选中的为文件,则取文件所在目录
    if (!AssetDatabase.IsValidFolder(targetDir))
    {
        targetDir = Path.GetDirectoryName(targetDir);
    }

    DirectoryInfo di = new DirectoryInfo(targetDir);
    //过滤掉meta文件
    FileInfo[] fis = di.GetFiles().Where(file => !file.Extension.Contains(".meta")).
ToArray();
```

```
        List<Object> targets = new List<Object>();
        for (int i = 0; i<fis.Length; i++)
        {
            string rp = fis[i].FullName.Replace(Application.dataPath + "/", "Assets/");
            //查询资源是否被引用过
            var result = assetDependenciesDict.Where(m => m.Value.Contains(rp)).ToArray();
            if (result.Length <= 0)
            {
                targets.Add(AssetDatabase.LoadMainAssetAtPath(rp));
            }
        }
        //选中未被使用过的资源
        Selection.objects = targets.ToArray();
        if (targets.Count > 0)
            EditorGUIUtility.PingObject(targets.First());
        else
            Debug.Log("当前目录下无未被使用的资源.");
    }
```

待代码编译完成后，右击 Project 视图中的任一目录便会出现 PluginDev→“查找当前目录下未被使用资源”的选项，同时文件夹右侧也会有绿色的“查询”按钮，如图 1-7 所示。

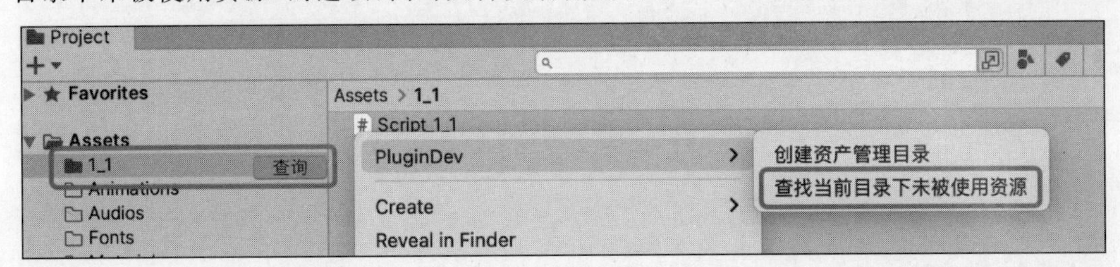

图 1-7 “查找当前目录下未被使用资源”选项

1.2.2 Hierarchy 视图扩展

Hierarchy 视图是一个用于显示场景中所有游戏对象层次结构的面板，通过这个面板可以快速查找想要的对象并进行相应操作。本节通过一个案例来讲解如何扩展 Hierarchy 视图。

【案例 1-2】 在 Unity 工程中，假如有两个自定义的 Prefab，通过右击 Hierarchy 视图区域弹出创建菜单，单击菜单项可以直接对 Prefab 进行实例化。对于在 Hierarchy 视图中选中的节点，如果绑定了 HierarchyInstance.cs 脚本，则直接重写右键菜单，并在选中的节点项右侧扩展一个“显隐”按钮，如果单击此按钮，则显示或隐藏此对象。

首先，扩展右键菜单，创建自定义的预制件，代码如下：

```
//第 1 章/Script_1_2.cs

//创建预制件 1
[MenuItem("GameObject/PluginDev/Create/Demo_1_2_Prefab1", false, 1)]
static void CreateMyPrefab1()
{
    GameObject prefab = AssetDatabase.LoadAssetAtPath("Assets/1_2/Prefabs/Demo_1_2_
Prefab1.prefab", typeof(GameObject)) as GameObject;
    GameObject.Instantiate(prefab);
}
//创建预制件 2
[MenuItem("GameObject/PluginDev/Create/Demo_1_2_Prefab2", false, 1)]
static void CreateMyPrefab2()
{
    GameObject prefab = AssetDatabase.LoadAssetAtPath("Assets/1_2/Prefabs/Demo_1_2_
Prefab2.prefab", typeof(GameObject)) as GameObject;
    GameObject.Instantiate(prefab);
}
```

最后实现的效果如图 1-8 所示，在 Hierarchy 面板任意位置右击后即可出现创建自定义预制件的菜单项，单击末端的菜单项便会直接创建出自定义的预制件。

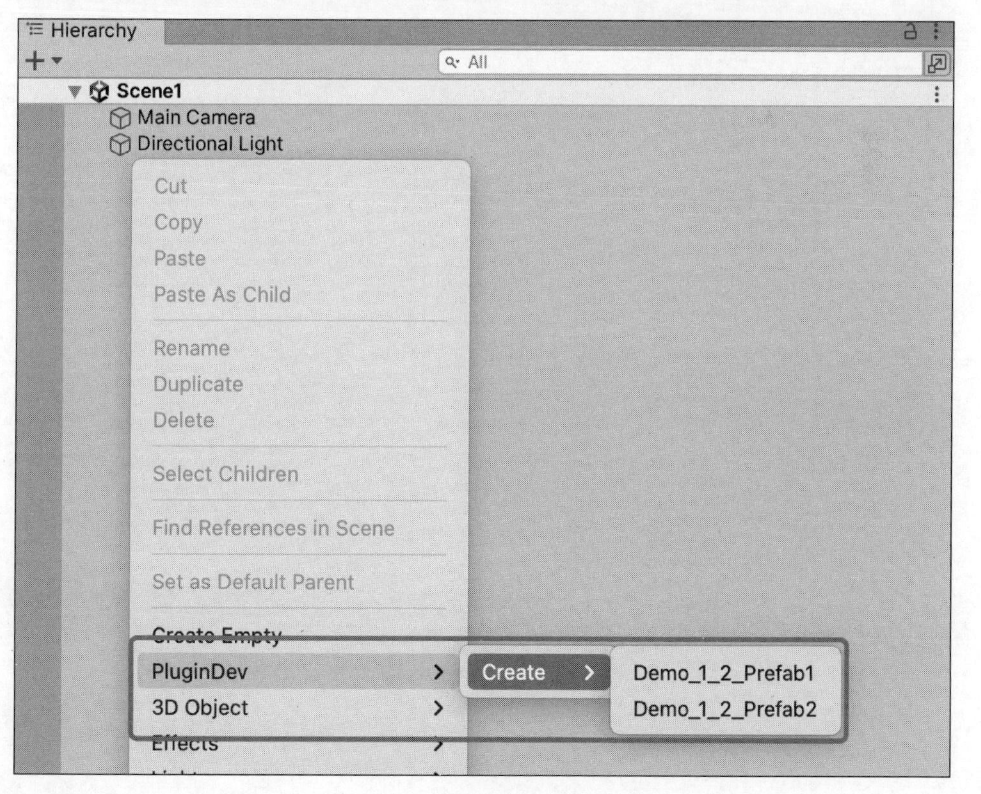

图 1-8 创建自定义预制件

接着实现对绑定了 HierarchyInstance.cs 脚本的对象重写右键菜单和添加按钮的功能。首先新建 HierarchyInstance.cs 文件，可以不写任何代码，只需确保继承了 MonoBehaviour，然后将此脚本绑定到场景里的任意节点对象上，再通过 EditorApplication.hierarchyWindowItemOnGUI 实现重写右键菜单和添加按钮功能，代码如下：

```
//第 1 章/Script_1_2.cs

//自定义重写菜单选项：显隐此项
[MenuItem("PluginDev/显隐此项",false,1)]
static void ShowOrHideObject()
{
    if (selectedGameObject)
        selectedGameObject.SetActive(!selectedGameObject.activeSelf);
}
//自定义重写菜单选项：开关 HierarchyInstance
[MenuItem("PluginDev/开关 HierarchyInstance",false,2)]
static void ShowOrHideHierarchyInstance()
{
    HierarchyInstance instance = selectedGameObject.GetComponent<HierarchyInstance>();
    if (selectedGameObject && instance)
    {
        instance.enabled = !instance.enabled;
    }
}
//扩展布局
[InitializeOnLoadMethod]
static void InitializeOnLoadMethod()
{
    //重写右键菜单
    EditorApplication.hierarchyWindowItemOnGUI += delegate (int instanceID, Rect selectionRect)
    {
        if (Event.current != null && selectionRect.Contains(Event.current.mousePosition) &&
Event.current.button == 1 && Event.current.type <= EventType.MouseUp)
        {
            selectedGameObject = EditorUtility.InstanceIDToObject(instanceID) as GameObject;
            //判断是否符合条件
            if (selectedGameObject && selectedGameObject.GetComponent<HierarchyInstance>())
            {
                Vector2 mousePosition = Event.current.mousePosition;
                //弹出自定义菜单
                EditorUtility.DisplayPopupMenu(new Rect(mousePosition.x, mousePosition.y,
0, 0), "PluginDev", null);
```

```
                Event.current.Use();
            }
        }
    };
    //增加按钮
    EditorApplication.hierarchyWindowItemOnGUI += delegate (int instanceID, Rect selectionRect)
    {
        selectedGameObject = EditorUtility.InstanceIDToObject(instanceID) as GameObject;
        //判断是否符合条件
        if (Selection.activeObject && instanceID == Selection.activeObject.GetInstanceID()
            && selectedGameObject && selectedGameObject.GetComponent<HierarchyInstance>())
        {
            float width = 40f;
            float height = 20f;
            selectionRect.x += (selectionRect.width - width);
            selectionRect.width = width;
            selectionRect.height = height;
            //获取 Unity 内置的图标作为按钮
             if (GUI.Button(selectionRect, EditorGUIUtility.FindTexture("LightProbeProxyVolume
Gizmo")))
            {

  selectedGameObject.SetActive(!selectedGameObject.activeSelf);
            }
        }
    };
}
```

代码编译完成后，实现的效果如图 1-9 所示。

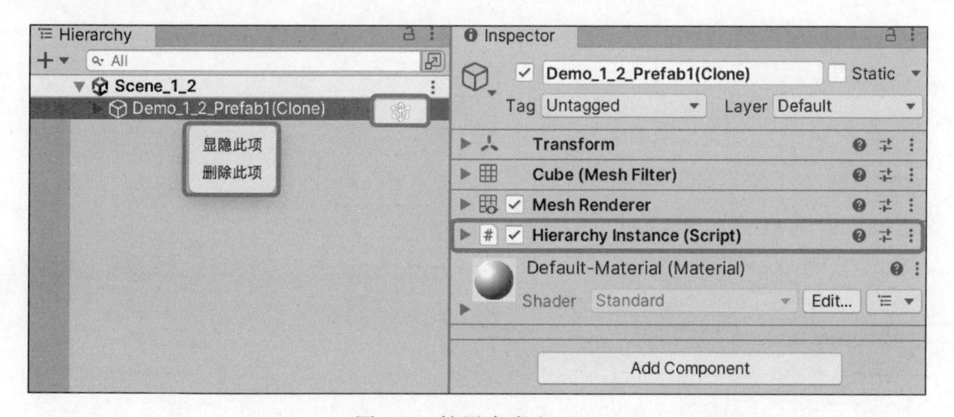

图 1-9　扩展自定义 GUI

需要注意的是,这里需要先通过属性[MenuItem("具体路径")]来定义菜单路径和执行方法,然后调用 EditorUtility. DisplayPopupMenu(new Rect(mousePosition. x, mousePosition. y, 0, 0), "展开路径", null)弹出自定义的菜单选项。这里的"具体路径"是最后单击执行方法的菜单项,而"展开路径"则是右击后首先看到的开始菜单项,读者可修改示例代码进行试验。

1.2.3 Inspector 视图扩展

Inspector 视图是一个用于查看和编辑游戏对象的属性和组件的面板。通过 Inspector 视图,可以轻松地选择和修改游戏对象的属性,或者添加、移除和调整其附加的组件。本节通过一个案例来讲解如何扩展 Inspector 视图。

【案例 1-3】 对 NPC 对象直接进行属性编辑和功能设置,属性包括姓名、性别、是否静止,功能包括单击按钮重置空间坐标和右击菜单恢复默认设置。为体现出属性的界面差异,此处姓名通过文本框编辑,性别通过下拉列表选择,是否静止通过复选框勾选。

首先,新建一个脚本 NPCInstance. cs,继承自 MonoBehaviour,代码如下:

```
//第 1 章/NPCInstance.cs

//<summary>
//性别枚举
//</summary>
public enum GenderEnum
{
    //女
    female = 0,
    //男
    male,
}

public class NPCInstance : MonoBehaviour
{
    //NPC 空间坐标
    [NonSerialized]
    public Vector3 position;
    //NPC 姓名
    [HideInInspector]
    public string name;
    //NPC 性别
    [NonSerialized]
    public GenderEnum gender;
```

```
    //NPC 是否静止
    [NonSerialized]
    public bool isStatic = true;
}
```

本脚本定义的变量虽然都是 Public 类型，但是它们被属性 HideInInspector 或 NonSerialized 进行了属性约束，因此并不会在 Inspector 面板直接显示出来。将此脚本绑定到目标对象上后，在面板上无法看到脚本里的变量，如图 1-10 所示。

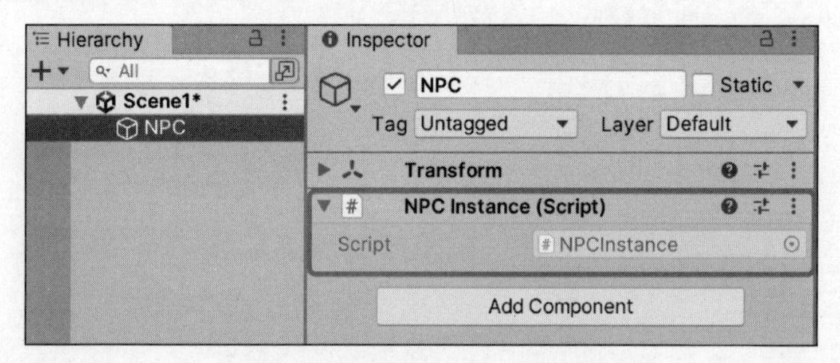

图 1-10　绑定 NPCInstance 脚本

接下来新建脚本 Script_1_3. cs 对 NPCInstance 脚本进行扩展，扩展脚本需要通过 CustomEditor(typeof(NPCInstance))属性约束才能关联上 NPCInstance 脚本。另外，此脚本由于要继承 UnityEngine. Editor，因此需要将此脚本放在任意目录的 Editor 文件夹下面，如图 1-11 所示。

Assets > 1_3 > Editor
Script_1_3

图 1-11　在 Editor 下创建 Script_1_3 脚本

然后通过 SerializedProperty 接收 NPCInstance 脚本定义的变量并进行控制，但需要注意的是，如果 NPCInstance 脚本的变量被 NonSerialized 属性进行了不可序列化的属性约束，则 SerializedProperty 无法正常地获取这些变量。最后，GUI 的重绘需要重写 OnInspectorGUI 函数，在函数里通过调用 EditorGUI、EditorGUILayout、EditorUtility 和 GUILayout 等类方法重新定义 GUI，代码如下：

```
//第 1 章 //Script_1_3.cs

using UnityEngine;
using UnityEditor;

[CustomEditor(typeof(NPCInstance))]
public class Script_1_3 : Editor
{
```

```
    //NPC 实例脚本
    private NPCInstance m_NPCInstance;

    //定义序列化属性
    private SerializedProperty m_Name;
    private SerializedProperty m_Gender;
    private SerializedProperty m_IsStatic;

    private void OnEnable()
    {
        //获取被扩展的脚本实例
        m_NPCInstance = (NPCInstance)target;
        //获取目标属性
        m_Name = serializedObject.FindProperty("name");
        m_Gender = serializedObject.FindProperty("gender");
        m_IsStatic = serializedObject.FindProperty("isStatic");
    }

    public override void OnInspectorGUI()
    {
        base.OnInspectorGUI();
        //绘制 GUI
        OnPropertyFieldGUI();
    }

    //<summary>
    //自定义绘制属性字段
    //</summary>
    private void OnPropertyFieldGUI()
    {
        //显示当前对象空间坐标值
        EditorGUILayout.LabelField("当前坐标:" + m_NPCInstance.transform.position.x + "," +
m_NPCInstance.transform.position.y + "," + m_NPCInstance.transform.position.z);
        //监听属性值
        EditorGUI.BeginChangeCheck();
        {
            EditorGUILayout.PropertyField(m_Name);
            EditorGUILayout.PropertyField(m_Gender);
            EditorGUILayout.PropertyField(m_IsStatic);
        }
        //如果监听的属性中有值变化,则打印当前所有值
        if (EditorGUI.EndChangeCheck())
        {
```

```
            Debug.Log("姓名：" + m_Name.stringValue);
            Debug.Log("性别：" + (GenderEnum)m_Gender.intValue);
            Debug.Log("是否静止：" + m_IsStatic.boolValue);
            //标记用于触发保存
            EditorUtility.SetDirty(target);
            //更新数据
            serializedObject.ApplyModifiedProperties();
        }

        if(GUILayout.Button("坐标归零"))
        {
            m_NPCInstance.transform.position = Vector3.zero;
        }
    }
```

代码编译完成后，效果如图 1-12 所示。

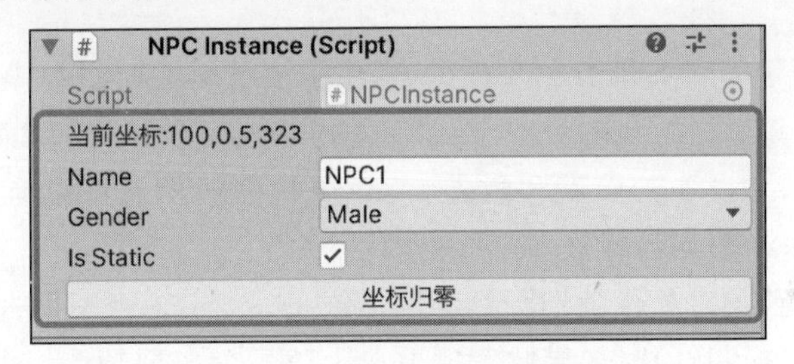

图 1-12　扩展 NPCInstance 脚本效果

此时改变任意属性的值都会打印出对应的信息，如果单击"坐标归零"按钮，则此节点空间位置和面板显示的坐标值都会变成(0,0,0)。此时再扩展一个右键菜单项，单击后重置所有变量值，代码如下：

```
//第 1 章 //NPCInstance.cs

#if UNITY_EDITOR
    [ContextMenu("重置 NPC 数据")]
    private void ResetNPCData()
    {
        name = "NPC1";
        gender = GenderEnum.male;
        isStatic = true;
    }
#endif
```

此代码需要写在 NPCInstance.cs 脚本中才能生效，其效果如图 1-13 所示。

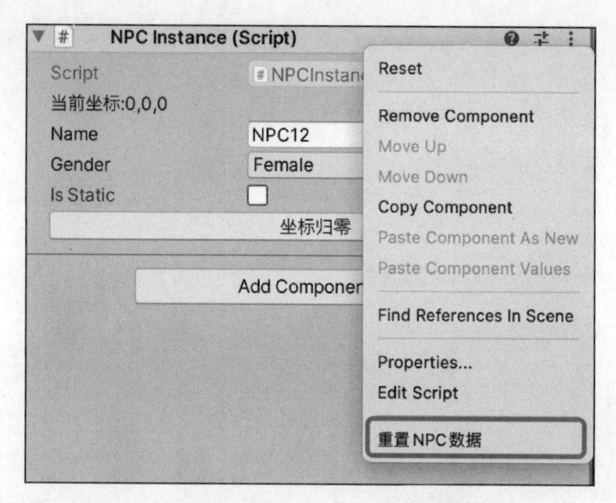

图 1-13 扩展 NPCInstance 脚本右键菜单项

1.2.4 Scene 视图扩展

Scene 视图是用于编辑场景的主要视图，提供了更精细的控制和操作能力。通过 Scene 视图可以创建、编辑和组织游戏的对象、组件和场景元素，也可以在 Scene 视图中调整物体的位置、旋转和缩放，并设置其属性和组件。Scene 视图的扩展可以有效地提升开发效率，本节通过一个案例来讲解如何扩展 Scene 视图。

【案例 1-4】 对某类对象用辅助图标和圆形线条在 Scene 视图里进行标记，再通过常驻按钮对是否标记进行控制，同时如果此对象被选中就显示拓展功能对此对象进行快速放大或缩小，最后在 Scene 视图中拓展一个右键菜单，可直接在 Scene 视图创建此对象。

首先，新建继承自 MonoBehaviour 的脚本 Script_1_4_Instance.cs 来表示此类对象，若要为此类添加辅助工具，则需要使用 Unity 的 Gizmos 工具。Gizmos 是 Unity 提供的一个在 Scene 视图可视化调试的工具类，本案例需要使用 Gizmos.DrawIcon 和 Gizmos.DrawLine 分别绘制辅助图标和线段，代码如下：

```
//第 1 章 //Script_1_4_Instance.cs
using UnityEngine;
public class Script_1_4_Instance : MonoBehaviour
{
    //变量控制是否显示 Gizmos
    [HideInInspector]
    public bool isShowGizmos = true;

    #region >> Gizmos 扩展
    //编译器模式下生效
#if UNITY_EDITOR
```

```
    private void OnDrawGizmos()
    {
        if(isShowGizmos)
        {
            //绘制 Icon
            Gizmos.DrawIcon(transform.position, "1_4/Logo_1_4");
            //从当前对象到原点绘制绿色线条
            Gizmos.color = Color.green;
            Gizmos.DrawLine(transform.position, Vector3.zero);

            //以当前对象为原点绘制圆环
            DrawCircle(transform, 2, 0.1f, Color.yellow);
        }
    }

    //绘制圆形
    private void DrawCircle(Transform transform, float radius, float theta, Color color)
    {
        //记录矩阵信息
        var matrix = Gizmos.matrix;
        //应用当前对象的矩阵
        Gizmos.matrix = transform.localToWorldMatrix;
        //设置颜色
        Gizmos.color = color;
        //定义起点
        Vector3 beginPoint = new Vector3(radius, 0, 0);
        Vector3 firstPoint = new Vector3(radius, 0, 0);
        //绘制圆形
        for (float t = 0; t < 2 * Mathf.PI; t += theta)
        {
            float x = radius * Mathf.Cos(t);
            float z = radius * Mathf.Sin(t);
            Vector3 endPoint = new Vector3(x, 0, z);
            Gizmos.DrawLine(beginPoint, endPoint);
            beginPoint = endPoint;
        }
        Gizmos.DrawLine(firstPoint, beginPoint);
        //还原 Gizmos 矩阵信息
        Gizmos.matrix = matrix;
    }
#endif
    #endregion
}
```

将此脚本添加到任意 GameObject 对象上，可以看到每个对象都有一条绿色的线和原点连成线段，每个对象都被一个图标和一个黄色圆圈所标记，效果如图 1-14 所示。

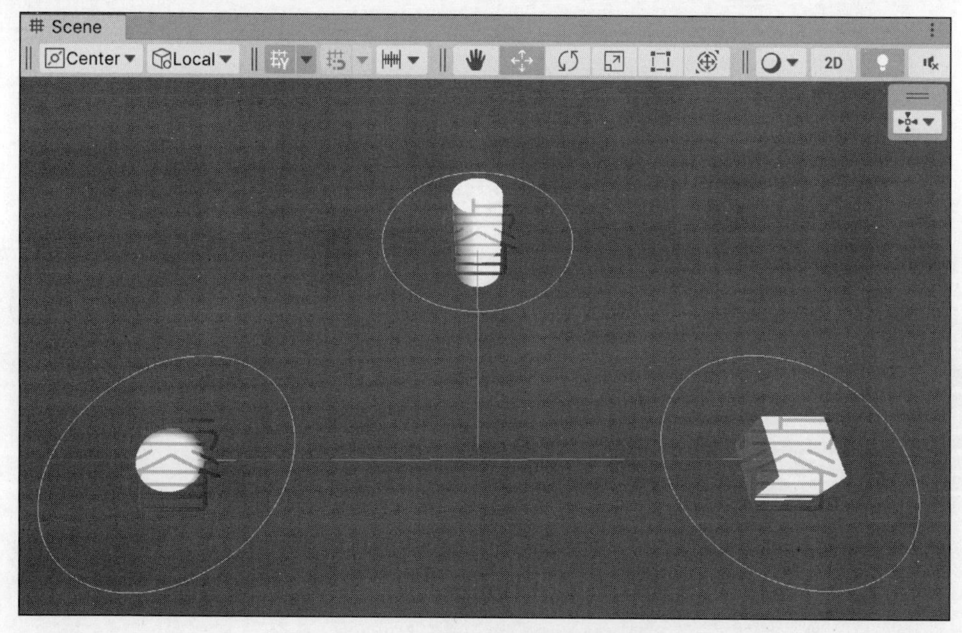

图 1-14　Scene 视图辅助线和辅助图标

新建一个脚本 Script_1_4.cs，此脚本不需要继承任何类，但要在类中定义一个静态方法，为了让此方法可以在 Unity 加载时执行初始化操作，需要使用 InitializeOnLoad Method 属性对此静态方法进行约束，而 Scene 视图常驻 UI 的实现需要监听 SceneView.duringSceneGui 事件，需要注意的是在 Unity 2018 及之前版本是监听 SceneView.onSceneGUIDelegate。之后在回调里通过 Handles 和 GUILayout 进行图形绘制，代码如下：

```
//第 1 章 //Script_1_4.cs
[InitializeOnLoadMethod]    //此属性允许在 Unity 加载时初始化编辑器类方法，无须用户操作
static void InitializeOnLoad()
{
    //常驻 UI
    SceneView.duringSceneGui += (SceneView) =>
    {
        Handles.BeginGUI();
        if (GUILayout.Button("激活[1_4]Gizmos 工具", GUILayout.Width(150)))
        {
            var arr = GameObject.FindObjectsByType<Script_1_4_Instance>(FindObjectsSortMode.
InstanceID);
            foreach (var item in arr)
            {
```

```
                    item.isShowGizmos = true;
                }
            }

            if (GUILayout.Button("禁用[1_4]Gizmos 工具", GUILayout.Width(150)))
            {
                var arr = GameObject.FindObjectsByType<Script_1_4_Instance>(FindObjectsSortMode.
InstanceID);
                foreach (var item in arr)
                {
                    item.isShowGizmos = false;
                }
            }
            Handles.EndGUI();
        };
    }
```

此代码编译完成后，可以看到在 Scene 视图中常驻了两个按钮，无论切换到哪个场景都有这两个按钮，并且单击可以显示和隐藏 Gizmos 工具，效果如图 1-15 所示。

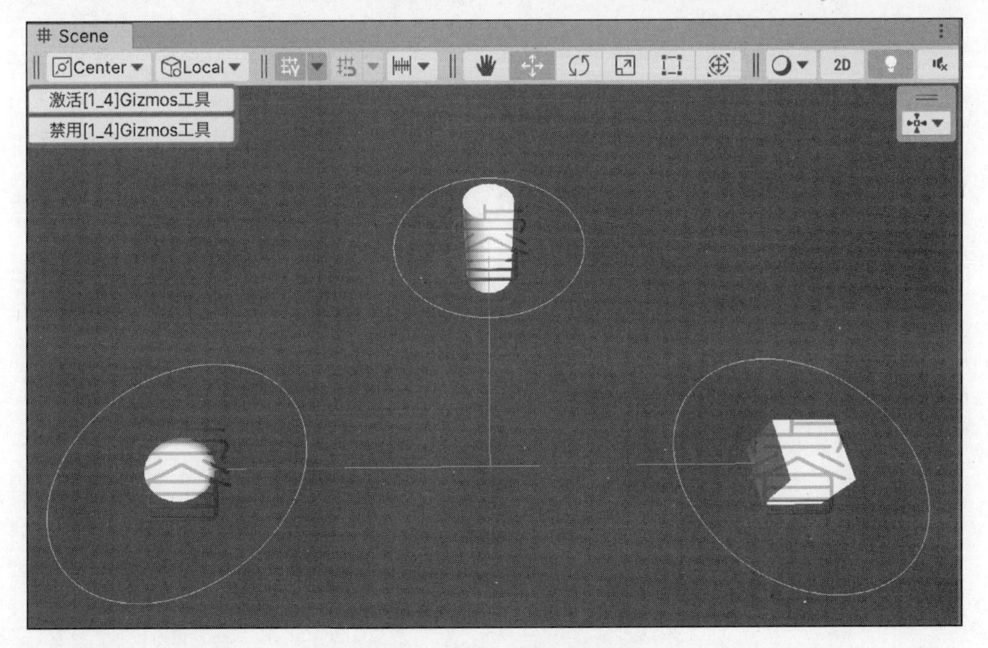

图 1-15 Scene 视图常驻按钮

接着需要对 Script_1_4.cs 脚本略作修改，以便实现对选中对象进行放大和缩小功能。首先需要让它继承 Editor，并且将此脚本放置到 Editor 目录下，再通过 CustomEditor 属性关联到目标脚本，然后实现 Unity 编辑器的 OnSceneGUI 方法，并通过 Handles 和 GUILayout 来绘制界面，代码如下：

```
//第 1 章 //Script_1_4.cs

[CustomEditor(typeof(Script_1_4_Instance))]
public class Script_1_4 : Editor
{
    Script_1_4_Instance m_Instance;
    private void OnEnable()
    {
        //得到脚本对象
        m_Instance = (Script_1_4_Instance)target;
    }
    private void OnSceneGUI()
    {
        //绘制文本框
        Handles.Label(m_Instance.transform.position + Vector3.up * 2,
                    m_Instance.transform.name + " : " + m_Instance.transform.position.
ToString());
        //开始绘制 GUI
        Handles.BeginGUI();
        {
            //规定 GUI 显示区域
            GUILayout.BeginArea(new Rect(0, 50, 120, 100));
            {
                //GUI 绘制文本框
                GUILayout.Label("快速工具");
                //绘制功能按钮
                if (GUILayout.Button("开/关自身 Gizmos", GUILayout.Width(120)))
                {
                    m_Instance.isShowGizmos = !m_Instance.isShowGizmos;
                }
                //绘制功能按钮
                if (GUILayout.Button("放大 0.5", GUILayout.Width(120)))
                {
                    m_Instance.transform.localScale /= 0.5f;
                }
                //绘制功能按钮
                if (GUILayout.Button("缩小 0.5", GUILayout.Width(120)))
                {
                    m_Instance.transform.localScale *= 0.5f;
                }
            }
            GUILayout.EndArea();
        }
        Handles.EndGUI();
    }
}
```

代码编译成功后，选中任意绑定了 Script_1_4_Instance.cs 脚本的对象，可以看到在 Scene 视图上会新出现 3 个按钮，单击后此对象会有相应的状态变化，如图 1-16 所示。

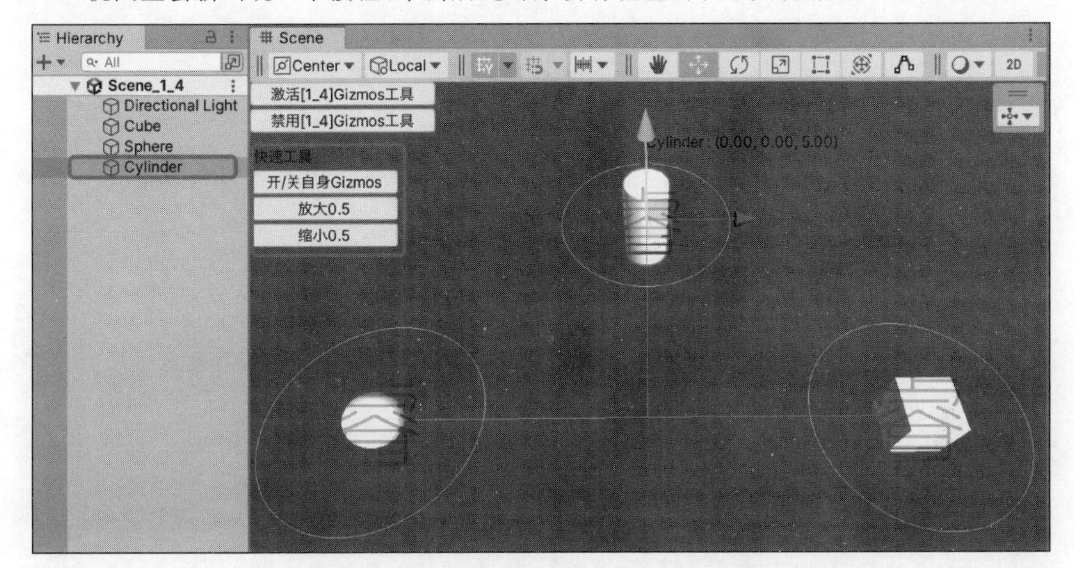

图 1-16 Scene 视图选中对象后显示定制按钮

最后，在 Scene 视图扩展右键菜单，同样需要监听 SceneView.duringSceneGui 事件，并通过 GenericMenu 类增加菜单项，代码如下：

```
//第 1 章 //Script_1_4.cs

[InitializeOnLoadMethod]
static void InitializeOnLoad()
{
    //右键菜单
    SceneView.duringSceneGui += (SceneView) =>
    {
        //获取当前事件
        Event e = Event.current;
        //右击
        if (e != null && e.button == 1 && e.type == EventType.MouseUp)
        {
            //定义并增加菜单
            GenericMenu menu = new GenericMenu();
            menu.AddItem(new GUIContent("创建 Cube"), false, OnItemClick, "Item1");
            menu.AddItem(new GUIContent("创建 Sphere"), false, OnItemClick, "Item2");
            menu.ShowAsContext();
        }
    };
}
```

```
//菜单单击方法
static void OnItemClick(object userData)
{
    string id = userData.ToString();
    GameObject obj = null;
    //创建 Cube
    if (id.Equals("Item1"))
    {
        obj = GameObject.CreatePrimitive(PrimitiveType.Cube);
    }
    //创建 Sphere
    else if(id.Equals("Item2"))
    {
        obj = GameObject.CreatePrimitive(PrimitiveType.Sphere);
    }
    if(obj!= null)
    {
        obj.transform.position = Random.insideUnitSphere * 10;      //随机坐标
        obj.AddComponent<Script_1_4_Instance>();                    //添加目标脚本
    }
}
```

需要注意的是右键菜单和常驻 UI 的实现其实都是对 SceneView.duringSceneGui 进行监听，但为了功能的单一性，本案例并未合在一起。代码编译成功后在 Scene 视图右击后实现的效果如图 1-17 所示。

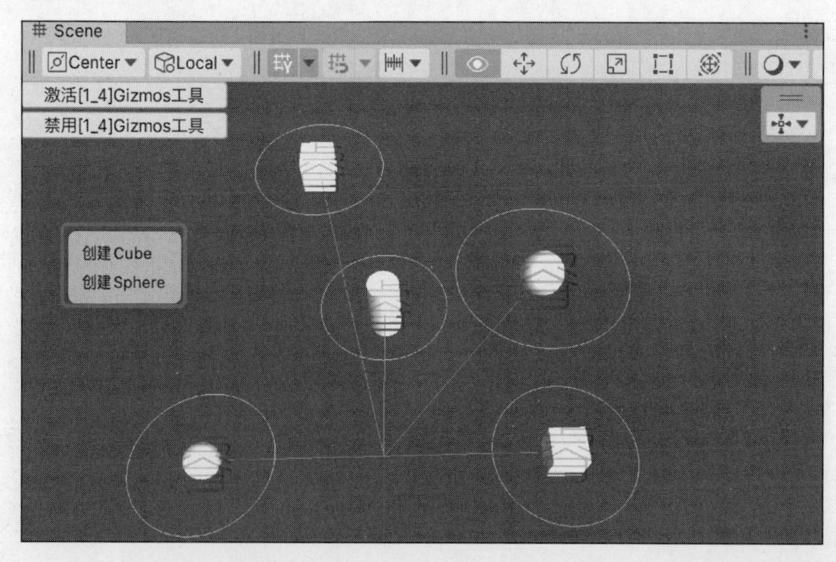

图 1-17　Scene 视图右击显示菜单项

1.2.5 Game 视图扩展

Game 视图用于预览游戏运行时的表现。在 Game 视图中，可以看到游戏实际运行时的效果，包括游戏对象的动画、物理效果、粒子效果等，因此对 Game 视图的扩展分为运行时和非运行时扩展，它们都是通过实现 Unity 的 OnGUI 方法来绘制 UI 的，唯一区别就是非运行时的扩展可以通过编辑器的宏定义来限制脚本只在编辑器下生效，还有就是为脚本添加 ExecuteInEditMode 属性约束，告诉 Unity 此脚本在编辑器下也可以运行。本节通过一个案例进行讲解。

【案例 1-5】 为了方便直接创建和统计当前场景有多少个目标对象，直接在 Game 视图显示一个创建按钮和一个文本提示。

首先，新建两个继承 MonoBehaviour 的脚本 Script_1_5. cs 和 Script_1_5_Instance. cs，后者不需要实现任何代码，仅用来表示目标对象，前者用来扩展 Game 视图，需要实现 OnGUI 方法，再通过 GUILayout 绘制文本和按钮，代码如下：

```
//第 1 章 //Script_1_5.cs

//仅编辑器生效
#if UNITY_EDITOR
//非运行时也可执行
[ExecuteInEditMode]
public class Script_1_5 : MonoBehaviour
{
    private void OnGUI()
    {
        //获取目标对象
        var iArray = GameObject.FindObjectsOfType<Script_1_5_Instance>();
        GUILayout.Label("当前场景有 Script_1_5_Instance 对象数量: " + iArray.Length);
        GUILayout.Space(10);
        if (GUILayout.Button("创建 Script_1_5_Instance 对象"))
        {
            GameObject cube = GameObject.CreatePrimitive(PrimitiveType.Cube);
            cube.transform.position = Random.insideUnitSphere * 10;
            cube.AddComponent<Script_1_5_Instance>();
        }
    }
}
#endif
```

上述代码通过 UNITY_EDITOR 宏定义约束了仅在编辑器下生效，发布成可执行程序时并不会执行。如果想发布后也可以运行，则可去掉宏定义，最后实现效果如图 1-18 所示。

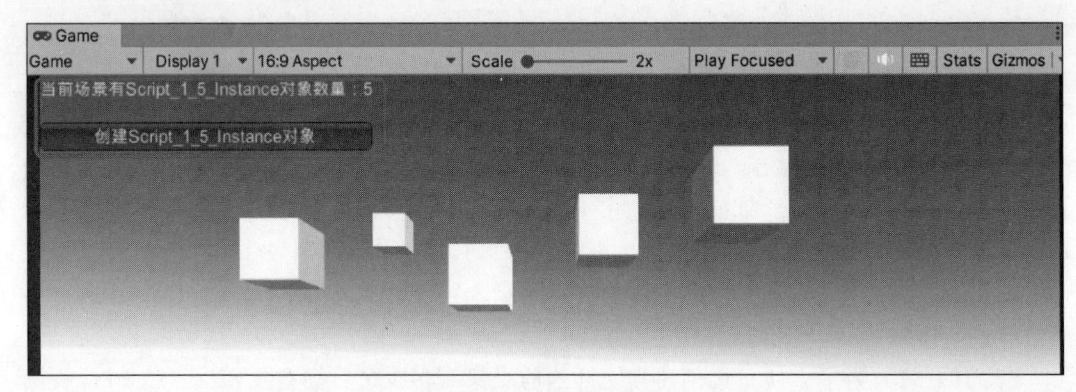

图 1-18　Game 视图扩展

1.2.6　编辑器窗口和工具栏扩展

Unity 编辑器窗口的扩展有利于提高项目开发的效率和便捷性。通过扩展编辑器窗口,可以为 Unity 添加自定义的工具和功能,使开发者能够更加准确、快速地定位和解决问题,从而提高游戏开发的生产力和质量。通常编辑器窗口还可以用于构建分析工具、编辑器工具等,从而更好地增强 Unity 编辑器的使用。

而工具栏的扩展可以丰富工具栏的功能列表,将使用率高的快捷工具或者文本提示直接在工具栏上显示,这样便能进一步地提高开发效率。

本节案例在讲解之前需要先简单介绍 UIToolkit,它是扩展工具栏的关键。UIToolkit 是一种基于 Web 技术的 GUI 框架,是为了解决 UGUI 效率问题而设计的新一代 UI 系统。UIToolkit 的前身是在 Unity 2018 年发布的 UIElement,主要用于编辑器的面板 UI 开发,但从 Unity 2019 起,它便开始支持运行时 UI 了,并且改名为 UIToolkit,以 Package 包的形式存在,之后在 Unity 2021.2 版本中,被官方内置在了 Unity 中。

本节通过一个案例来讲解编辑器窗口开发及如何使用 UIToolkit 相关类来对工具栏进行扩展。

【案例 1-6】　在 Unity 引擎的主工具栏上通过按钮直接打开百度搜索和 Unity 的官方帮助文档,并且在主工具栏显示当前系统时间。另外通过编辑器窗口实现一个编辑器登录窗口,模拟编辑器账户登录。

首先,需要知道的是 Unity 编辑器的主工具栏被分成三部分,分别是左侧界面区域、中间的播放区域和右侧界面区域,而整个主工具栏其实是一个 VisualElement 对象,扩展主工具栏的原理便是可以按照 UIToolkit 的使用流程添加自定义 UI,因此需要先实现一个静态类 ToolbarCallback,在类中需要通过反射获取 UnityEditor.Toolbar 类,此类有一个 m_Root 字段,获取后转换成 VisualElement 对象,然后在这个对象中获取 ToolbarZoneLeftAlign 和 ToolbarZoneRightAlign 这两个子 VisualElement 对象,再分别监听子对象的事件即可,代码如下:

```
//第 1 章 //ToolbarCallback.cs

//工具栏回调
public static class ToolbarCallback
{
    //获取 Unity 编辑器的工具栏类
    static Type m_toolbarType = typeof(Editor).Assembly.GetType("UnityEditor.Toolbar");
    //当前工具栏
    static ScriptableObject m_currentToolbar;
    //定义工具栏左侧界面事件
    public static Action OnToolbarGUILeft;
    //定义工具栏右侧界面事件
    public static Action OnToolbarGUIRight;

    //静态构造函数
    static ToolbarCallback()
    {
        EditorApplication.update -= OnUpdate;
        EditorApplication.update += OnUpdate;
    }

    static void OnUpdate()
    {
        if (m_currentToolbar == null)
        {
            //查找工具栏
            var toolbars = Resources.FindObjectsOfTypeAll(m_toolbarType);
            m_currentToolbar = toolbars.Length > 0 ? (ScriptableObject)toolbars[0] : null;
            if (m_currentToolbar != null)
            {
                //获取字段
                 var root = m_currentToolbar.GetType().GetField("m_Root", BindingFlags.
NonPublic | BindingFlags.Instance);
                //返回字段对象
                var rawRoot = root.GetValue(m_currentToolbar);
                //转换为 VisualElement 对象
                var mRoot = rawRoot as VisualElement;
                //注册事件
                RegisterAction("ToolbarZoneLeftAlign", OnToolbarGUILeft);
                RegisterAction("ToolbarZoneRightAlign", OnToolbarGUIRight);

                void RegisterAction(string root, Action cb)
                {
```

```
                var toolbarZone = mRoot.Q(root);

                var parent = new VisualElement()
                {
                    style = {
                            flexGrow = 1,
                            flexDirection = FlexDirection.Row,
                        }
                };
                //定义容器
                var container = new IMGUIContainer();
                container.style.flexGrow = 1;
                container.onGUIHandler += () =>{
                    cb?.Invoke();
                };
                parent.Add(container);
                toolbarZone.Add(parent);
            }
        }
    }
  }
}
```

完成了左右侧工具栏的左、右侧事件的回调后，便可以对左右侧界面绘制进行封装，代码如下：

```
//第1章 //Script_1_6_Toolbar.cs

[InitializeOnLoad]
public static class Script_1_6_Toolbar
{
    static Script_1_6_Toolbar()
    {
        //订阅左右侧工具栏区域
        ToolbarCallback.OnToolbarGUILeft = GUILeft;
        ToolbarCallback.OnToolbarGUIRight = GUIRight;
    }

    //左侧工具栏
    public static void GUILeft()
    {
        //绘制 UI
        GUILayout.BeginHorizontal();
        {
```

```
            if (GUILayout.Button("查查资料", GUILayout.Width(60)))
            {
                Application.OpenURL("https://www.baidu.com");
            }

            if (GUILayout.Button(new GUIContent("帮助文档", "打开 Unity 手册"), GUILayout.
Width(60)))
            {
                Application.OpenURL("https://docs.unity3d.com/Manual/index.html");
            }
        }
        GUILayout.EndHorizontal();
    }
    //绘制右侧工具栏
    public static void GUIRight()
    {
        //绘制 UI
        GUILayout.BeginHorizontal();
        {
            GUILayout.FlexibleSpace();
            GUILayout.Label("当前时间:" + DateTime.Now.ToString("yyyy-MM-dd HH:mm:
ss"), new GUIStyle("WarningOverlay"));
        }
        GUILayout.EndHorizontal();
    }
}
```

待代码编译完成后，可以看到左侧添加了两个按钮，单击某个按钮后会打开对应的网址，右侧则显示出了当前系统的时间，如图 1-19 所示。

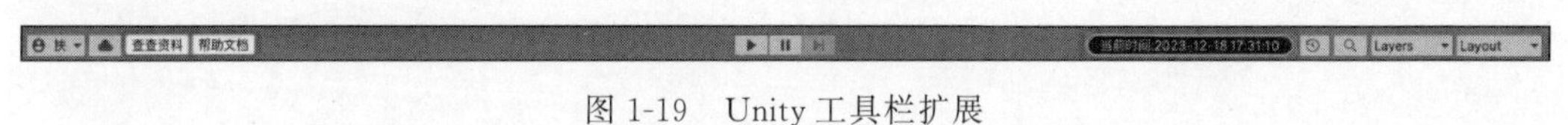

图 1-19　Unity 工具栏扩展

最后新建一个继承自 EditorWindow 的脚本 UserWindow.cs，放在 Editor 目录下，然后在 OnGUI 方法里通过 GUILayout 和 EditorGUILayout 等编辑器方法对窗口进行设置，代码如下：

```
//第 1 章 //UserWindow.cs

public class UserWindow : EditorWindow
{
    //定义用户名和密码
    private string userName, password;
    //定义菜单项：打开登录窗口
    [MenuItem("PluginDev/登录窗口", false, 30)]
```

```
    private static void Open()
    {
        //创建窗口
        UserWindow userWin = (UserWindow)EditorWindow.GetWindow(typeof(UserWindow), false,
"用户信息", true);
        //展示窗口
        userWin.Show();
        //窗口最小尺寸
        userWin.minSize = new Vector2(300f, 120f);
        //窗口最大尺寸
        userWin.maxSize = new Vector2(600, 240);
    }

    private void OnGUI()
    {
        //垂直方向布局 UI
        EditorGUILayout.BeginVertical(GUILayout.Width(position.width), GUILayout.Height
(position.height));
        {
            GUILayout.Space(15f);
            //定义内置样式
            GUIStyle gs = new GUIStyle("AM MixerHeader");
            GUIStyle gs1 = new GUIStyle("CN StatusWarn");
            //设置 Label
            EditorGUILayout.LabelField("欢迎来到 Unity3D 插件开发之路", gs);
            //判断是否已经记录了登录信息
            if (string.IsNullOrEmpty(PlayerPrefs.GetString("UserName")))
            {
                //垂直布局用户名、密码和登录按钮
                EditorGUILayout.BeginVertical("box");
                {
                    GUILayout.Space(5f);
                    //水平布局 Label 提示和文本输入框
                    EditorGUILayout.BeginHorizontal();
                    {
                        EditorGUILayout.LabelField("用户名:", gs1, GUILayout.Width(40));
                        userName = EditorGUILayout.TextField(userName, GUILayout.Width(160f));
                    }
                    EditorGUILayout.EndHorizontal();
                    //水平布局 Label 提示和文本输入框
                    EditorGUILayout.BeginHorizontal();
                    {
```

```
                    EditorGUILayout.LabelField("密码:", gs1, GUILayout.Width(40f));
                    password = EditorGUILayout.PasswordField(password, GUILayout.Width
(160f));
                }
                EditorGUILayout.EndHorizontal();
                GUILayout.Space(15f);
                if (GUILayout.Button("登录", GUILayout.Width(160)))
                {
                    if (!string.IsNullOrEmpty(userName) && password.Equals(userName +
"123"))
                    {
                        //缓存账户数据
                        PlayerPrefs.SetString("UserName", userName);
                    }
                    else
                    {
                        ShowNotification(new GUIContent("账户密码不对,密码为[账户名+
'123']"));
                    }
                }
            }
            EditorGUILayout.EndVertical();
        }
        else
        {
            EditorGUILayout.BeginVertical("box");
            {
                GUILayout.Space(5f);
                EditorGUILayout.BeginHorizontal();
                {
                    //获取内置图标并进行美化
EditorGUILayout.LabelField(EditorGUIUtility.IconContent("d_WelcomeScreen.AssetStoreLogo"),
GUILayout.Width(20));
                    EditorGUILayout.LabelField($"{userName},您好!", gs1,GUILayout.
Width(100));
                }
                EditorGUILayout.EndHorizontal();
                GUILayout.Space(10);
                if (GUILayout.Button("注销", GUILayout.Width(160)))
                {
                    //删除缓存
                    PlayerPrefs.DeleteKey("UserName");
```

```
                    //清空数据
                    userName = string.Empty;
                    password = string.Empty;
                }
            }
            EditorGUILayout.EndVertical();
        }
    }
    EditorGUILayout.EndVertical();
}

}
```

代码编译完成后,可以发现在菜单栏出现了 PluginDev→登录窗口,单击菜单项后可以打开登录窗口,登录成功可记录账户状态,如图 1-20 和图 1-21 所示。

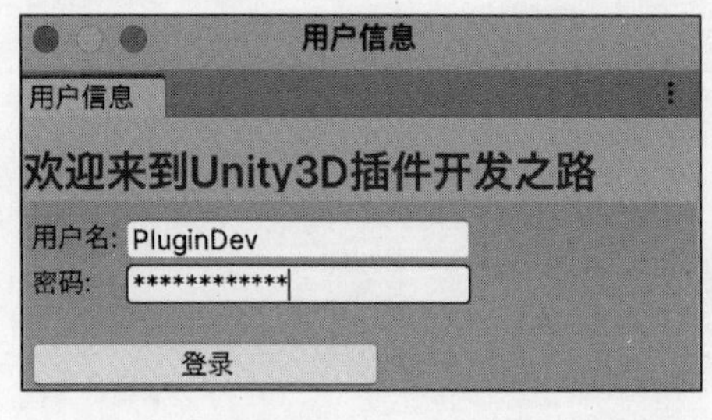

图 1-20 登录窗口

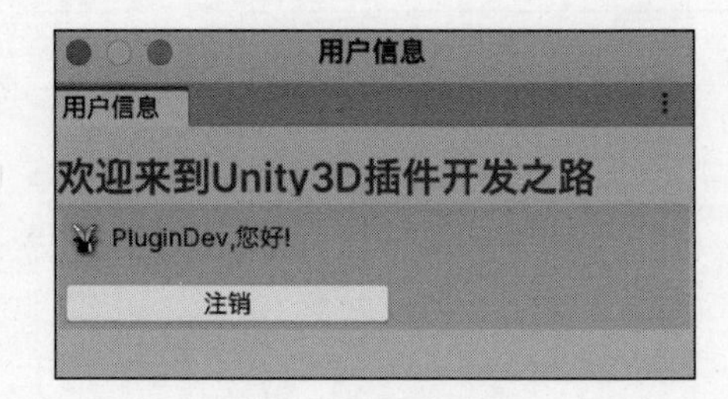

图 1-21 登录成功

可以发现此编辑器窗口的实现使用了 Unity 内置样式 AM MixerHeader 和内置图标 d_WelcomeScreen. AssetStoreLogo,这些也可以通过编辑器窗口的实现方式获取,本节也将 Unity 内置样式和内置图标的获取代码附上。

获取 Unity 内置样式,代码如下:

```
//第 1 章 //GUIStyleWindow.cs

//获取 Unity 内置样式
public class GUIStyleWindow : EditorWindow
{
    private Vector2 scrollPosition = Vector2.zero;
    private string search = string.Empty;

    [MenuItem("PluginDev/获取样式")]
    public static void Init()
    {
```

```
        EditorWindow.GetWindow(typeof(GUIStyleWindow));
    }

    void OnGUI()
    {
        GUILayout.BeginHorizontal("HelpBox");
        GUILayout.Label("Unity 样式,单击复制", "label");
        GUILayout.FlexibleSpace();
        GUILayout.Label("搜索:");
        search = EditorGUILayout.TextField(search);
        GUILayout.EndHorizontal();

        scrollPosition = GUILayout.BeginScrollView(scrollPosition);

        foreach (GUIStyle style in GUI.skin)
        {
            if (style.name.ToLower().Contains(search.ToLower()))
            {
                GUILayout.BeginHorizontal("PopupCurveSwatchBackground");
                GUILayout.Space(7);
                if (GUILayout.Button(style.name, style))
                {
                    EditorGUIUtility.systemCopyBuffer = "\"" + style.name + "\"";
                    ShowNotification ( new  GUIContent ( $ " 已 复 制 { EditorGUIUtility.
systemCopyBuffer}"));
                }
                GUILayout.FlexibleSpace();
                EditorGUILayout.SelectableLabel("\"" + style.name + "\"");
                GUILayout.EndHorizontal();
                GUILayout.Space(11);
            }
        }

        GUILayout.EndScrollView();
    }
}
```

代码编译完成后,菜单栏出现 PluginDev→获取样式,单击菜单项后效果如图 1-22 所示。

获取 Unity 内置图标,代码如下:

图 1-22　Unity 内置样式窗口

```
//第 1 章 //IconWindow.cs

//获取 Unity 内置图标
public class IconWindow : EditorWindow
{
    [MenuItem("PluginDev/获取内置图标")]
    private static void OpenGUIIcon()
    {
        icons = new List<Texture>(Resources.FindObjectsOfTypeAll<Texture>());
        GetWindow<IconWindow>().Show();
    }

    private Vector2 scrollPosition;
    private static List<Texture> icons;
    private string searchContent = "";
```

```
    private const float width = 50f;
    private void OnGUI()
    {
        GUILayout.BeginHorizontal("Toolbar");
        {
            GUILayout.Label("搜索:", GUILayout.Width(50));
            searchContent = GUILayout.TextField(searchContent, "SearchTextField");
        }
        GUILayout.EndHorizontal();
        scrollPosition = GUILayout.BeginScrollView(scrollPosition);
        {
            List<string> matchNames = new List<string>();
            for (int i = 0; i < icons.Count; i++)
            {
                 if (!icons[i].name.Equals(string.Empty) && icons[i].name.ToLower().
Contains(searchContent.ToLower()))
                {
                    matchNames.Add(icons[i].name);
                }
            }
            int count = Mathf.RoundToInt(position.width / (width + 3f));
            for (int i = 0; i < matchNames.Count; i += count)
            {
                GUILayout.BeginHorizontal();
                for (int j = 0; j < count; j++)
                {
                    int index = i + j;
                    if (index < matchNames.Count)
                    {
                        if (GUILayout.Button(EditorGUIUtility.IconContent(matchNames[index]),
GUILayout.Width(width), GUILayout.Height(30)))
                        {
                            EditorGUIUtility.systemCopyBuffer = matchNames[index];
                            Debug.Log(matchNames[index]); ShowNotification(new GUIContent
($"已复制{EditorGUIUtility.systemCopyBuffer}"));
                        }
                    }
                }
                GUILayout.EndHorizontal();
            }
        }
        GUILayout.EndScrollView();
    }
}
```

代码编译完成后，菜单栏出现 PluginDev→获取内置图标，单击菜单项后效果如图 1-23 所示。

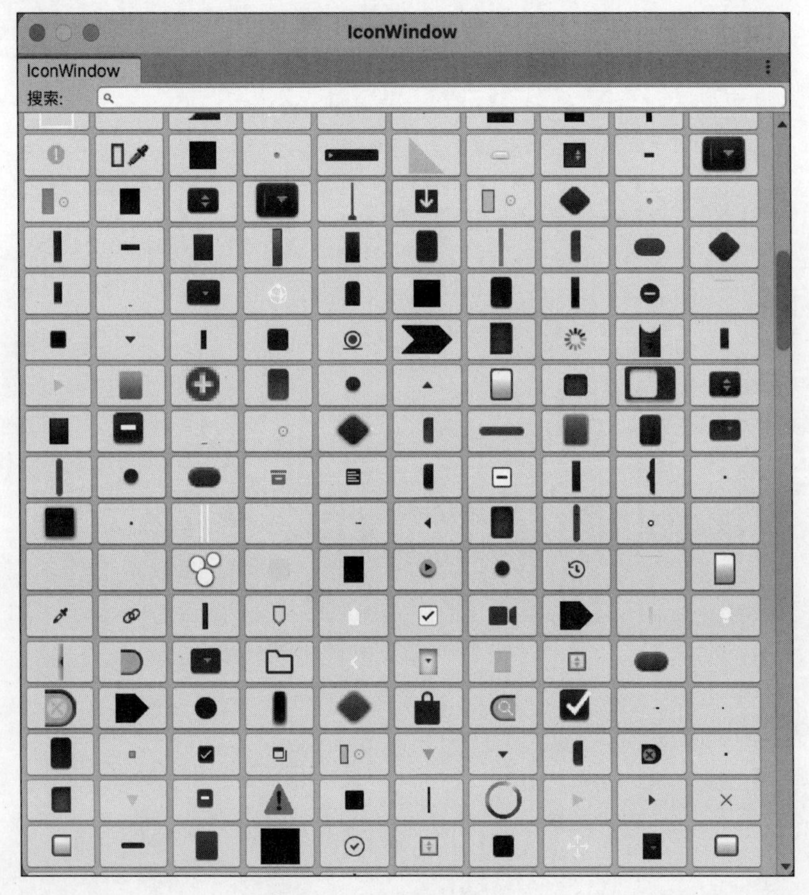

图 1-23 Unity 内置图标窗口

1.2.7 编辑器回调函数

Unity 为了让开发者能更加灵活地自定义编辑器操作，提供了许多回调函数，像 1.2.2 节中对 Hierarchy 扩展的 EditorApplication. hierarchyWindowItemOnGUI 和 1.2.4 节中对 Scene 视图扩展的 SceneView. duringSceneGui 都是编辑器回调函数，但除此之外依然有很多其他的回调函数可以扩展，本节通过一个案例来讲解如何通过监听编辑器回调函数进行其他扩展。

【案例 1-7】 导入工程的图片，如果命名是以'texture_'开始的，则将资源放在 Textures 目录下，将尺寸设置为 1024，将模式设置为 texture，如果命名是以'sprite_'开始的，则将资源放在 Sprites 目录下，将尺寸设置为 512，将模式设置为 Sprite，然后如果单击了编辑器的"播放"和"暂停"按钮，则打印出当前操作的日志。

当外部资源导入 Unity 引擎时，Unity 引擎会将其转换成内部格式的资源，在整个资源导入管线中，开发者可以通过 AssetPostprocessor 挂接到导入管线并在导入资源前后运行脚本。在本案例中图片导入处理便可以先通过 AssetPostprocessor 的 OnPreprocessTexture 方法对图片进行导入处理，再通过 TextureImporter 对图片进行导入设置，代码如下：

```
//第 1 章 //Script_1_7_ImagePostprocessor.cs

public class Script_1_7_ImagePostprocessor : AssetPostprocessor
{
    void OnPreprocessTexture()
    {
        //图片文件名
        string fileName = Path.GetFileName(assetPath);
        //图片应存放的路径
        string targetPath = string.Empty;
        //图片导入设置
        TextureImporter textureImporter = (TextureImporter)assetImporter;
        //如果制作的图片命名规则以'texture_'开头
        if (fileName.StartsWith("texture_"))
        {
            targetPath = Application.dataPath + "/1_7/Textures";

            //检测目标目录是否存在,若不存在,则创建
            if (!AssetDatabase.IsValidFolder(targetPath))
            {
                AssetDatabase.CreateFolder("Assets/1_7", "Textures");
            }
            textureImporter.textureType = TextureImporterType.Default;
            textureImporter.maxTextureSize = 1024;
        }
        //如果制作的图片命名规则以'sprite_'开头
        else if (fileName.StartsWith("sprite_"))
        {
            targetPath = Application.dataPath + "/1_7/Sprites";
            //检测目标目录是否存在,若不存在,则创建
            if (!AssetDatabase.IsValidFolder(targetPath))
            {
                AssetDatabase.CreateFolder("Assets/1_7", "Sprites");
            }
            textureImporter.textureType = TextureImporterType.Sprite;
            textureImporter.maxTextureSize = 512;
        }
```

```
            //如果导入的图片满足命名规则,则移动到指定目录下
            if (!string.IsNullOrEmpty(targetPath))
            {
                EditorApplication.delayCall += () =>
                {
                    AssetDatabase.MoveAsset(assetPath, FileUtil.GetProjectRelativePath(targetPath
+ "/" + fileName));
                };
            }
        }
    }
```

代码编译完成后，从外部导入以 texture_或 sprite_开头的任意图片素材都将被自动放置在代码指定的对应目录下，效果如图 1-24 所示。

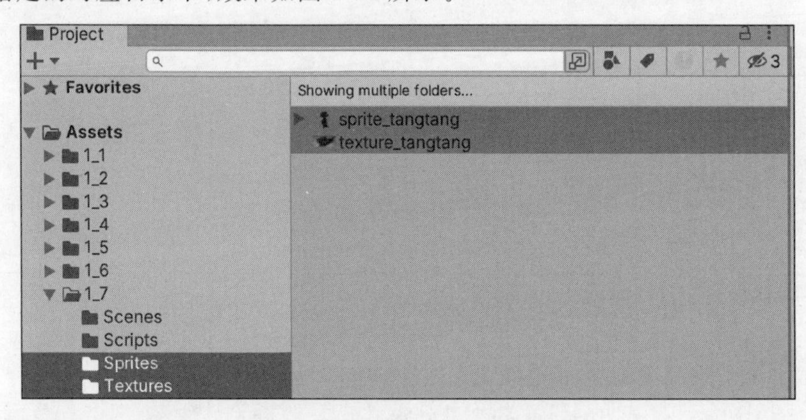

图 1-24　图片资源导入自动归纳

以此类推，其他的资源导入前后的监听也可以通过 AssetPostprocessor 里面不同的方法进行监听。

最后，对编辑器播放、暂停按钮的监听需要分别对 EditorApplication. playModeStateChanged 和 EditorApplication. pauseStateChanged 进行监听，在回调函数里会有枚举参数表示当前状态，其中 PlayModeStateChange. EnteredPlayMode 表示刚进入播放模式，PlayModeState Change. ExitingPlayMode 表示结束播放模式，PlayModeStateChange. EnteredEditMode 表示结束播放模式进入编辑器模式，PauseState. Paused 表示进入暂停模式，PauseState. Unpaused 表示退出暂停模式，代码如下：

```
//第 1 章 //Script_1_7_PlayModeListene.cs

[InitializeOnLoad]
public class Script_1_7_PlayModeListener
{
```

```
        static Script_1_7_PlayModeListener()
        {
            //监听 Play 按钮状态
            EditorApplication.playModeStateChanged += OnPlayModeStateChanged;
            //监听 Pause 按钮状态
            EditorApplication.pauseStateChanged += OnPauseStateChanged;
        }

        //<summary>
        //暂停按钮当前状态
        //</summary>
        //<param name = "state"></param>
        private static void OnPauseStateChanged(PauseState state)
        {
            Debug.LogWarning("Pause 模式状态:" + state.ToString());
            //TODO:个性化操作
        }

        //<summary>
        //播放按钮当前状态
        //</summary>
        //<param name = "state"></param>
        private static void OnPlayModeStateChanged(PlayModeStateChange state)
        {
            Debug.LogWarning("Play 模式状态:" + state.ToString());
            //TODO:个性化操作
        }
    }
```

代码编译完成后，单击“播放”按钮和“暂停”按钮便会监听到当前的运行状态，效果如图 1-25 所示。

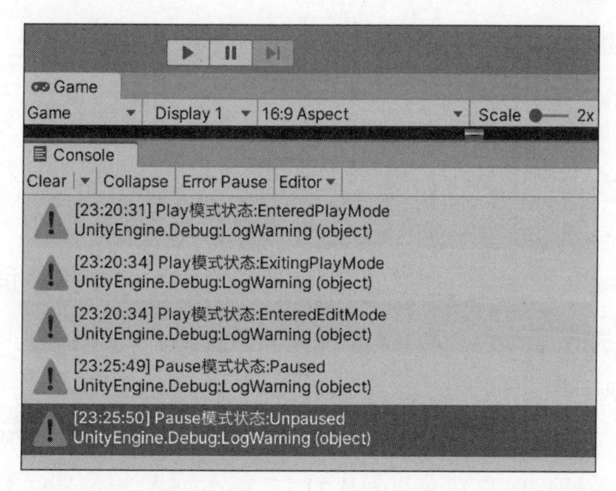

图 1-25 Unity 运行状态监听

1.2.8 个性化按钮组件

以上章节以不同的案例对编辑器扩展部分中常用的知识点进行了讲解，本节将结合以上内容进行综合实战。

【案例 1-8】 实现个性化按钮，此按钮支持附属图层的状态控制，支持按下状态保持，支持颜色、图片及颜色加图片的状态模式，也支持按钮冷却功能。最后扩展一个创建此按钮的快捷功能。

新建一个脚本 CButton.cs，由于需要重写按钮，因此需要此脚本继承 IPointerEnterHandler、IPointerExitHandler、IPointerClickHandler 这 3 个接口和 MonoBehaviour 类，然后定义按钮的构建枚举 BuildType 和按钮状态枚举 ButtonState，最后定义图层属性类 GraphicProperty，在此类里分别定义按钮的各状态的构建类型、颜色定义和精灵图定义，代码如下：

```
//第 1 章 //CButton.cs

//< summary >
//构建类型
//</summary >
public enum BuildType
{
    None = 0,
    //< summary >
    //颜色
    //</summary >
    Color,
    //< summary >
    //精灵图
    //</summary >
    Sprite,
    //< summary >
    //精灵图 + 颜色
    //</summary >
    ColorAndSprite,
}

//< summary >
//按钮状态
//</summary >
public enum ButtonState
{
    //< summary >
```

```
        //正常状态
        //</summary>
        Normal = 0,
        //<summary>
        //按下状态
        //</summary>
        Pressed,
    }

    //<summary>
    //图层属性
    //</summary>
    [Serializable]
    public class GraphicProperty
    {
        //正常状态时类型
        public BuildType NormalType = BuildType.Color;
        //悬浮状态时类型
        public BuildType HoverType = BuildType.Color;
        //按下状态时悬浮类型
        public BuildType PressedHoverType = BuildType.None;
        //按下状态时类型
        public BuildType PressedType = BuildType.Color;
        //禁用状态时类型
        public BuildType DisabledType = BuildType.Color;

        //正常状态时颜色
        public Color Color_Normal = Color.white;
        //悬浮状态时颜色
        public Color Color_Hover = Color.white;
        //按下状态时颜色
        public Color Color_Pressed = Color.white;
        //按下时悬浮状态颜色
        public Color Color_PressedHover = Color.white;
        //禁用时颜色
        public Color Color_Disabled = Color.gray;

        //正常状态时精灵图
        public Sprite Sprite_Normal = null;
        //悬浮状态时精灵图
        public Sprite Sprite_Hover = null;
        //按下状态时精灵图
        public Sprite Sprite_Pressed = null;
```

```
        //按下状态时悬浮精灵图
        public Sprite Sprite_PressedHover = null;
        //禁用状态时精灵图
        public Sprite Sprite_Disabled = null;
    }
    //CButton 按钮脚本
    [RequireComponent(typeof(Image)), DisallowMultipleComponent]
    public class CButton : MonoBehaviour, IPointerEnterHandler, IPointerExitHandler, IPointerClickHandler
    {
    }
```

由于按钮需要依靠 Image 组件，因此使用 RequireComponent(typeof(Image))检测绑定了 CButton 脚本的对象是否拥有 Image 组件，如果没有，则会自动添加 Image 组件，另外按钮组件不可在同一个 GameObject 绑定多个，因此使用 DisallowMultipleComponent 来保持唯一。完整的 CButton 代码如下：

```
//第 1 章 //CButton.cs

using System;
using System.Collections;
using UnityEngine;
using UnityEngine.UI;
using UnityEngine.EventSystems;
using UnityEngine.Events;

namespace PluginDev
{
    //< summary >
    //构建类型
    //</summary >
    public enum BuildType
    {
        None = 0,
        //< summary >
        //颜色
        //</summary >
        Color,
        //< summary >
        //精灵图
        //</summary >
        Sprite,
```

```
        //< summary >
        //精灵图 + 颜色
        //</summary >
        ColorAndSprite,
    }

    //< summary >
    //按钮状态
    //</summary >
    public enum ButtonState
    {
        //< summary >
        //正常状态
        //</summary >
        Normal = 0,
        //< summary >
        //按下状态
        //</summary >
        Pressed,
    }

    //< summary >
    //图层属性
    //</summary >
    [Serializable]
    public class GraphicProperty
    {
        //正常状态时类型
        public BuildType NormalType = BuildType.Color;
        //悬浮状态时类型
        public BuildType HoverType = BuildType.Color;
        //按下状态时悬浮类型
        public BuildType PressedHoverType = BuildType.None;
        //按下状态时类型
        public BuildType PressedType = BuildType.Color;
        //禁用状态时类型
        public BuildType DisabledType = BuildType.Color;

        //正常状态时颜色
        public Color Color_Normal = Color.white;
        //悬浮状态时颜色
        public Color Color_Hover = Color.white;
        //按下状态时颜色
```

```
        public Color Color_Pressed = Color.white;
        //按下时悬浮状态颜色
        public Color Color_PressedHover = Color.white;
        //禁用时颜色
        public Color Color_Disabled = Color.gray;

        //正常状态时精灵图
        public Sprite Sprite_Normal = null;
        //悬浮状态时精灵图
        public Sprite Sprite_Hover = null;
        //按下状态时精灵图
        public Sprite Sprite_Pressed = null;
        //按下状态时悬浮精灵图
        public Sprite Sprite_PressedHover = null;
        //禁用状态时精灵图
        public Sprite Sprite_Disabled = null;
    }

    //< summary >
    //UI 事件
    //</summary >
    [Serializable]
    public class UIEvent : UnityEvent { }

    //< summary >
    //自定义按钮
    //</summary >
    [RequireComponent(typeof(Image)), DisallowMultipleComponent]
    public class CButton : MonoBehaviour, IPointerEnterHandler, IPointerExitHandler,
IPointerClickHandler
    {
        //< summary >
        //图层组件
        //</summary >
        [HideInInspector]
        public Image TargetGraphic;

        //< summary >
        //附加图层组件
        //</summary >
        [HideInInspector]
        public Image AttachedImageGraphic;
```

```
        //< summary >
        //当前按钮状态
        //</summary >
        private ButtonState currentState = ButtonState.Normal;
        public ButtonState CurrentState { get { return currentState; } }

        //是否激活附加图层
        [HideInInspector][Header("是否激活附加图层")] public bool EnabledAttachedGraphic =
false;
        //可交互属性
        [HideInInspector][Header("是否可交互")] public bool Interactable = true;
        //保持按下状态
        [HideInInspector][Header("是否保持状态")] public bool KeepPressed = false;
        //是否激活单击间隔
        [HideInInspector][Header("是否激活按钮冷却属性")] public bool EnableClickInterval =
false;
        //单击间隔时长
        [HideInInspector][Header("按钮冷却时长")][Range(0,3600)] public float ClickIntervalTime = 1;

        //主图层属性
        [HideInInspector] public GraphicProperty MainGraphicProperty;
        //附加图层属性
        [HideInInspector] public GraphicProperty AttachedGraphicProperty;
        //鼠标悬停在按钮事件
        [HideInInspector] public UIEvent OnHover = new UIEvent();
        //鼠标退出按钮事件
        [HideInInspector] public UIEvent OnExit = new UIEvent();
        //按钮单击事件
        [HideInInspector] public UIEvent OnClick = new UIEvent();

        //< summary >
        //鼠标单击按钮可交互区域
        //</summary >
        //< param name = "eventData"></param >
        public void OnPointerClick(PointerEventData eventData)
        {
            if (!Interactable)//不可交互时直接返回
                return;
            //如果当前状态为正常状态
            if (currentState == ButtonState.Normal)
            {
                //如果主图层属性按下类型不为空
```

```
                if (MainGraphicProperty.PressedType != BuildType.None)
                {
                    SetGraphicPressed(MainGraphicProperty, TargetGraphic);
                }
                //如果激活了附加图层并且附件图层按钮属性不为空
                if(EnabledAttachedGraphic && AttachedGraphicProperty.PressedType !=
BuildType.None)
                {
                    SetGraphicPressed(AttachedGraphicProperty, AttachedImageGraphic);
                }

                //如果设置了按钮保持状态属性,则将当前按钮的状态设置为按下状态,否则为
                //正常状态
                if (KeepPressed)
                    currentState = ButtonState.Pressed;
                else
                    currentState = ButtonState.Normal;
            }
            //如果当前状态为按下状态
            else
            {
                //如果主图层属性正常类型不为空
                if (MainGraphicProperty.NormalType != BuildType.None)
                {
                    SetGraphicNormal(MainGraphicProperty, TargetGraphic);
                }
                //如果激活了附加图层,并且附加图层的正常类型不为空
                if (EnabledAttachedGraphic && AttachedGraphicProperty.NormalType != BuildType.
None)
                {
                    SetGraphicNormal(AttachedGraphicProperty, AttachedImageGraphic);
                }
                //将当前状态设置为正常状态
                currentState = ButtonState.Normal;
            }
            //执行按下事件
            OnClick?.Invoke();
            //如果激活了单击冷却,则设置按钮在冷却时间内不能再次单击,直到冷却时间结束
            //后方可再次单击
            if(EnableClickInterval)
            {
                EnableButton(false);
                CoroutineTracker = false;
```

```
            StartCoroutine(DelayClick());
        }
    }

    //< summary >
    //鼠标悬停按钮可交互区域
    //</summary >
    //< param name = "eventData"></param >
    public void OnPointerEnter(PointerEventData eventData)
    {
        //如果不可交互,则直接返回
        if (!Interactable)
            return;
        //如果设置了保持按下状态,并且当前状态是按下状态
        if (KeepPressed && currentState == ButtonState.Pressed)
        {
            //如果主图层悬停类型不为空
            if (MainGraphicProperty.HoverType != BuildType.None)
            {
                SetGraphicHover(MainGraphicProperty, TargetGraphic);
            }
            //如果激活了附加图层,并且附加图层悬停类型不为空
            if(EnabledAttachedGraphic && AttachedGraphicProperty.HoverType!= BuildType.
None)
            {
                SetGraphicHover(AttachedGraphicProperty, AttachedImageGraphic);
            }
        }
        //如果未设置按下状态保持或当前状态是正常状态
        else
        {
            //如果主图层悬停类型不为空
            if (MainGraphicProperty.HoverType != BuildType.None)
            {
                SetGraphicHover(MainGraphicProperty, TargetGraphic);
            }
            //如果激活了附加图层,并且附加图层悬停类型不为空
            if(EnabledAttachedGraphic && AttachedGraphicProperty.HoverType != BuildType.
None)
            {
```

```
                SetGraphicHover(AttachedGraphicProperty, AttachedImageGraphic);
            }
        }
        //执行悬停事件
        OnHover?.Invoke();
    }

    //< summary >
    //鼠标退出按钮可交互区域
    //</summary >
    //< param name = "eventData"></param >
    public void OnPointerExit(PointerEventData eventData)
    {
        //如果不可交互,则直接返回
        if (!Interactable)
            return;
        //如果当前状态是正常状态
        if (currentState == ButtonState.Normal)
        {
            //如果主图层正常类型不为空
            if (MainGraphicProperty.NormalType != BuildType.None)
            {
                SetGraphicNormal(MainGraphicProperty, TargetGraphic);
            }
            //如果激活了附加图层,并且附加图层正常类型不为空
            if(EnabledAttachedGraphic && AttachedGraphicProperty.NormalType!= BuildType.
None)
            {
                SetGraphicNormal(AttachedGraphicProperty, AttachedImageGraphic);
            }
        }
        //如果当前是按下状态
        else
        {
            //如果设置了保持按下状态
            if (KeepPressed)
            {

                //如果主图层按下类型不为空
                if (MainGraphicProperty.PressedType != BuildType.None)
                {
                    SetGraphicPressed(MainGraphicProperty, TargetGraphic);
                }
```

```
                    //如果激活了附加图层,并且附加图层按下类型不为空
                    if(EnabledAttachedGraphic && AttachedGraphicProperty.PressedType!=
BuildType.None)
                    {
                        SetGraphicPressed(AttachedGraphicProperty, AttachedImageGraphic);
                    }
                }
                //如果不需要保持按下状态
                else
                {
                    //如果主图层按下类型不为空
                    if (MainGraphicProperty.NormalType != BuildType.None)
                    {
                        SetGraphicNormal(MainGraphicProperty, TargetGraphic);
                    }
                    //如果激活了附加图层,并且附加图层正常类型不为空
                    if(EnabledAttachedGraphic && AttachedGraphicProperty.NormalType !=
BuildType.None)
                    {
                        SetGraphicNormal(AttachedGraphicProperty, AttachedImageGraphic);
                    }
                }
            }
            //执行退出事件
            OnExit?.Invoke();
        }

        //<summary>
        //设置按钮状态
        //</summary>
        //<param name = "bs"></param>
        //<param name = "IsCallClickEvent"></param>
        public void SetButtonState(ButtonState bs, bool IsCallClickEvent = false)
        {
            //如果设置状态和当前状态不一致
            if (bs != currentState)
            {
                //如果设置为正常状态
                if (bs == ButtonState.Normal)
                {
                    //如果主图层正常类型不为空
                    if (MainGraphicProperty.NormalType != BuildType.None)
                    {
```

```
                SetGraphicNormal(MainGraphicProperty, TargetGraphic);
            }
            //如果激活了附加图层,并且附加图层正常类型不为空
            if(EnabledAttachedGraphic && AttachedGraphicProperty.NormalType!=
BuildType.None)
            {
                SetGraphicNormal(AttachedGraphicProperty, AttachedImageGraphic);
            }
        }
        //如果设置为按下状态
        else
        {
            if (MainGraphicProperty.PressedType != BuildType.None)
            {
                SetGraphicPressed(MainGraphicProperty, TargetGraphic);
            }

            if(EnabledAttachedGraphic && AttachedGraphicProperty.PressedType!=
BuildType.None)
            {
                SetGraphicPressed(AttachedGraphicProperty, AttachedImageGraphic);
            }
        }
        //记录当前状态
        currentState = bs;
        //如果需要执行单击事件,则响应单击回调
        if (IsCallClickEvent)
            OnClick?.Invoke();
    }
}

//<summary>
//禁用按钮与否
//</summary>
//<param name = "interactable"></param>
public void EnableButton(bool interactable)
{
    Interactable = interactable;
    //如果当前状态是正常状态
    if (currentState == ButtonState.Normal)
    {
        //如果主图层禁用类型不为空
        if (MainGraphicProperty.DisabledType != BuildType.None)
```

```
                {
                    //如果主图层禁用类型为颜色,并且设置了禁用属性,则将颜色设置为禁
                    //用颜色,否则设置为正常颜色
                    if (MainGraphicProperty.DisabledType == BuildType.Color)
                      TargetGraphic.color = !interactable ? MainGraphicProperty.Color_
Disabled : MainGraphicProperty.Color_Normal;
                    //如果主图层禁用类型为精灵图,并且设置了禁用属性,则将图片设置为禁
                    //用图片,否则设置为正常图片
                    else if (MainGraphicProperty.DisabledType == BuildType.Sprite)
                        TargetGraphic.sprite = !interactable ? MainGraphicProperty.Sprite_
Disabled : MainGraphicProperty.Sprite_Normal;
                    //如果主图层禁用类型为颜色+图片,并且设置了禁用属性,则将颜色设置
                    //为禁用颜色,将图片设置为禁用图片,否则将颜色设置为正常颜色,将图片
                    //设置为正常图片
                    else
                    {
                        TargetGraphic.color = !interactable ? MainGraphicProperty.Color_
Disabled : MainGraphicProperty.Color_Normal;
                        TargetGraphic.sprite = !interactable ? MainGraphicProperty.Sprite_
Disabled : MainGraphicProperty.Sprite_Normal;
                    }
                }
            }
            else
            {
                //如果激活按钮
                if (interactable)
                {
                    //如果是保持按下状态
                    if (KeepPressed)
                    {
                        if (MainGraphicProperty.PressedType != BuildType.None)
                        {
                            SetGraphicPressed(MainGraphicProperty, TargetGraphic);
                        }
                    }
                    else
                    {
                        if (MainGraphicProperty.NormalType != BuildType.None)
                        {
                            SetGraphicNormal(MainGraphicProperty, TargetGraphic);
```

```
                    }
                }
            }
            //如果禁用按钮
            else
            {
                if (MainGraphicProperty.DisabledType != BuildType.None)
                {
                    SetGraphicDisabled(MainGraphicProperty, TargetGraphic);
                }
            }
        }
    }

    //< summary >
    //冷却按钮
    //</summary >
    //< returns ></returns >
    private IEnumerator DelayClick()
    {
        yield return new WaitForSeconds(ClickIntervalTime);
        //恢复按钮状态
        RecoveryButton();
        CoroutineTracker = true;
    }

    private bool CoroutineTracker = false; //跟踪延迟协程是否处理结束
    protected void OnDisable()
    {
        //如果禁用按钮
        if(!Interactable)
        {
            //如果禁用类型不为空
            if (MainGraphicProperty.DisabledType != BuildType.None)
            {
                //如果禁用类型为精灵图,则设置禁用图片
                if (MainGraphicProperty.DisabledType == BuildType.Sprite)
                    TargetGraphic.sprite = MainGraphicProperty.Sprite_Disabled;
                //如果禁用类型为颜色,则设置禁用颜色
                else if (MainGraphicProperty.DisabledType == BuildType.Color)
                    TargetGraphic.color = MainGraphicProperty.Color_Disabled;
                //如果禁用类型为精灵图 + 颜色,则设置禁用颜色和图片,图片根据当前状
                //态是否为正常状态设置为正常图片或按下图片
```

```
                else
                {
                    TargetGraphic.sprite = currentState == ButtonState.Normal?
MainGraphicProperty.Sprite_Normal : MainGraphicProperty.Sprite_Pressed;
                    TargetGraphic.color = MainGraphicProperty.Color_Disabled;
                }
            }
            //如果激活附加图层并且禁用类型不为空
            if(EnabledAttachedGraphic && AttachedGraphicProperty.DisabledType != BuildType.
None)
            {
                //如果禁用类型为精灵图,则设置禁用图片
                if (AttachedGraphicProperty.DisabledType == BuildType.Sprite)
                    AttachedImageGraphic.sprite = AttachedGraphicProperty.Sprite_Disabled;
                //如果禁用类型为颜色,则设置禁用颜色
                else if (AttachedGraphicProperty.DisabledType == BuildType.Color)
                        AttachedImageGraphic.color = AttachedGraphicProperty.Color_
Disabled;
                //如果禁用类型为精灵图+颜色,则设置禁用颜色和图片,图片根据当前
                //状态是否为正常状态设置为正常图片或按下图片
                else
                {
                    AttachedImageGraphic.sprite = currentState == ButtonState.Normal ?
AttachedGraphicProperty.Sprite_Normal : AttachedGraphicProperty.Sprite_Pressed;
                    AttachedImageGraphic.color = AttachedGraphicProperty.Color_Disabled;
                }
            }
        }
        //如果激活按钮
        else
        {
            //如果当前状态为正常状态
            if (currentState == ButtonState.Normal)
            {
                //如果主图层正常类型不为空,则将主图层设置为正常属性
                if (MainGraphicProperty.NormalType != BuildType.None)
                {
                    SetGraphicNormal(MainGraphicProperty, TargetGraphic);
                }
                //如果激活了附加图层,并且附加图层正常类型不为空,则将附加图层设置
                //为正常属性
                if (EnabledAttachedGraphic && AttachedGraphicProperty.NormalType !=
BuildType.None)
```

```
                {
                    SetGraphicNormal(AttachedGraphicProperty, AttachedImageGraphic);
                }
            }

        }
        //如果激活了单击冷却,并且协程状态变量为 false,则停止冷却协程并恢复按钮状态
        if (!CoroutineTracker && EnableClickInterval)
        {
            StopAllCoroutines();
            RecoveryButton();
        }
    }

    //< summary >
    //恢复按钮状态
    //</summary >
    private void RecoveryButton()
    {
        //激活按钮
        EnableButton(true);
        //如果主图层属性禁用类型不为空
        if (MainGraphicProperty.DisabledType != BuildType.None)
        {
            //如果主图层属性禁用类型为精灵图,则将图片设置为正常图片
            if (MainGraphicProperty.DisabledType == BuildType.Sprite)
                TargetGraphic.sprite = MainGraphicProperty.Sprite_Normal;
            //如果主图层属性禁用类型为颜色,则将图片颜色设置为正常颜色
            else if (MainGraphicProperty.DisabledType == BuildType.Color)
                TargetGraphic.color = MainGraphicProperty.Color_Normal;
            //如果主图层属性禁用类型为精灵图 + 颜色,则将图片设置为正常图片 + 正常颜色
            else
            {
                TargetGraphic.sprite = MainGraphicProperty.Sprite_Normal;
                TargetGraphic.color = MainGraphicProperty.Color_Normal;
            }
        }
    }

    //< summary >
```

```
//设置图层悬浮状态
//</summary>
//<param name="targetGraphicProperty"></param>
//<param name="targetGraphic"></param>
private void SetGraphicHover(GraphicProperty targetGraphicProperty, Image targetGraphic)
{
    //如果是保持按下状态
    if (KeepPressed)
    {
        //将目标图层设置为目标属性的按下悬浮状态
        if (targetGraphicProperty.HoverType == BuildType.Sprite)
            targetGraphic.sprite = targetGraphicProperty.Sprite_PressedHover;
        else if (targetGraphicProperty.HoverType == BuildType.Color)
            targetGraphic.color = targetGraphicProperty.Color_PressedHover;
        else
        {
            targetGraphic.color = targetGraphicProperty.Color_PressedHover;
            targetGraphic.sprite = targetGraphicProperty.Sprite_PressedHover;
        }
    }
    //如果非保持按下状态
    else
    {
        //将目标图层设置为目标属性的悬浮状态
        if (targetGraphicProperty.HoverType == BuildType.Sprite)
            targetGraphic.sprite = targetGraphicProperty.Sprite_Hover;
        else if (targetGraphicProperty.HoverType == BuildType.Color)
            targetGraphic.color = targetGraphicProperty.Color_Hover;
        else
        {
            targetGraphic.color = targetGraphicProperty.Color_Hover;
            targetGraphic.sprite = targetGraphicProperty.Sprite_Hover;
        }
    }
}

//<summary>
//设置图层正常状态
//</summary>
//<param name="targetGraphicProperty"></param>
//<param name="targetGraphic"></param>
```

```
        private void SetGraphicNormal (GraphicProperty targetGraphicProperty, Image
targetGraphic)
        {
            if (targetGraphicProperty.NormalType == BuildType.Sprite)
                targetGraphic.sprite = targetGraphicProperty.Sprite_Normal;
            else if (targetGraphicProperty.NormalType == BuildType.Color)
                targetGraphic.color = targetGraphicProperty.Color_Normal;
            else
            {
                targetGraphic.sprite = targetGraphicProperty.Sprite_Normal;
                targetGraphic.color = targetGraphicProperty.Color_Normal;
            }
        }

        //<summary>
        //设置图层按下状态
        //</summary>
        //<param name="targetGraphic"></param>
        //<param name="imageGraphic"></param>
        private void SetGraphicPressed (GraphicProperty targetGraphicProperty, Image
targetGraphic)
        {
            if (targetGraphicProperty.PressedType == BuildType.Sprite)
                targetGraphic.sprite = targetGraphicProperty.Sprite_Pressed;
            else if (targetGraphicProperty.PressedType == BuildType.Color)
                targetGraphic.color = targetGraphicProperty.Color_Pressed;
            else
            {
                targetGraphic.sprite = targetGraphicProperty.Sprite_Pressed;
                targetGraphic.color = targetGraphicProperty.Color_Pressed;
            }
        }

        //<summary>
        //设置图层禁用状态
        //</summary>
        //<param name="targetGraphic"></param>
        //<param name="imageGraphic"></param>
        private void SetGraphicDisabled (GraphicProperty targetGraphicProperty, Image
targetGraphic)
        {
            if (targetGraphicProperty.DisabledType == BuildType.Sprite)
                targetGraphic.sprite = targetGraphicProperty.Sprite_Disabled;
```

```
            else if (targetGraphicProperty.DisabledType == BuildType.Color)
                targetGraphic.color = targetGraphicProperty.Color_Disabled;
            else
            {
                targetGraphic.sprite = targetGraphicProperty.Sprite_Disabled;
                targetGraphic.color = targetGraphicProperty.Color_Disabled;
            }
        }
    }
}
```

上述代码实现了按钮的各种功能，但 Inspector 面板不够清晰，新建脚本 CButtonInspector.cs 实现 CButton 按钮的 Inspector 扩展，此脚本需要放置在 Editor 目录之下，代码如下：

```
//第 1 章 //CButtonInspector.cs

[CustomEditor(typeof(CButton))]
public class CButtonInspector : UnityEditor.Editor
{
    //按钮对象
    private CButton button;
    //目标图层
    private SerializedProperty TargetGraphic = null;
    //附加图层
    private SerializedProperty AttachedImageGraphic = null;
    //是否可交互
    private SerializedProperty Interactable = null;
    //是否保持按下状态
    private SerializedProperty KeepPressed = null;
    //是否激活附加图层
    private SerializedProperty EnabledAttachedGraphic = null;
    //是否激活按钮冷却
    private SerializedProperty EnableClickInterval = null;
    //按钮冷却时长
    private SerializedProperty ClickIntervalTime = null;

    //控制主图层属性折叠变量
    private bool MainPropertyFoldOut = true;
    //控制附加图层折叠变量
    private bool AttachPropertyFoldOut = true;
    //按钮事件折叠变量
    private bool EventFoldOut = true;
```

```
//主图层属性
private SerializedProperty Main_Color_Normal = null;
private SerializedProperty Main_Color_Hover = null;
private SerializedProperty Main_Color_PressedHover = null;
private SerializedProperty Main_Color_Pressed = null;
private SerializedProperty Main_Color_Disabled = null;

private SerializedProperty Main_Sprite_Normal = null;
private SerializedProperty Main_Sprite_Hover = null;
private SerializedProperty Main_Sprite_PressedHover = null;
private SerializedProperty Main_Sprite_Pressed = null;
private SerializedProperty Main_Sprite_Disabled = null;

//附加图层属性
private SerializedProperty Attached_Color_Normal = null;
private SerializedProperty Attached_Color_Hover = null;
private SerializedProperty Attached_Color_PressedHover = null;
private SerializedProperty Attached_Color_Pressed = null;
private SerializedProperty Attached_Color_Disabled = null;

private SerializedProperty Attached_Sprite_Normal = null;
private SerializedProperty Attached_Sprite_Hover = null;
private SerializedProperty Attached_Sprite_PressedHover = null;
private SerializedProperty Attached_Sprite_Pressed = null;
private SerializedProperty Attached_Sprite_Disabled = null;

//事件
private SerializedProperty OnClickEvent = null;
private SerializedProperty OnExitEvent = null;
private SerializedProperty OnHoverEvent = null;

private void OnEnable()
{
    button = (CButton)target;

    button.TargetGraphic = button.GetComponent<Image>();

    TargetGraphic = serializedObject.FindProperty("TargetGraphic");
    AttachedImageGraphic = serializedObject.FindProperty("AttachedImageGraphic");

    EnabledAttachedGraphic = serializedObject.FindProperty("EnabledAttachedGraphic");
    EnableClickInterval = serializedObject.FindProperty("EnableClickInterval");
    ClickIntervalTime = serializedObject.FindProperty("ClickIntervalTime");
```

```
        Interactable = serializedObject.FindProperty("Interactable");
        KeepPressed = serializedObject.FindProperty("KeepPressed");

        Main_Color_Normal = serializedObject.FindProperty("MainGraphicProperty.Color_Normal");
        Main_Color_Hover = serializedObject.FindProperty("MainGraphicProperty.Color_Hover");
        Main_Color_PressedHover = serializedObject.FindProperty("MainGraphicProperty.Color_PressedHover");
        Main_Color_Pressed = serializedObject.FindProperty("MainGraphicProperty.Color_Pressed");
        Main_Color_Disabled = serializedObject.FindProperty("MainGraphicProperty.Color_Disabled");

        Main_Sprite_Normal = serializedObject.FindProperty("MainGraphicProperty.Sprite_Normal");
        Main_Sprite_Hover = serializedObject.FindProperty("MainGraphicProperty.Sprite_Hover");
        Main_Sprite_PressedHover = serializedObject.FindProperty("MainGraphicProperty.Sprite_PressedHover");
        Main_Sprite_Pressed = serializedObject.FindProperty("MainGraphicProperty.Sprite_Pressed");
        Main_Sprite_Disabled = serializedObject.FindProperty("MainGraphicProperty.Sprite_Disabled");

        Attached_Color_Normal = serializedObject.FindProperty("AttachedGraphicProperty.Color_Normal");
        Attached_Color_Hover = serializedObject.FindProperty("AttachedGraphicProperty.Color_Hover");
        Attached_Color_PressedHover = serializedObject.FindProperty("AttachedGraphicProperty.Color_PressedHover");
        Attached_Color_Pressed = serializedObject.FindProperty("AttachedGraphicProperty.Color_Pressed");
        Attached_Color_Disabled = serializedObject.FindProperty("AttachedGraphicProperty.Color_Disabled");

        Attached_Sprite_Normal = serializedObject.FindProperty("AttachedGraphicProperty.Sprite_Normal");
        Attached_Sprite_Hover = serializedObject.FindProperty("AttachedGraphicProperty.Sprite_Hover");
        Attached_Sprite_PressedHover = serializedObject.FindProperty("AttachedGraphicProperty.Sprite_PressedHover");
```

```
        Attached_Sprite_Pressed = serializedObject.FindProperty("AttachedGraphicProperty.
Sprite_Pressed");
        Attached_Sprite_Disabled = serializedObject.FindProperty("AttachedGraphicProperty.
Sprite_Disabled");

        OnClickEvent = serializedObject.FindProperty("OnClick");
        OnHoverEvent = serializedObject.FindProperty("OnHover");
        OnExitEvent = serializedObject.FindProperty("OnExit");
    }

    public override void OnInspectorGUI()
    {
        EditorGUILayout.LabelField("当前按钮状态：" + button.CurrentState);
        EditorGUILayout.Space(10);

        EditorGUILayout.LabelField("图层");
        EditorGUILayout.PropertyField(TargetGraphic);
        if (button.TargetGraphic == null)
            EditorGUILayout.HelpBox("图层不可为空", MessageType.Warning);

        if (EnabledAttachedGraphic.boolValue)
        {
            EditorGUILayout.PropertyField(AttachedImageGraphic);
            if (button.AttachedImageGraphic == null)
                EditorGUILayout.HelpBox("图层不可为空", MessageType.Warning);
        }

        EditorGUILayout.Space(10);
        EditorGUILayout.LabelField("按钮属性");
        EditorGUILayout.PropertyField(EnabledAttachedGraphic);
        EditorGUILayout.PropertyField(Interactable);
        EditorGUILayout.PropertyField(KeepPressed);
        EditorGUILayout.PropertyField(EnableClickInterval);
        EditorGUILayout.Space(10);


        if (EnableClickInterval.boolValue)
        {
            EditorGUILayout.LabelField("按钮单击间隔时间");
            EditorGUILayout.PropertyField(ClickIntervalTime);
            EditorGUILayout.Space(10);
        }
```

```
        MainPropertyFoldOut = EditorGUILayout.Foldout(MainPropertyFoldOut, "主图层属性");
        if (MainPropertyFoldOut)
        {
            button.MainGraphicProperty.NormalType = (BuildType)EditorGUILayout.EnumPopup
("Normal Type: ", button.MainGraphicProperty.NormalType);
            if (button.MainGraphicProperty.NormalType != BuildType.None)
            {
                if (button.MainGraphicProperty.NormalType == BuildType.Color)
                    EditorGUILayout.PropertyField(Main_Color_Normal);
                else if (button.MainGraphicProperty.NormalType == BuildType.Sprite)
                    EditorGUILayout.PropertyField(Main_Sprite_Normal);
                else
                {
                    EditorGUILayout.PropertyField(Main_Color_Normal);
                    EditorGUILayout.PropertyField(Main_Sprite_Normal);
                }
                EditorGUILayout.Space(10);
            }


            button.MainGraphicProperty.HoverType = (BuildType)EditorGUILayout.EnumPopup
("Hover Type: ", button.MainGraphicProperty.HoverType);
            if (button.MainGraphicProperty.HoverType != BuildType.None)
            {
                if (button.MainGraphicProperty.HoverType == BuildType.Color)
                    EditorGUILayout.PropertyField(Main_Color_Hover);
                else if (button.MainGraphicProperty.HoverType == BuildType.Sprite)
                    EditorGUILayout.PropertyField(Main_Sprite_Hover);
                else
                {
                    EditorGUILayout.PropertyField(Main_Color_Hover);
                    EditorGUILayout.PropertyField(Main_Sprite_Hover);
                }
            }

            if (KeepPressed.boolValue)
            {
                EditorGUILayout.Space(10);
                button.MainGraphicProperty.PressedHoverType = (BuildType)EditorGUILayout.
EnumPopup("Pressed Hover Type: ", button.MainGraphicProperty.PressedHoverType);
                if (button.MainGraphicProperty.PressedHoverType != BuildType.None)
                {
```

```
                    if (button.MainGraphicProperty.PressedHoverType == BuildType.Color)
EditorGUILayout.PropertyField(Main_Color_PressedHover);
                    else if (button.MainGraphicProperty.PressedHoverType == BuildType.Sprite)
EditorGUILayout.PropertyField(Main_Sprite_PressedHover);
                    else
                    {
                        EditorGUILayout.PropertyField(Main_Color_PressedHover);
                        EditorGUILayout.PropertyField(Main_Sprite_PressedHover);
                    }
                    EditorGUILayout.Space(10);
                }
            }

            button.MainGraphicProperty.PressedType = (BuildType)EditorGUILayout.EnumPopup
("Pressed Type: ", button.MainGraphicProperty.PressedType);
            if (button.MainGraphicProperty.PressedType != BuildType.None)
            {
                if (button.MainGraphicProperty.PressedType == BuildType.Color)
                    EditorGUILayout.PropertyField(Main_Color_Pressed);
                else if (button.MainGraphicProperty.PressedType == BuildType.Sprite)
                    EditorGUILayout.PropertyField(Main_Sprite_Pressed);
                else
                {
                    EditorGUILayout.PropertyField(Main_Color_Pressed);
                    EditorGUILayout.PropertyField(Main_Sprite_Pressed);
                }
                EditorGUILayout.Space(10);
            }

            button.MainGraphicProperty.DisabledType = (BuildType)EditorGUILayout.
EnumPopup("Disabled Type: ", button.MainGraphicProperty.DisabledType);
            if (button.MainGraphicProperty.DisabledType != BuildType.None)
            {
                if (button.MainGraphicProperty.DisabledType == BuildType.Color)
                    EditorGUILayout.PropertyField(Main_Color_Disabled);
                else if (button.MainGraphicProperty.DisabledType == BuildType.Sprite)
                    EditorGUILayout.PropertyField(Main_Sprite_Disabled);
                else
                {
                    EditorGUILayout.PropertyField(Main_Color_Disabled);
                    EditorGUILayout.PropertyField(Main_Sprite_Disabled);
                }
```

```
                EditorGUILayout.Space(10);
            }

        }
        EditorGUILayout.Space(10);
        if (EnabledAttachedGraphic.boolValue)
        {
            AttachPropertyFoldOut = EditorGUILayout.Foldout(AttachPropertyFoldOut, "附加
图层属性");
            if (AttachPropertyFoldOut)
            {
                button.AttachedGraphicProperty.NormalType = (BuildType)EditorGUILayout.
EnumPopup("Normal Type: ", button.AttachedGraphicProperty.NormalType);
                if (button.AttachedGraphicProperty.NormalType != BuildType.None)
                {
                    if (button.AttachedGraphicProperty.NormalType == BuildType.Color)
                        EditorGUILayout.PropertyField(Attached_Color_Normal);
                    else if (button.AttachedGraphicProperty.NormalType == BuildType.Sprite)
EditorGUILayout.PropertyField(Attached_Sprite_Normal);
                    else
                    {
                        EditorGUILayout.PropertyField(Attached_Color_Normal);
                        EditorGUILayout.PropertyField(Attached_Sprite_Normal);
                    }
                    EditorGUILayout.Space(10);
                }


                button.AttachedGraphicProperty.HoverType = (BuildType)EditorGUILayout.
EnumPopup("Hover Type: ", button.AttachedGraphicProperty.HoverType);
                if (button.AttachedGraphicProperty.HoverType != BuildType.None)
                {
                    if (button.AttachedGraphicProperty.HoverType == BuildType.Color)
                        EditorGUILayout.PropertyField(Attached_Color_Hover);
                    else if (button.AttachedGraphicProperty.HoverType == BuildType.Sprite)
                        EditorGUILayout.PropertyField(Attached_Sprite_Hover);
                    else
                    {
                        EditorGUILayout.PropertyField(Attached_Color_Hover);
                        EditorGUILayout.PropertyField(Attached_Sprite_Hover);
                    }
```

```
                }

                if (KeepPressed.boolValue)
                {
                    EditorGUILayout.Space(10);
                    button.AttachedGraphicProperty.PressedHoverType = (BuildType)
EditorGUILayout.EnumPopup("Pressed Hover Type: ", button.AttachedGraphicProperty.
PressedHoverType);
                    if (button.AttachedGraphicProperty.PressedHoverType != BuildType.None)
                    {
                        if(button.AttachedGraphicProperty.PressedHoverType == BuildType.
Color)
EditorGUILayout.PropertyField(Attached_Color_PressedHover);
                        else if (button.AttachedGraphicProperty.PressedHoverType ==
BuildType.Sprite)
EditorGUILayout.PropertyField(Attached_Sprite_PressedHover);
                        else
                        {
EditorGUILayout.PropertyField(Attached_Color_PressedHover);
EditorGUILayout.PropertyField(Attached_Sprite_PressedHover);
                        }
                        EditorGUILayout.Space(10);
                    }
                }

                button.AttachedGraphicProperty.PressedType = (BuildType)EditorGUILayout.
EnumPopup("Pressed Type: ", button.AttachedGraphicProperty.PressedType);
                if (button.AttachedGraphicProperty.PressedType != BuildType.None)
                {
                    if (button.AttachedGraphicProperty.PressedType == BuildType.Color)

EditorGUILayout.PropertyField(Attached_Color_Pressed);
                    else if (button.AttachedGraphicProperty.PressedType == BuildType.
Sprite)

EditorGUILayout.PropertyField(Attached_Sprite_Pressed);
                    else
                    {

EditorGUILayout.PropertyField(Attached_Color_Pressed);

EditorGUILayout.PropertyField(Attached_Sprite_Pressed);
                    }
```

```
                    EditorGUILayout.Space(10);
                }
                button.AttachedGraphicProperty.DisabledType = (BuildType)EditorGUILayout.
EnumPopup("Disabled Type: ", button.AttachedGraphicProperty.DisabledType);
                if (button.AttachedGraphicProperty.DisabledType != BuildType.None)
                {
                    if (button.AttachedGraphicProperty.DisabledType == BuildType.Color)

EditorGUILayout.PropertyField(Attached_Color_Disabled);
                    else if (button.AttachedGraphicProperty.DisabledType == BuildType.
Sprite)

EditorGUILayout.PropertyField(Attached_Sprite_Disabled);
                    else
                    {

EditorGUILayout.PropertyField(Attached_Color_Disabled);

EditorGUILayout.PropertyField(Attached_Sprite_Disabled);
                    }
                    EditorGUILayout.Space(10);
                }
            }
        }
        EditorGUILayout.Space(10);
        EventFoldOut = EditorGUILayout.Foldout(EventFoldOut, "事件");
        if(EventFoldOut)
        {
            EditorGUILayout.Space(20);
            EditorGUILayout.PropertyField(OnHoverEvent);
            EditorGUILayout.PropertyField(OnClickEvent);
            EditorGUILayout.PropertyField(OnExitEvent);
        }

        if (GUI.changed)
        {
            button.EnableButton(Interactable.boolValue);
            if (Interactable.boolValue)
            {
                if (button.MainGraphicProperty.NormalType == BuildType.Color)
                    button.TargetGraphic.color = Main_Color_Normal.colorValue;
                else
```

```
                    button. TargetGraphic. sprite  =  ( Sprite ) Main _ Sprite _ Normal.
objectReferenceValue;

                if (EnabledAttachedGraphic.boolValue && button.AttachedImageGraphic)
                {
                    if (button.AttachedGraphicProperty.NormalType == BuildType.Color)
                        button.AttachedImageGraphic.color = Attached_Color_Normal.
colorValue;
                    else
                        button.AttachedImageGraphic.sprite = (Sprite)Attached_Sprite_
Normal.objectReferenceValue;
                }
            }
        }

        serializedObject.ApplyModifiedProperties();
    }

    //创建 CButton
    [MenuItem("GameObject/UI/CButton", false, 1)]
    static void CreateCButton()
    {
        Canvas canvas = GameObject.FindObjectOfType<Canvas>();
        if (canvas == null)
        {
            GameObject cg = new GameObject();
            canvas = cg.AddComponent<Canvas>();
            canvas.renderMode = RenderMode.ScreenSpaceOverlay;
            CanvasScaler cs = cg.AddComponent<CanvasScaler>();
            GraphicRaycaster gr = cg.AddComponent<GraphicRaycaster>();
            cg.layer = 5;
            cg.name = "Canvas";
        }
        GameObject ga = new GameObject();
        CButton cb = ga.AddComponent<CButton>();
        ga.transform.SetParent(canvas.transform);
        RectTransform rt = ga.transform as RectTransform;
        rt.anchoredPosition = Vector2.zero;
        rt.sizeDelta = new Vector2(200, 100);
        ga.name = "CButton";
    }
}
```

上述代码编译完成后，可以在 Hierarchy 视图右击看到 UI→CButton 选项，单击后便可生成 CButton 按钮，选中后可以在 Inspector 中对按钮进行编辑及使用，如图 1-26 所示。

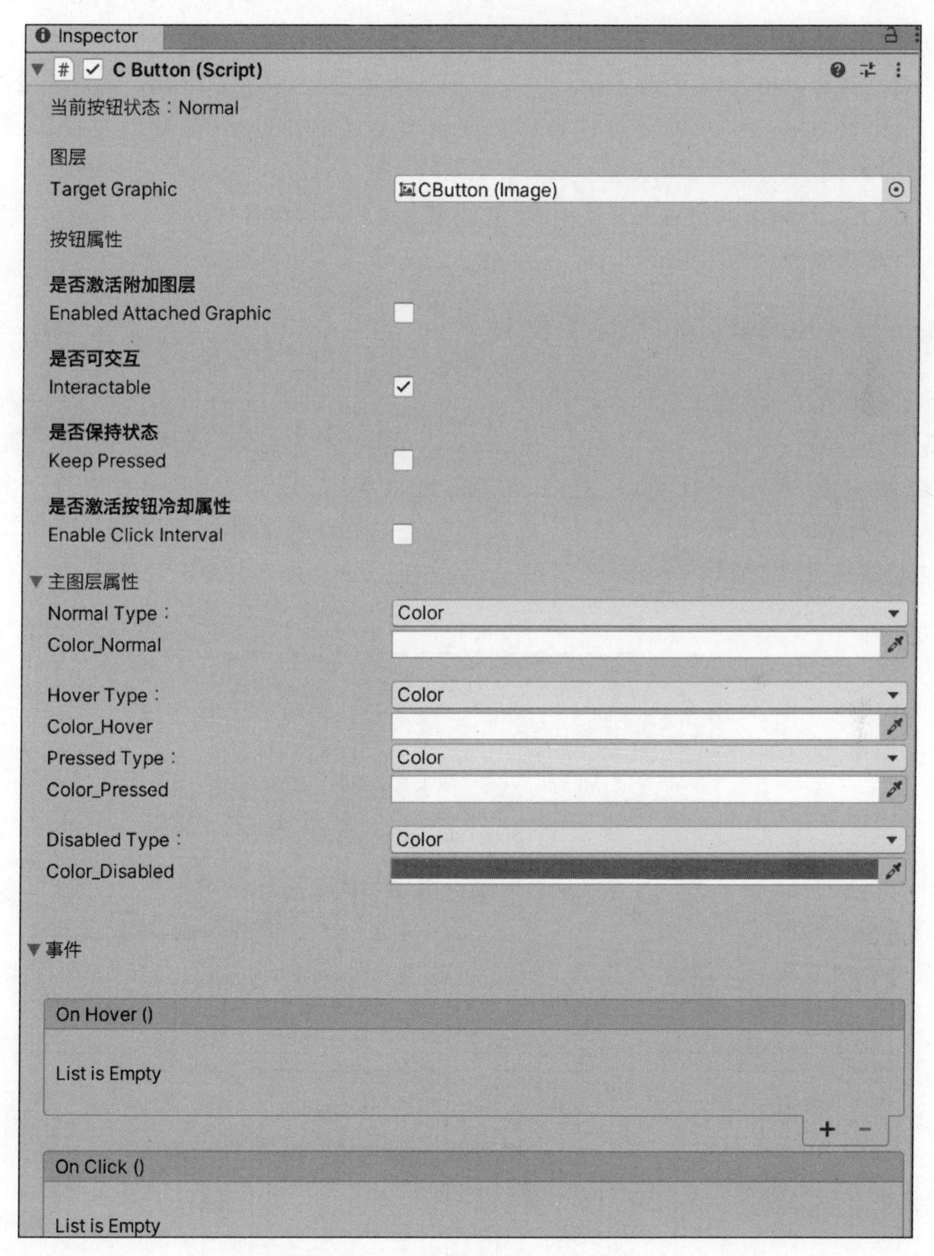

图 1-26　个性化按钮 CButton 界面

1.3 ScriptableObject 介绍

在 Unity 项目开发中会经常用到一些数据存储技术，例如用 JSON、XML 或者 Excel 来作为数据存储的对象，但它们在 Unity 引擎里并不方便进行编辑及使用。好在 Unity 推出了 ScriptableObject 后，开发者可以自己扩展定义自己的数据格式，同时也可以直接在 Unity 引擎中进行可视化编辑。这让 ScriptableObject 在 Unity 中成了一种非常强大和灵活的工具，它可以帮助开发者更好地组织、管理和重用游戏中的各种数据，提高开发效率，也提供了许多扩展和定制的可能性。

1.3.1 ScriptableObject 概述

ScriptableObject 是一个继承自 UnityEngine. Object 的类，它是 Unity 提供的一种可进行数据存储的数据容器。虽然它和 MonoBehaviour 类一样都继承自同一个基类，但是它不需要挂载在任意 GameObject 对象上，因此也不是 GameObject 的对象。同时，ScriptableObject 虽然是一个类，但是它的实例却是一个资产文件，其地位和位于 Unity 工程下的模型资源、材质球和纹理贴图等是等同的。ScriptableObject 对象文件如图 1-27 所示。

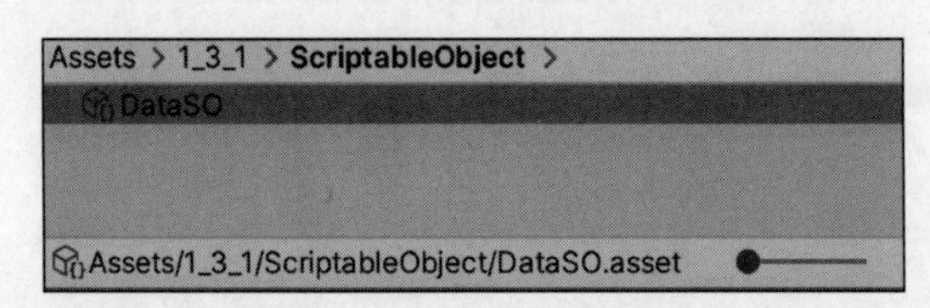

图 1-27 ScriptableObject 文件

ScriptableObject 最主要的优点是可以减少对内存的使用。假如有一个预制件，预制件上挂载了一个脚本，脚本定义了一些变量，每当实例化一个这样的预制件时，其脚本上的所有变量都会被复制一份，然后就会产生大量的重复数据，内存也就自然增加了，如图 1-28 所示。

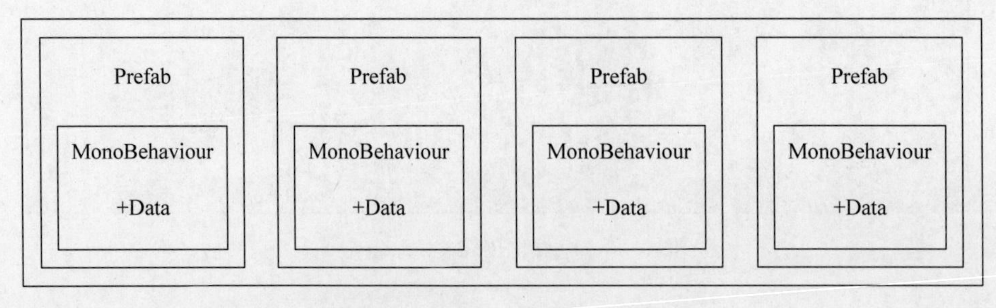

图 1-28 实例化 4 个占用 4 份空间

而 ScriptableObject 被实例化后则是通过引用的方式读取的，并不会对变量进行值复制，因此内存相对而言就减少了，如图 1-29 所示。

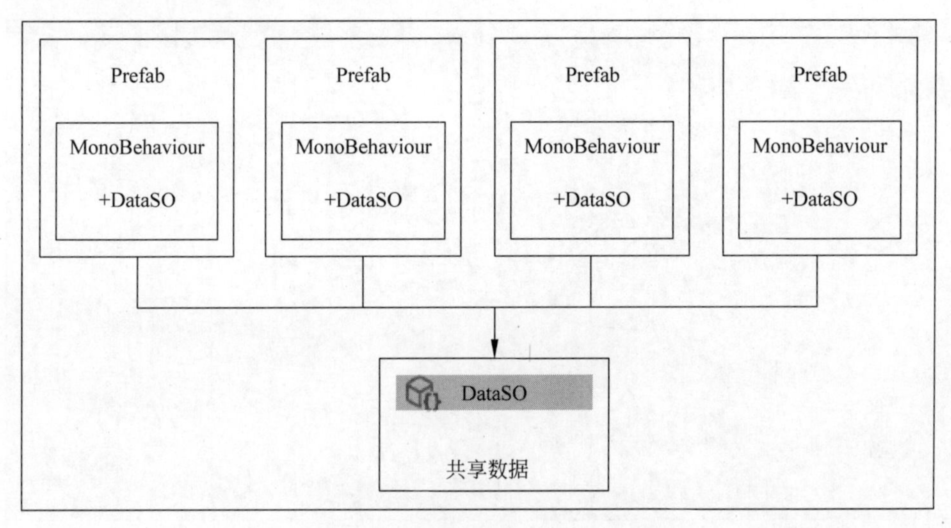

图 1-29　实例化 4 个共享 1 份空间

1.3.2　创建和使用 ScriptableObject

ScriptableObject 的创建和使用比较简单，只需新建一个脚本，并继承自 ScriptableObject 类即可完成定义，然后通过特性 CreateAssetMenu 设置便可以在 Project 视图中右击创建出对应的资产文件。本节通过一个案例来讲解如何创建和使用。

【案例 1-9】 定义一些场景启动的预设数据，以便场景运行时使用。

新建脚本 SceneConfig.cs，脚本需继承自 ScriptableObject 类，然后通过 CreateAssetMenu 特性设置创建 ScriptableObject 对象的路径，代码如下：

```
//第 1 章 //SceneConfig.cs

[CreateAssetMenu(menuName = "PluginDev/SO/Create SceneSO")]
public class SceneConfig : ScriptableObject
{
    //创建 NPC 数量
    [Header("NPC 数量")]
    public int NPCCount;
    //NPC 预制件
    [Header("NPC 预制件")]
    public GameObject NPCPrefab;
}
```

上述代码编译完成后，在 Project 视图中右击便会出现 Create→PluginDev→SO→

Create→ SceneSO 选项，单击此选项即可创建出 SceneSO. asset 文件，然后便可以在 Inspector 视图中对此配置文件进行编辑，如图 1-30 所示。

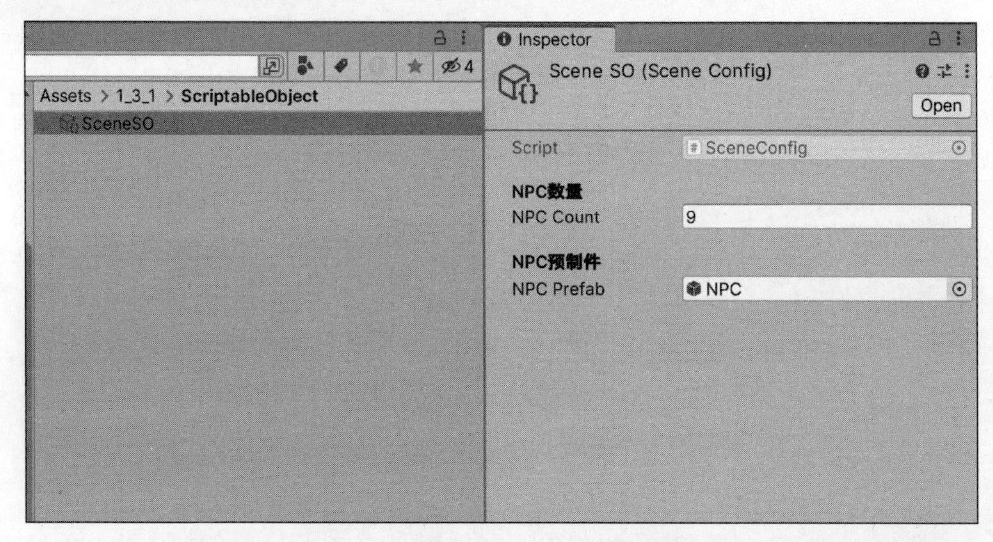

图 1-30　ScriptableObject 文件编辑界面

然后新建一个脚本 Script_1_3_1. cs，以此来使用 SceneSO 文件，需要先定义一个 SceneConfig 对象，然后将 SceneSO. asset 文件赋值给它即可直接使用，代码如下：

```
//第 1 章 //Script_1_3_1.cs

public class Script_1_3_1 : MonoBehaviour
{
    //场景配置资源
    public SceneConfig sceneSO;

    //Start is called before the first frame update
    void Start()
    {
        //读取场景配置数据
        for(int i = 0;i < sceneSO.NPCCount;i++)
        {
            GameObject npc = Instantiate(sceneSO.NPCPrefab);
            //TODO:设置 npc
        }
    }
}
```

1.3.3 ScriptableObject 的序列化和保存

ScriptableObject 作为一个 Unity 团队提供的数据容器资产，它只能在 Unity 引擎内才能方便地进行编辑和使用，脱离了 Unity 引擎是无法进行编辑的，因此为了摆脱这种限制，开发者可以对 ScriptableObject 进行转换后使用。这种转换按存储方式通常分为两种情况，第 1 种是作为数据内容存储在内存中，例如序列化成 JSON 字符串、字节数组，然后可以对这些数据进行网络传输，接收方收到数据后可以再反序列化为 ScriptableObject 对象；第 2 种是作为数据文件存储在磁盘上，当然这些数据文件也可以进行网络传输或者本地编辑，例如序列化为 JSON 文件或者 XML 文件。ScriptableObject 序列化为内存对象及保存为数据文件的原理如图 1-31 所示。本节通过一个案例来讲解如何序列化和保存为数据文件。

图 1-31 ScriptableObject 对象处理过程

【案例 1-10】 将 ScriptableObject 分别序列化为 JSON 数据和 XML 数据。

首先新建一个 SerializableData. cs 脚本，继承自 ScriptableObject 类，并定义一些基本数据类型，代码如下：

```
//第 1 章 //SerializableData.cs
[Serializable]
[CreateAssetMenu(menuName = "PluginDev/SO/Create Serializable SO")]
public class SerializableData : ScriptableObject
{
    public int count = 0;
    public string des = "This is SO data";
}
```

代码编译完成后，在 Project 视图中按路径 Create → PluginDev → SO → Create Serializable SO 右击创建资产文件，修改成任意值即可。接下来需要将 SerializableData 对象序列化为 JSON 数据，可以通过 Unity 引擎自带的 JsonUtility 实现，使用此类需要注意的是将 JSON 数据反序列为 ScriptableObject 对象时，一定要先使用 ScriptableObject. CreateInstance 创建 SerializableData 对象，再使用 JsonUtility. FromJsonOverwrite 进行反序列化。另外需要说明的是，本节代码为了保证通用性采用泛型方式进行实现，形式同 Fun <T>(T param)，而为了确保 T 的类型继承自 ScriptableObject，因此使用了 where T: ScriptableObject 进行约束，这方面的相关内容因非本书讲解的内容，所以读者可以自行查阅相关书籍进行了解。言归正传，序列化为 JSON 的代码如下：

```
//第1章 //Script_1_3_3.cs

#region >> 序列化为 JSON
//<summary>
//序列化为 JSON
//</summary>
//<param name="scriptableObject"></param>
//<returns></returns>
private string SerializeScriptableObject2Json<T>(T scriptableObject) where T : ScriptableObject
{
    return JsonUtility.ToJson(scriptableObject);
}

//<summary>
//反序列化 JSON
//</summary>
//<param name="json"></param>
//<returns></returns>
private T DeserializeScriptableObjectFromJson<T>(string json) where T : ScriptableObject
{
    T data = ScriptableObject.CreateInstance<T>();
    JsonUtility.FromJsonOverwrite(json, data);
    return data;
}
#endregion
```

如果需要将 JSON 数据保存为 JSON 文件，则只需使用 File.WriteAllText 函数将 JSON 字符串保存为文件存储，代码如下：

```
private void SaveFile(string content,string filePath)
{
    File.WriteAllText(filePath, content);
}
```

除了可以使用 JsonUtility 库外，还可以使用 Newtonsoft.json 库，代码会更加简单，但是输出的结果会多了 name 和 hideFlags 这两个内置字段内容(JsonUtility 没有这两个字段，大概是官方在处理时自动过滤掉了)。以下是使用 Newtonsoft.json 序列化和反序列化的方法，代码如下：

```
//第1章 //Script_1_3_3.cs

//<summary>
//序列化为 JSON
```

```
//</summary>
//<param name = "scriptableObject"></param>
//<returns></returns>
private string SerializeScriptableObject2JsonByNewtonsoftJson<T>(T scriptableObject) where
T : ScriptableObject
{
    return JsonConvert.SerializeObject(scriptableObject);
}

//<summary>
//反序列化 JSON
//</summary>
//<param name = "json"></param>
//<returns></returns>
private T DeserializeScriptableObjectFromJsonByNewtonsoftJson<T>(string json) where
T : ScriptableObject
{
    return JsonConvert.DeserializeObject<T>(json);
}
```

除了可以将 ScriptableObject 序列化为 JSON 数据，也可以序列化为 XML 文件进行存储，代码如下：

```
//第 1 章 //Script_1_3_2.cs

#region >> 序列化为 XML
//<summary>
//序列化为 XML 文件
//</summary>
//<param name = "filePath"></param>
public void SerializeScriptableObject2XML<T>(T scriptableObject, string filePath) where
T : ScriptableObject
{
    XmlSerializer serializer = new XmlSerializer(typeof(T));
    using (StreamWriter writer = new StreamWriter(filePath))
    {
        serializer.Serialize(writer, scriptableObject);
    }
}
//<summary>
//反序列化 XML
//</summary>
//<param name = "filePath"></param>
public T DeserializeScriptableObjectFromXML<T>(string filePath) where T : ScriptableObject
```

```
{
    XmlSerializer serializer = new XmlSerializer(typeof(T));
    using (StreamReader reader = new StreamReader(filePath))
    {
        return (T)serializer.Deserialize(reader);
    }
}
#endregion
```

1.3.4 ScriptableObject 的数据共享和重用

ScriptableObject 作为一种十分强大的数据容器，它可以被用在不同场景和对象之间，以便进行共享和重用，但是由于 ScriptableObject 是可编辑的资源，可以在 Unity 编辑器中进行修改，因此，在共享和重用数据时要注意，对 ScriptableObject 实例的更改将影响所有使用该实例的对象。同时，ScriptableObject 既可以持久化保存在项目中，也可以在不同的场景和编辑器会话中访问和修改数据。本节通过一个案例来讲解如何对数据进行共享和重用。

【案例 1-11】 生成一个 ScriptableObject 对象，在两个不同的脚本里进行数据共享和传输。另外新建一个脚本实例化两个 ScriptableObject 对象，分别进行修改后使用。

首先，新建一个继承自 ScriptableObject 的脚本 NPCCommonData. cs，定义 NPC 的通用数据信息，代码如下：

```
//第 1 章 //NPCCommonData.cs

[CreateAssetMenu(fileName = "NPCCommonData",menuName = "PluginDev/SO/Create NPCCommon SO")]
public class NPCCommonData : ScriptableObject
{
    [Header("NPC 模型来源")]
    public string NPCSource;
    [Header("NPC 版本")]
    public int NPCVersion;
    [Header("描述信息")]
    public string Description;
}
```

代码编译完成后，在 Project 视图中按路径 Create→PluginDev→SO→Create NPCCommon SO 右击创建资产文件，然后设置值，如图 1-32 所示。

然后新建两个脚本 Script_1_3_4_A. cs 和 Script_1_3_4_B. cs，其中第 1 个脚本用以接收数据文件并修改任意字段值，然后调用第 2 个脚本的公共方法将数据共享传输给它，代码如下：

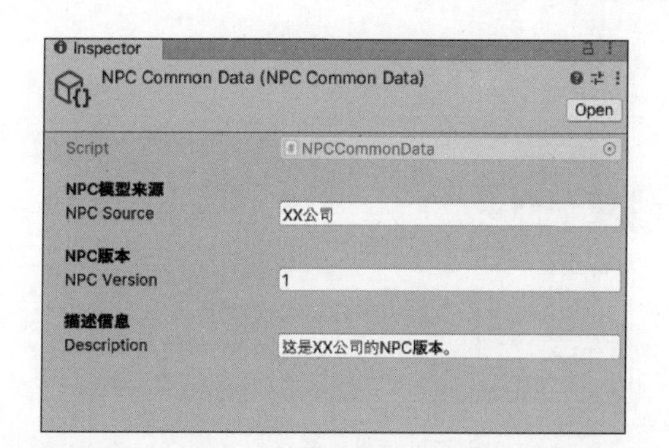

图 1-32 ScriptableObject 实现的 NPC 属性配置

```
//第 1 章 //Script_1_3_4_A.cs

public class Script_1_3_4_A : MonoBehaviour
{
    //共享数据
    [SerializeField] private NPCCommonData shareData;
    //接受共享数据的脚本
    [SerializeField] private Script_1_3_4_B receiveScript;

    //Start is called before the first frame update
    void Start()
    {
        shareData.Description = "我已修改描述信息.";
        receiveScript.OnReceiveData(shareData);
    }
}
```

第 2 个脚本的代码如下：

```
//第 1 章 //Script_1_3_4_B.cs

public class Script_1_3_4_B : MonoBehaviour
{
    public void OnReceiveData(NPCCommonData data)
    {
        Debug.LogFormat("接收共享数据:来源 = {0},版本 = {1},描述 = {2}",data.NPCSource,
data.NPCVersion,data.Description);
    }
}
```

代码编译完成后运行，这样第 2 个脚本就会收到第 1 个脚本传输过来的数据，但需要注意的是，由于第 1 个脚本修改了资产文件，因此原始的资产文件数据也被修改了，如图 1-33 所示。

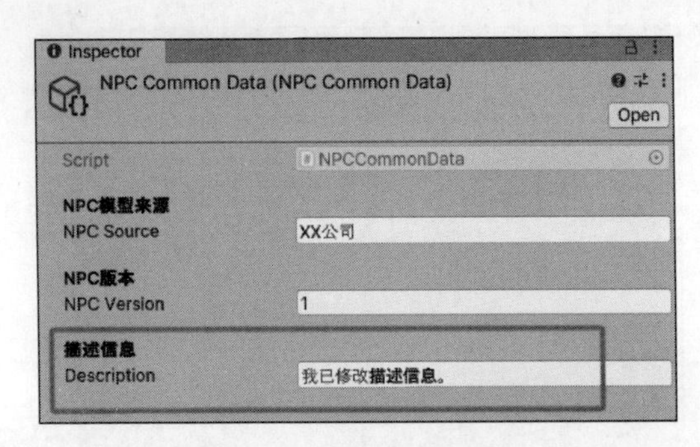

图 1-33 属性修改后界面

最后，ScriptableObject 资产的重用，只需不断地新建对应的资产文件，例如在本案例中创建多个 NPCCommonData 资产文件，然后在不同的脚本进行使用，如图 1-34 所示。

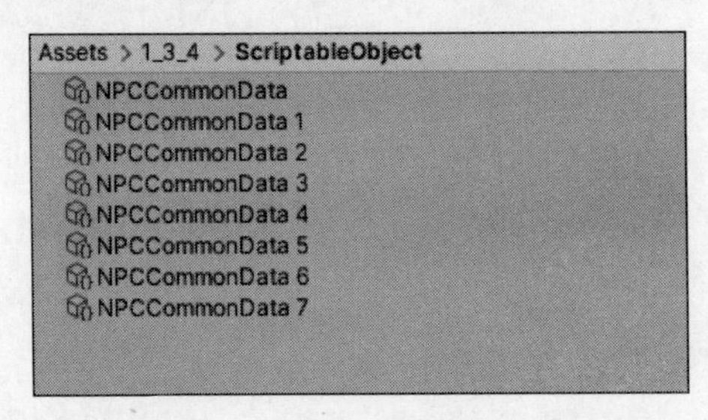

图 1-34 多个 NPC 配置文件

1.3.5 在编辑器中使用 ScriptableObject

在 Unity 编辑器扩展中，ScriptableObject 也可以作为配置文件来使用，例如定义一些配置属性等，然后将这些定义的配置变量自动扩展在 EditorWindow 上面进行显示。另外，由于 ScriptableObject 本身就可以直接在 Inspector 视图进行编辑，因此也可以直接对 ScriptableObject 进行扩展。本节通过一个案例来讲解如何在编辑器中使用 ScriptableObject。

【案例 1-12】 通过 ScriptableObject 实现自定义 EditorWindow，并且对 ScriptableObject 的额外功能进行扩展。

首先，创建一个继承自 ScriptableObject 类的脚本 CustomWindowData.cs，然后定义一些数据，其中包括一个音频数组，以及对音频的播放方法，代码如下：

```
//第 1 章 //CustomWindowData.cs

public class CustomWindowData : ScriptableObject
{
    public enum ModeEnum
    {
        One = 0,
```

```
        Two,
        Three,
        Four,
    }
    //string 类型示例
    public string desc;
    //数值类型示例
    [Range(0,100)]
    public float progress;
    //Bool 类型示例
    public bool isSelected;
    //枚举示例
    public ModeEnum modeEnum;
    //音频类型示例
    public AudioClip[] AudioArray;

    //播放音频方法
    public void PlayAudio(AudioSource asource, int index)
    {
        asource.clip = AudioArray[index];
        asource.Play();
    }
}
```

代码编译完成后，在 Project 视图中按路径 Create→PluginDev→SO→Create WindowData SO 右击创建资产文件，然后设置值，如图 1-35 所示。

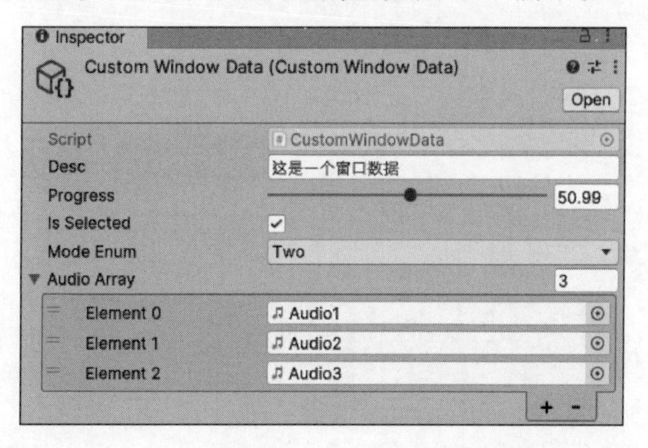

图 1-35　ScriptableObject 实现的配置窗口

然后先实现对这个 ScriptableObject 资产文件的功能进行扩展，从而实现对音频文件的预览播放效果，代码如下：

```
//第 1 章 //CustomWindowDataEditor.cs

[CustomEditor(typeof(CustomWindowData))]
```

```
public class CustomWindowDataEditor : Editor
{
    private CustomWindowData _target;
    //音频源
    private AudioSource audioSource;
    //音频索引
    private int currentIndex = 0;

    private void OnEnable()
    {
        _target = target as CustomWindowData;
        audioSource = EditorUtility.CreateGameObjectWithHideFlags("AS", HideFlags.
HideAndDontSave, typeof(AudioSource)).GetComponent<AudioSource>();
    }

    private void OnDisable()
    {
        DestroyImmediate(audioSource.gameObject);
    }

    public override void OnInspectorGUI()
    {
        base.OnInspectorGUI();

        if (GUILayout.Button("播放当前音频"))
        {
            if (currentIndex < 0)
                currentIndex = 0;
            if (currentIndex >= _target.AudioArray.Length)
                currentIndex = _target.AudioArray.Length - 1;
            _target.PlayAudio(audioSource, currentIndex);
        }

        if (GUILayout.Button("播放下一音频"))
        {
            currentIndex++;
            if (currentIndex < 0)
                currentIndex = 0;
            if (currentIndex >= _target.AudioArray.Length)
                currentIndex = _target.AudioArray.Length - 1;
            _target.PlayAudio(audioSource, currentIndex);
        }

        if (GUILayout.Button("播放上一音频"))
```

```
        {
            currentIndex--;
            if (currentIndex < 0)
                currentIndex = 0;
            if (currentIndex >= _target.AudioArray.Length)
                currentIndex = _target.AudioArray.Length - 1;
            _target.PlayAudio(audioSource, currentIndex);
        }
    }
```

代码编译完成后，再次选中 CustomWindowData 资产文件，这样就会看见扩展的 3 个播放按钮，直接在编辑模式下单击就能听到播放的声音了，如图 1-36 所示。

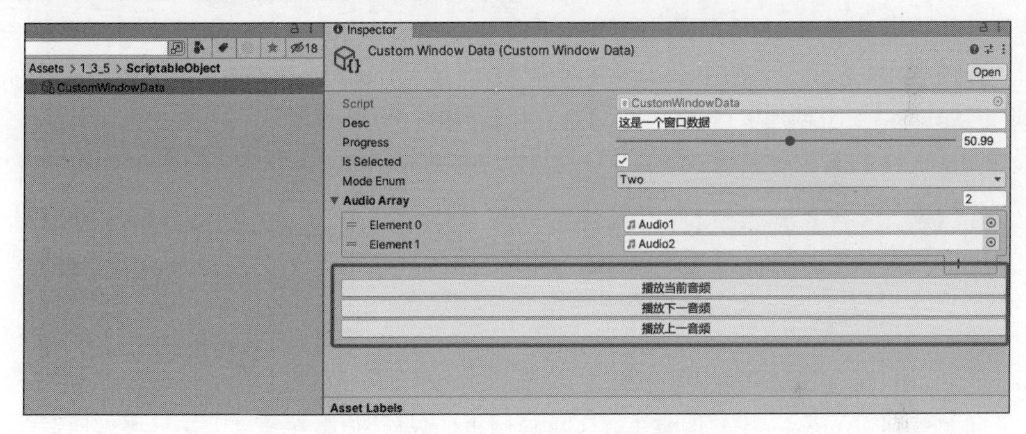

图 1-36　扩展 ScriptableObject 窗口添加按钮

需要注意的是，如果单击后没有听到声音，则需要检查是否在 Game 视图静音了，如果静音了，则需要再次单击，只有激活菜单项才可以听到声音，如图 1-37 所示。

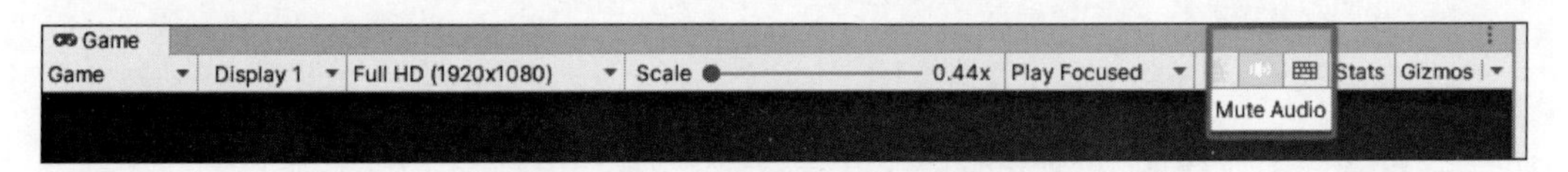

图 1-37　打开 Game 视图静音按钮

1.3.6 ScriptableObject 和脚本的交互

在 1.3.4 节和 1.3.5 节已经实现了 ScriptableObject 和脚本交互的功能，本节将用另一个案例讲解如何把 ScriptableObject 作为一个事件在脚本间交互。实现的原理是需要在 ScriptableObject 里定义事件回调，然后在脚本里注册事件和调用。

【案例 1-13】 将 ScriptableObject 作为事件在脚本里进行交互。

首先，创建一个继承自 ScriptableObject 的脚本 EventData.cs，然后定义一个 UnityEvent 的事件对象，再实现一个公共方法响应这个事件，代码如下：

```
//第 1 章 //EventData.cs

[CreateAssetMenu(fileName = "EventData",menuName = "PluginDev/SO/Create EventData SO")]
public class EventData : ScriptableObject
{
    public UnityEvent OnEvent;

    //响应事件
    public void DoSomething()
    {
        OnEvent?.Invoke();
    }
}
```

代码编译完成后，在 Project 视图中按路径 Create→PluginDev→SO→Create EventData SO 右击创建资产文件，然后设置值，如图 1-38 所示。

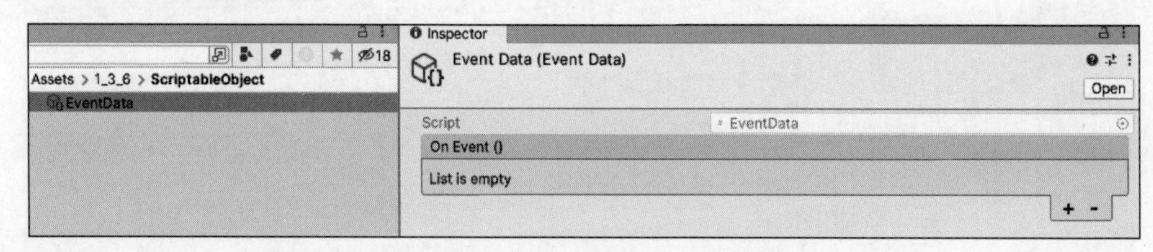

图 1-38　ScriptableObject 事件配置

可以看到在 Inspector 视图里出现了事件编辑的界面，但是在这里无法直接添加自定义事件，因此还需要在脚本里注册事件和调用，因此，再次创建一个脚本 Script_1_3 _6. cs，然后在这个脚本里使用 EventData 文件，代码如下：

```
//第 1 章 //Script_1_3_6.cs
public class Script_1_3_6 : MonoBehaviour
{
    public EventData eventData;

    //Start is called before the first frame update
    void Start()
    {
        //为事件注册方法
        eventData.OnEvent.AddListener(OnEventCall);
    }

    //< summary>
    //事件方法
    //</summary>
    public void OnEventCall()
```

```
        {
            Debug.Log("事件执行了.");
        }

        private void OnGUI()
        {
            if(GUILayout.Button("执行 SO 事件"))
            {
                eventData.DoSomething();
            }
        }
    }
```

代码编译完成后,运行后单击按钮便会执行 OnEventCall 方法了。

1.3.7 ScriptableObject 常见用途

正如上面几节所讲,ScriptableObject 是一个十分强大而灵活的工具,可以用于存档和序列化、数据共享和重用、编辑扩展、配置文件和事件系统,但除此之外还能有其他用途。

1. 数据驱动逻辑

可以将各种行为或规则存储在 ScriptableObject 中,并根据需要进行修改和扩展,这样就能达到不用修改代码也能驱动不同逻辑行为或规则的目的。

2. 国际化和本地化

可以将不同的语言文本用 ScriptableObject 来存储,在代码中根据需要选择读取就可以实现国际化和本地化。

3. 游戏任务和 NPC 对话

可以将任务或对话的节点、条件和选项保存在 ScriptableObject 中,然后在游戏中直接读取 ScriptableObject 数据来处理任务逻辑或者对话逻辑。

4. 目标属性

可以将一些目标的属性用 ScriptableObject 进行存储,例如一些模型的属性配置,以及角色的属性和技能等,然后在程序中进行实例化和使用。

5. 游戏进度和存档

可以用 ScriptableObject 来存储游戏关卡的进度、任务状态和所拥有物品等,然后在需要时进行读取和设置状态。

6. AI 行为和决策树

可以用 ScriptableObject 来表示不同 AI 行为或决策节点,并在程序中根据需要进行组合和配置。

7. 地图编辑和关卡设计

可以用 ScriptableObject 表示地图的各个元素和属性,并使用自定义的编辑器脚本进行地图编辑和关卡设计。

8. 时间轴事件

可以用 ScriptableObject 来存储时间点和对应的事件,然后在程序中通过计时器来触发。

1.4 Unity3D 常用类介绍

本章将列举一些编辑器扩展常用的类和其方法,以便帮助读者在具体开发中更加得心应手地实现对应功能。

1.4.1 编辑器相关类

1. Editor 类

Editor 类是所有自定义编辑器脚本的基类,它提供了很多常用的函数,用于自定义编辑器的行为和界面。下面列出一些常用的 Editor 类函数,如表 1-1 所示。

表 1-1 Editor 类常用方法

方法名	作用
OnInspectorGUI	这是一个虚拟方法,用于绘制自定义的检视面板,可以重写它,在其中创建和定制编辑器显示
DrawDefaultInspector	用于绘制默认的检视面板,如果想在自定义检视面板中保留默认的属性显示,则可以在自定义 OnInspectorGUI 方法中调用该函数
CreateEditor	用于创建一个自定义的编辑器实例,如果想编辑某个对象的子对象,则可以使用这个函数创建一个专门的编辑器实例
Repaint	用于重绘 Unity 编辑器窗口,当需要进行实时更新编辑器中的 UI 或响应某个操作时,可以调用这种方法来触发窗口的重新绘制功能

2. EditorUtility 类

EditorUtility 类是 Unity 引擎中提供的一个常用工具类,用于处理编辑器开发和一些常见的编辑器操作。它提供了一些实用的函数来处理资源、场景、游戏对象、显示进度条等。以下是一些 EditorUtility 类的常用函数和它们的作用,如表 1-2 所示。

表 1-2　EditorUtility 类常用方法

方法名	作用
DisplayProgressBar	用于在编辑器中显示一个顶部进度条，用于表示某个操作的进度。通常与 ClearProgressBar 函数搭配使用
ClearProgressBar	用于清除在编辑器中显示的进度条
DisplayCancelableProgressBar	与 DisplayProgressBar 类似，但提供了一个取消按钮，可以中断当前的操作
OpenFilePanel	用于打开文件浏览器窗口，并返回用户选择的文件路径
SaveFilePanel	用于打开文件保存窗口，并返回用户选择的保存文件路径
FocusProjectWindow	用于将焦点设置为项目窗口，使其成为活动窗口
SetDirty	用于标记场景或资源发生更改，需要保存
CopySerialized	用于复制一个序列化对象的值
DisplayDialog	用于在编辑器中显示一个对话框，供用户进行选择
OpenFolderPanel	用于打开文件夹选择窗口，并返回用户选择的文件夹路径
CreateGameObjectWithHideFlags	用于创建一个游戏对象，并指定隐藏标志

3. EditorGUI 类

EditorGUI 类是专门用于创建自定义编辑器界面的 GUI 类，以下是一些常用方法的简要介绍，如表 1-3 所示。

表 1-3　EditorGUI 类常用方法

方法名	作用
BeginChangeCheck	用于检测编辑器界面是否发生变化，可以将 BeginChangeCheck 和 EndChangeCheck 包围在需要检测变化的代码块中，如果界面上的字段值发生改变，则在 EndChangeCheck 返回值 true
EndChangeCheck	参见 BeginChangeCheck
PropertyField	用于绘制一个可编辑的属性字段，可以传入 SerializedProperty 对象或其他类型的字段
ObjectField	用于绘制一个可以选择和拖放引用对象的字段，可以选择特定的对象类型，并提供一个可选的显示标签
LabelField	用于绘制一个只读的文本标签，可以用于显示属性的名称或描述
IntField	用于绘制整数输入字段
FloatField	用于绘制浮点数输入字段
EnumPopup	用于绘制一个下拉菜单，用于选择枚举类型的值
ColorField	用于绘制一种颜色选择器
Vector3Field	用于绘制三维向量输入字段
Vector2Field	用于绘制二维向量输入字段

4. EditorGUIUtility 类

EditorGUIUtility 类是用于获取 Unity 编辑器中常用的一些 GUI 相关资源和功能的工具类，以下是一些常用方法的详细介绍，如表 1-4 所示。

表 1-4 EditorGUIUtility 类常用方法

方 法 名	作 用
Load	用于加载内置资源,此函数将在 Assets/Editor Default Resources/+路径中查找资源。如果不存在,则将按名称尝试内置的编辑器资源
LoadRequired	用于加载所需的内置资源,此函数将在 Assets/Editor Default Resources/文件夹中查找所需资源
IconContent	用于从具有给定名称的 Unity 内置资源中获取 GUIContent
SingleLineHeight	用于获取单个 Editor 控件(如单行 EditorGUI. TextField 或 EditorGUI. Popup)的高度
fieldWidth	为 Editor GUI 控件字段保留的最小宽度(以像素为单位),这对于使 GUI 字段在水平方向上具有相同的宽度很有用
SetIconSize	将渲染为 GUIContent 一部分的图标设置为以特定大小渲染
currentViewWidth	表示当前 EditorWindow 或其他视图的 GUI 区域的宽度
systemCopyBuffer	系统复制缓冲区,使用此属性可以在自己的应用程序中实现“复制和粘贴”功能

5. EditorWindow 类

EditorWindow 类是 Unity 编辑器中用于创建自定义编辑器窗口的基类,继承后自定义的编辑器窗口可以自由浮动,也可以作为选项卡停靠,和 Unity 界面中的原生窗口一样,以下是一些常用方法的详细介绍,如表 1-5 所示。

表 1-5 EditorWindow 类常用方法

方 法 名	作 用
OnGUI	这是一个虚方法,用于绘制编辑器窗口的 GUI 元素
Repaint	强制重新绘制编辑器窗口,可以在需要立即重绘窗口时调用此方法,常见的用例是在某个事件触发后调用 Repaint 进行刷新
Close	关闭编辑器窗口
Focus	将焦点设置在该编辑器窗口上,可以在需要将焦点设置在特定窗口上时调用此方法,让窗口获得焦点后,用户可以与其进行交互
ShowNotification	用于在当前窗口上显示通知消息,与消息框或日志消息不同,通知会在一段时间后自动消失,调用 RemoveNotification 可立即删除通知
ShowUtility	用于在实用程序窗口失去焦点时,它仍然位于新活动窗口的顶部,Unity 编辑器永远不会隐藏 EditorWindow. ShowUtility 窗口,但是,该窗口不能停靠到编辑器,将始终位于正常 Unity 窗口前方。该窗口会在用户从 Unity 切换到其他应用程序时隐藏起来
maxSize	用于设置编辑器窗口的最大尺寸,可以使用它们来限制窗口的大小范围
minSize	用于设置编辑器窗口的最小尺寸。可以使用它们来限制窗口的大小范围
position	用于获取或设置编辑器窗口在屏幕上的理想位置
Show	用于显示编辑器窗口。与 ShowUtility 方法不同,Show 方法将窗口显示为一个常规窗口,可以自动获取焦点并成为主窗口

续表

方 法 名	作 用
CreateWindow	这是一个泛型方法，用于创建一个指定类型的编辑器窗口实例。可以根据需要创建一个或多个自定义编辑器窗口，并打开它们
ShowPopup	用于将编辑器窗口显示为一个弹出窗口，可以指定一个矩形区域来显示窗口
GetWindow	这是一个泛型方法，用于获取一个指定类型的编辑器窗口实例。如果该类型的窗口已经存在，则返回该窗口的实例，否则将创建一个新的窗口实例并返回

6. EditorGUILayout 类

EditorGUILayout 是 EditorGUI 的自动布局类，通常用于编辑器界面扩展时对 GUI 的自动布局进行设置，以下是一些常用方法的详细介绍，如表 1-6 所示。

表 1-6 EditorGUILayout 类常用方法

方 法 名	作 用
LabelField	用于创建一个只读的文本标签，可以使用该方法显示一些静态文本内容
TextField	用于创建一个可编辑的文本输入框，可以使用该方法接收并处理用户的输入
TextArea	用于创建一个可编辑的多行文本输入框，与 TextField 不同，TextArea 允许输入多行文本
Foldout	用于创建一个左侧带有折叠箭头的标签，可以使用该方法在 GUI 中创建一个可展开/折叠的区域
Toggle	用于创建一个可切换的开关按钮，通过该方法可以实现开关按钮功能
IntField	用于创建一个可编辑的整数输入框，可以使用这些方法接收和处理用户输入的数值
FloatField	用于创建一个可编辑的浮点数输入框，可以使用这些方法接收和处理用户输入的数值
ObjectField	用于创建一个可接受任何对象的字段，可以使用该方法在 GUI 中选择和显示一个对象
EnumPopup	用于创建一个用于选择枚举值的弹出菜单，可以使用该方法在 GUI 中显示并选择枚举值
BeginVertical	用于创建一个垂直的 GUI 布局组，可以使用这些方法在垂直方向上排列多个 GUI 元素，需要与 EndVertical 配合使用
EndVertical	参考 BeginVertical
BeginHorizontal	用于创建一个水平方向的 GUI 布局组，可以使用这些方法在水平方向上排列多个 GUI 元素，需要与 EndHorizontal 配合使用
EndHorizontal	参考 BeginHorizontal

7. EditorSceneManager 类

EditorSceneManager 是编辑器中的场景管理类，用于加载、保存、创建和操作场景，以下是一些常用方法的详细介绍，如表 1-7 所示。

表 1-7　EditorSceneManager 类常用方法

方　法　名	作　　用
OpenScene	用于打开一个指定路径的场景，可以指定打开模式，若以 Single 模式加载场景，则会关闭当前场景，若以 Additive 加载场景，则会追加到当前场景
SaveScene	用于将指定的场景保存到指定的路径，可以选择是否将其保存为副本(saveAsCopy 参数)，如果不指定路径，则保存到当前场景的路径
SaveOpenScenes	用于保存当前所有打开的场景，它将保存所有已修改的场景，但不会保存未修改的场景
CloseScene	用于关闭指定的场景，如果 removeScene 参数为 true，则关闭后会从场景列表中移除
NewScene	用于创建一个新的场景，可以使用 NewSceneSetup 参数指定新场景的设置，NewSceneMode 参数若是 Single，则创建新场景时会关闭当前场景，若是 Additive，则创建新场景时会追加到当前场景
SaveCurrentModifiedScenesIfUserWantsTo	用于在关闭 Unity 编辑器之前询问用户是否保存所有已修改的场景
GetActiveScene	用于获取当前激活的场景的 Scene 对象
SetSceneDirty	用于将指定的场景标记为已修改，需要保存

8. SceneView 类

SceneView 类是 Unity 编辑器中用于编辑和渲染场景的视图窗口，它继承自 EditorWindow 类，也提供了许多方法，用于控制场景视图的行为和功能，以下是一些常用方法的详细介绍，如表 1-8 所示。

表 1-8　SceneView 类常用方法

方　法　名	作　　用
FrameSelected	用于将场景视图聚焦在选择的对象上，调用该方法后，场景视图将自动调整相机视角，将选择的对象放置在合适的位置
LookAt	用于将场景视图聚焦在指定的位置上，调用该方法后，场景视图将自动调整相机视角，让指定位置处的物体处于合适的位置
SetSceneViewShaderReplace	用于设置场景视图使用指定的材质进行着色替换，可以通过指定的标签将场景视图中的所有对象都用指定的材质进行渲染
Frame	用于将场景视图聚焦在指定的位置，并朝向指定的方向，可以用于定位场景视图的视角

9. SerializedObject/SerializedProperty 类

SerializedObject 和 SerializedProperty 类是 Unity 中用于访问和修改 Unity 序列化对象的工具类，这两个类能够以完全通用的方式编辑 Unity 对象上的可序列化字段，以下是一些常用方法的详细介绍，分别如表 1-9 和表 1-10 所示。

表 1-9 SerializedObject 类常用方法

方 法 名	作 用
FindProperty	用于查找具有指定名称的属性或字段。返回一个 SerializedProperty 对象,可以通过该对象访问和修改属性的值
Update	用于更新 SerializedObject 以应用对属性的修改,在修改完属性值后,需要调用该方法才能确保修改生效
ApplyModifiedProperties	用于将对 SerializedObject 进行的所有修改应用到目标对象,调用该方法后,修改将被保存到目标对象中
GetIterator	该方法返回一个 SerializedPropertyIterator 对象,用于迭代访问 SerializedObject 中的第 1 个已序列化属性和字段
CopyFromSerializedProperty	用于从另一个 SerializedProperty 对象中将属性值复制到 SerializedObject 中的相应属性,可以用于将属性值从一个对象复制到另一个对象
TargetObjects	这是 SerializedObject 类的一个只读属性,返回一个包含目标对象(被序列化的对象)的数组,可以通过该属性获取目标对象,并对其进行操作
isEditingMultipleObjects	这是 SerializedObject 类的一个只读属性,返回一个布尔值,指示 SerializedObject 是否同时编辑多个对象,可以用于检查 SerializedObject 是否为多个对象的集合

表 1-10 SerializedProperty 类常用方法

方 法 名	作 用
Next	用于迭代 SerializedProperty 中的下一个属性,当参数为 true 时,将进入子属性
NextVisible	用于迭代下一个可见的 SerializedProperty 属性,当参数为 true 时,将进入子属性
propertyType	用于获取 SerializedProperty 的类型,返回一个枚举值,表示属性的类型,如整数、浮点数、字符串、对象引用等
isArray	用于检查 SerializedProperty 是否为数组属性,返回一个布尔值,表示属性是否为数组类型
hasChildren	用于检查 SerializedProperty 是否有子属性,返回一个布尔值,表示属性是否有子属性
displayName:	用于获取 SerializedProperty 的显示名称,返回一个字符串,表示属性在检视面板中的显示名称
objectReferenceValue	用于获取 SerializedProperty 的对象引用值,返回一个 Object 对象,表示属性的对象引用值
intValue	用于获取 SerializedProperty 的整数值
floatValue	用于获取 SerializedProperty 的浮点数值
stringValue	用于获取 SerializedProperty 的字符串值

10. GameObjectUtility 类

GameObjectUtility 类是 Unity 中的一个工具类,用于提供与 GameObject 对象相关的一些实用方法。它包含了一些常用的方法,用于处理和操作游戏对象。以下是一些常用方法的详细介绍,如表 1-11 所示。

表 1-11 GameObjectUtility 类常用方法

方法名	作用
SetStaticEditorFlags	用于设置游戏对象的静态编辑器标志,可以用于在编辑器中将对象设置为静态或通过脚本进行批量设置
GetNavMeshArea	用于获取游戏对象的导航网格区域索引
RemoveMonoBehavioursWithMissingScript	用于将具有缺失脚本的 MonoBehaviours 从给定 GameObject 中移除,可以用来清理丢失的脚本
SetNavMeshArea	用于设置游戏对象的导航网格区域
SetParentAndAlign	用于设置父项,并为子项提供相同的层和位置

1.4.2 资源管理相关类

1. AssetImporter 类

AssetImporter 类是 Unity 中的一个基类,用于处理导入的资源文件(如模型、纹理、声音等),它提供了一些常用的方法和属性,用于管理导入资源的设置和属性,以下是一些常用方法的详细介绍,如表 1-12 所示。

表 1-12 AssetImporter 类常用方法

方法名	作用
assetPath	用于获取导入资源的完整路径,可以使用该属性获取导入资源的路径信息
assetBundleName	用于获取或设置导入资源的 AssetBundle 名称。AssetBundle 是一种打包资源的方式,可以用于在运行时动态加载和卸载资源
assetBundleVariant	用于获取或设置导入资源的 AssetBundle 变种。AssetBundle 变种通常用于在同一资源上创建不同的变体,以适应不同的平台或配置需求
userData	用于获取或设置导入资源的自定义数据,可以使用该属性存储和读取与导入资源相关的任意自定义数据
SaveAndReimport	用于保存对导入资源的更改并重新导入资源,如果修改了导入资源的某些属性或设置,则可以使用该方法来保存并应用这些更改
GetExternalObjectMap	用于获取导入资源的外部对象映射,在导入资源的过程中,可以使用这些映射将外部对象关联到导入资源

2. AssetDatabase 类

AssetDatabase 类是 Unity 中的一个静态类,用于管理和操作项目中的资源。它提供了一些常用的方法,用于检索、导入、删除和移动资源,以及执行其他与资源管理相关的操作,以下是一些常用方法的详细介绍,如表 1-13 所示。

表 1-13　AssetDatabase 类常用方法

方　法　名	作　　用
LoadAssetAtPath	用于加载指定路径的资源。可以使用该方法通过文件路径获取资源的引用，例如模型、纹理、声音等
GetAssetPath	用于获取项目中资源的路径，路径是相对于 Asset 目录的相对路径
ImportAsset	用于将指定路径的资源导入项目中，可以使用该方法将外部资源文件(如模型、纹理等)导入 Unity 项目中，使其可在编辑器和运行时中使用
DeleteAsset	用于删除指定路径的资源，可以使用该方法删除项目中不再需要的资源文件，以清理项目的资源管理
MoveAsset	用于移动或重命名指定路径的资源。可以使用该方法将资源文件移动到不同的目录或更改资源文件的名称
CreateFolder	用于在指定路径下创建文件夹，可以使用该方法创建新的文件夹，用于组织和管理资源
Refresh	用于刷新资源管理器，可以使用该方法手动触发资源管理器的刷新操作，以确保最新的资源状态在编辑器中可见
CreateAsset	用于在指定路径下创建一个新资源，可以先使用该方法创建空白的资源，然后使用其他方法添加内容和设置属性

3. AssetPostprocessor 类

AssetPostprocessor 类是 Unity 中的一个基类，用于在资源导入的过程中执行自定义后处理逻辑。它允许在资源导入前后对资源进行修改、自定义处理或附加额外的数据，以下是一些常用方法的详细介绍，如表 1-14 所示。

表 1-14　AssetPostprocessor 类常用方法

方　法　名	作　　用
OnPostprocessTexture	该方法在导入纹理资源之后被调用。可以使用该方法对导入后的纹理进一步地进行处理，例如调整纹理的属性、修改材质、生成附加数据等
OnPreprocessModel	该方法在导入模型资源之前被调用。可以使用该方法修改模型的导入设置或进行其他自定义处理。方法的一个常用应用是在导入模型时修改其导入设置、调整模型的旋转和缩放，或者进行额外的后处理
OnPostprocessModel	该方法在导入模型资源之后被调用。可以使用该方法对导入后的模型进一步地进行处理，例如对模型进行优化、生成附加数据、修改材质等
OnPreprocessAudio	该方法在导入音频资源之前被调用。可以使用该方法修改音频的导入设置或进行其他自定义处理。方法的一个常用应用是在导入音频时修改其导入设置，如压缩格式、预加载等

续表

方法名	作用
OnPostprocessAudio	该方法在导入音频资源之后被调用。可以使用该方法对导入后的音频进一步地进行处理，例如修改音频的属性、生成附加数据等
OnPostprocessAsstbeundleNameChanged	该方法在导入资源的 AssetBundle 名称发生更改时被调用。可以使用该方法对导入资源的 AssetBundle 名称更改做出反应，并执行相关的处理

4. ScriptableObject 类

ScriptableObject 类是 Unity 中的一个基类，用于创建可保存为独立资源的脚本化对象，它允许在不需要实例化游戏对象的情况下创建和管理自定义数据对象，以下是一些常用方法的详细介绍，如表 1-15 所示。

表 1-15 ScriptableObject 类常用方法

方法名	作用
CreateInstance	用于创建一个 ScriptableObject 实例，可以使用该方法创建一个新的 ScriptableObject 对象，以便在脚本中使用或保存为资源文件
Instantiate	用于实例化 ScriptableObject 对象，可以使用该方法创建 ScriptableObject 实例的复制品，以在运行时使用
OnDestroy	该方法在 ScriptableObject 对象被销毁时被调用，可以使用该方法在对象被销毁前进行资源释放或清理操作
OnDisable	该方法在 ScriptableObject 对象被禁用时被调用，可以使用该方法在对象被禁用时执行一些清理或回收资源操作
OnEnable	该方法在 ScriptableObject 对象被启用时被调用，可以使用该方法在对象被启用时执行一些初始化或加载资源操作

5. AssetBundle 类

AssetBundle 类提供了一种打包和加载独立资源的机制，可以在游戏运行时动态地加载和卸载资源，以下是一些常用方法的详细介绍，如表 1-16 所示。

表 1-16 AssetBundle 类常用方法

方法名	作用
LoadFromFile	用于从磁盘上的文件同步加载 AssetBundle，可以通过指定文件路径加载已经打包的 AssetBundle，并返回一个 AssetBundle 对象供后续使用
LoadFromMemory	用于从内存区域同步加载 AssetBundle，可以通过传入一字节数组加载从网络或其他来源获取的 AssetBundle 数据
LoadAsset	用于从 AssetBundle 加载单个资源，可以使用该方法加载指定名称的资源，返回一个 Object 对象，需要进行类型转换后使用
LoadAllAssets	用于从 AssetBundle 加载所有资源，可以使用该方法加载 AssetBundle 中的所有资源，返回一个 Object 数组，需要进行类型转换后使用

续表

方法名	作用
Unload	用于卸载 AssetBundle 和其包含的资源，可以使用该方法在不再需要时卸载 AssetBundle 对象及其所加载的资源，释放内存空间
GetAllAssetNames	该方法返回 AssetBundle 中所有资源的名称数组，可以使用该方法获取 AssetBundle 中包含的所有资源的名称，用于进一步操作或显示
GetAllAssetPaths	该方法返回 AssetBundle 中所有资源的路径数组，可以使用该方法获取 AssetBundle 中包含的所有资源的路径，用于进一步操作或显示

1.4.3 网络相关类

UnityWebRequest 类是 Unity 引擎中用于进行网络请求的类，它提供了一种简单而强大的方式来与 Web 服务进行通信，例如从服务器获取数据、上传数据或者执行各种类型的网络操作，以下是一些常用方法的详细介绍，如表 1-17 所示。

表 1-17 UnityWebRequest 类常用方法

方法名	作用
Get	该方法用于创建一个 GET 请求，并返回一个 UnityWebRequest 对象，可以使用该方法从指定的 URL 获取数据
Post	该方法用于创建一个 POST 请求，并返回一个 UnityWebRequest 对象，可以使用该方法将数据提交到服务器
downloadHandler	用于访问 UnityWebRequest 的 DownloadHandler 对象，用于处理接收的数据，可以使用不同的 DownloadHandler 子类来处理不同类型的数据，如文本、二进制、JSON 等
uploadHandler	用于访问 UnityWebRequest 的 UploadHandler 对象，用于处理上传的数据，可以使用不同的 UploadHandler 子类来处理不同类型的数据，如表单、二进制等
SendWebRequest	用于发送 UnityWebRequest 请求，并等待响应的返回，可以使用该方法发送创建好的 UnityWebRequest 并等待服务器响应
isDone	用于检查 UnityWebRequest 请求是否完成，可以使用该属性轮询检查请求是否完成，然后进行相应处理
error	用于获取 UnityWebRequest 的错误信息（如果有），可以使用该属性检查请求期间是否发生了错误，并进行错误处理
GetResponseHeaders	用于获取服务器响应的头信息，可以使用该方法获取服务器返回的头信息，如 Content-Type、Content-Length 等
EscapeURL	用于对 URL 进行编码，以便正确地处理特殊字符和空格

第 2 章

CHAPTER 2

Unity3D 插件架构设计

2.1 插件架构设计

插件架构设计的目标是提供一种可扩展、灵活和易于管理的方式来增强 Unity 引擎的功能，通过合理的插件架构设计，开发人员可以更高效地开发和集成插件，提高游戏开发的效率和质量。

插件的本质也是一个软件程序，因此插件架构设计也就是在软件架构设计的基础上加上更多的职能，如图 2-1 所示。

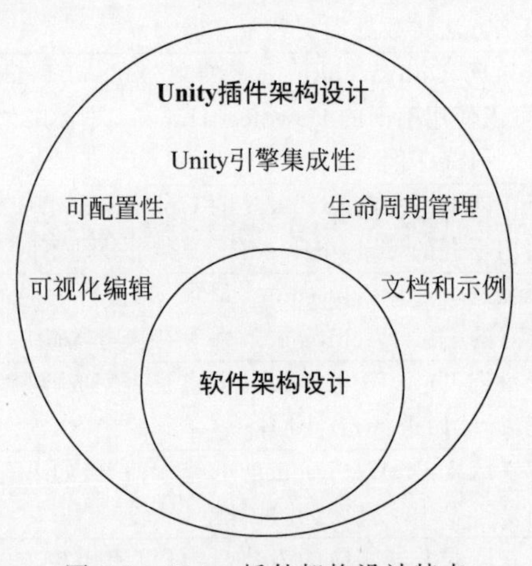

图 2-1 Unity 插件架构设计特点

1. Unity 引擎集成性

Unity 引擎集成性表示 Unity 插件需要与 Unity 引擎进行集成，利用 Unity 的功能和 API 进行功能开发。

2. 生命周期管理

生命周期管理表示 Unity 插件应该具有自己的生命周期，包括初始化、启用、禁用和销毁等阶段，以便使用者可以灵活地监听及处理其他事件。

3. 可配置性

可配置性表示插件设计应具有良好的可配置性，以允许用户自定义插件的行为和外观等。

4. 可视化编辑

可视化编辑表示插件可以借助于 Unity 的 Inspector 面板自定义扩展提供更多的参数编辑和配置功能。

5. 文档和示例

文档和示例表示插件自身需提供详尽的使用说明和功能案例。

2.1.1 软件架构设计概述

软件架构设计是软件系统开发中重要的环节之一，是指在软件开发过程中，设计和定义软件系统的整体结构、组件和模块之间的关系及其行为和交互方式的过程。软件架构设计在软件开发过程中有着举足轻重的作用，软件架构设计有助于厘清系统的结构，提高系统的可理解性和可维护性。另外，模块化的开发可以降低系统的复杂性，提高代码的可重用性，也有助于项目中的团队协作。最后，良好设计的软件架构能够支持系统的可扩展性，使系统在需要新增功能或模块时能够方便地进行扩展，让系统能够适应未来的需求变化和技术演进。

1. 软件架构设计组成

一个好的架构设计将是保障软件系统是否能稳健运行、便捷维护和扩展的关键。作为开发者，将用户需求转换为架构设计是一项至关重要的技能。在设计软件架构时，需要重点考虑以下几个方面，如图 2-2 所示。

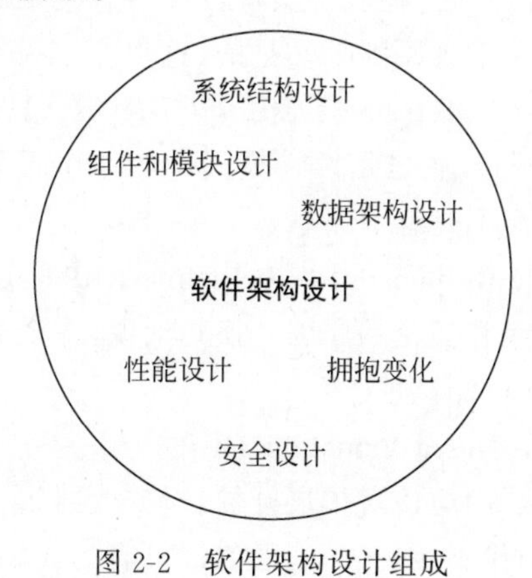

图 2-2 软件架构设计组成

1）系统结构设计

软件系统的整体结构组成需要考虑是否需要进行模块划分、组件划分、是否需要分层级设计，是否需要子系统等，在这一步通常可以用一些画图软件进行绘制。

2）组件和模块设计

对系统的功能做一些接口的定义和功能职责的确定，包括彼此之间的依赖和通信方式等。

3）数据架构设计

通常软件系统都涉及数据的存取，因此需要考虑数据的组织方式、存储结构和访问方式，例如数据库的设计和数据流程图的绘制。

4）性能设计

需要解读需求确认访问并发量及运行机器配置等综合考虑，然后对技术进行选型，以最大程度确保软件系统稳健运行，通常涉及缓存策略并发处理和分布式架构设计。

5）安全设计

需要对用户行为进行安全设计，例如如何进行用户鉴权和采用什么加密方式对用户数据加密等。

6）拥抱变化

当前技术发展迅猛，在整个系统架构设计的过程中需要对需求进行高度抽象，以可扩展的方式进行模块或组件的对接替换，不只是面对用户需求的变更，更是对新兴技术的亲和。

7）投入成本

最后就是对系统架构实现的投入成本考虑，设计不能过度，在满足需求的情况下可以适当拔高，点到为止。

2. 设计模式原则

当然，还可以有更多考虑，例如如何易于测试、便于部署和维护等，读者可以根据实际需求而有所侧重，但不论如何都应该遵循软件架构设计的七大原则，本书在这里也做一遍复述总结。可能有些读者会说不是六大原则吗？是的，这里多了一个合成复用原则。此原则最早由 Erich Gamma 和 Richard Helm 在 *Design Patterns：Elements of Reusable Object-Oriented Software* 一书中提出。它也是设计模式中的一个重要概念，与继承特性相对应，强调应该优先使用组合关系而不是继承关系。

1）单一职责原则（Single Responsibility Principle，SRP）

一个类应该只有一个引起它变化的原因。换句话说，一个类应该只负责一项职责，这有助于增强可读性、可维护性和可测试性。

2）开放封闭原则（Open-Closed Principle，OCP）

软件实体(类、模块、函数等)应该对扩展开放，对修改封闭。也就是说，当需要改变软件的行为时，应该通过添加新的代码实现，而不是修改已有的代码。

3）里氏替换原则（Liskov Substitution Principle，LSP）

一个子类应该能够替换其父类并正确地完成相同的工作。换句话说，子类应该能够在不破坏程序正常运行的前提下替换父类对象。

4）依赖倒置原则（Dependency Inversion Principle，DIP）

高层模块不应该直接依赖于低层模块，它们应该依赖于抽象。该原则的目的是鼓励使用接口或抽象类来定义模块之间的依赖关系，而不是具体的实现。

5）接口隔离原则（Interface Segregation Principle，ISP）

应该为客户端定制专门的接口，而不是使用一个臃肿的接口。这有助于避免客户端依赖它不需要的接口，从而提高代码的可复用性和灵活性。

6）迪米特法则（Law of Demeter，LoD）

也叫最小知道原则，一个对象应该尽量减少与其他对象之间的交互，只与直接的对象通信。一个类只应该知道与它直接相关的类，而不需要了解整个系统的结构。这有助于降低类与类之间的耦合度。

7）合成复用原则（Composite Reuse Principle，CRP）

软件复用时应尽量先使用组合/聚合等关联关系，其次才考虑使用继承关系，这也有助于降低类之间的耦合度。

总之，软件架构设计七大原则的目的是降低对象之间的耦合，增加程序的可复用性、可扩展性和可维护性。在实际开发过程中，却并不一定要求全部需要遵循设计原则，应该要综合考虑人力、时间、成本、质量等因素，然后做出一种平衡取舍的方案。

2.1.2 常用架构模式

作为Unity应用开发者，其实是属于前端开发岗位的，使用的架构其实大多是单体架构开发模式。那什么是单体架构呢？单体架构（Monolithic Architecture）是一种传统的软件架构模式，将整个应用程序作为一个单一的统一的单元进行开发、部署和扩展。在单体架构中，所有的功能模块都被打包在一起，它们共享同一个代码库和数据库。需要补充的是，软件架构师的分类很多，专业性极强，通常有解决方案架构师、系统架构师、平台架构师、业务架构师、网络架构师、移动架构师、前端架构师和后端架构师等，像系统架构师或平台架构师等岗位需要掌握分层分治架构设计、微服务架构设计、分布式架构设计、领域驱动架构设计和服务导向架构设计（SOA）等技术，有的还需要掌握容器化和微服务编排技术等，所学甚多，但这些不是本书的重点，因此读者若想向系统级架构师发展，则可自行学习相关知识。言归正传，作为Unity前端开发者，涉及的架构模式几乎是单体架构，因此有一种隐晦的说法是"前端无架构"。虽然从整个系统（包含前端和后端程序）来看，前端应用程序确实是一个单体架构程序，甚至不需要开发者去操心如何部署，但是在开发整个应用的过程中，功能需求和代码结构的设计依然是一门架构艺术。

本节将列举一些常用的软件设计模式并以此进行讲解，其原理适用于任何角色的开发者。

1. MVC模式

MVC（Model-View-Controller，模型-视图-控制器）模式是一种颇为流行的架构模式。

该模式将应用程序分解为模型(Model)、视图(View)和控制器(Controller)三部分。模型层负责处理数据和业务逻辑,包括数据的存储、读取、验证等操作,在数据发生变化时通知控制器;视图层负责显示用户界面,将数据呈现给用户,视图通常是根据模型中的数据同步呈现界面效果的,通常在视图层可以对模型层感兴趣的数据进行监听,一旦数据产生变化,视图层就会及时刷新界面,这可以通过观察者模式或者事件实现;控制器层起一个中介的作用,接收来自视图的用户输入,并决定使用哪个模型来处理输入(业务逻辑),然后选择一个视图来显示模型的数据,所有的业务操作都应在控制器实现。控制器的这一特点可以让开发者更容易地通过调用控制器的方法进行单元测试。该模式由于按功能进行了拆分,各司其职,因此耦合性低,可以使代码更清晰和更易于维护,同时也可以提高应用程序的可扩展性、可测试性和可重用性。需要注意的是,MVC模式的目的是对模型和视图的代码进行分离,因此它们之间必须通过Controller作为桥梁进行通信,并且它们的通信方向强调单向通信,但如果考虑到控制器可能通过视图的交互行为(如"单击"按钮)传递给控制器,则控制器和视图之间可能存在双向通信,如图2-3所示。

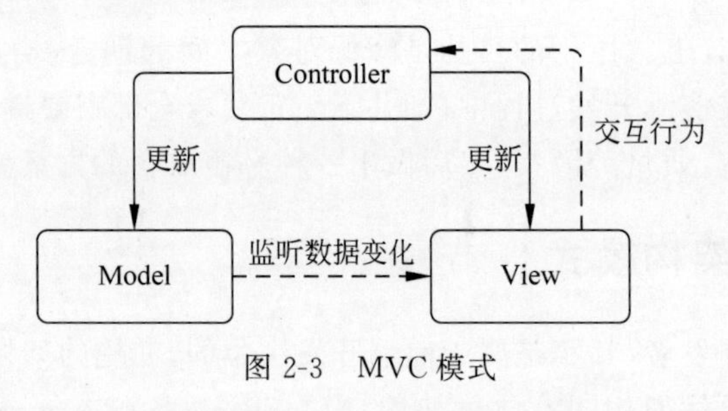

图2-3 MVC模式

【案例2-1】 基于Unity引擎采用MVC模式实现登录界面,界面显示累计的登录次数。

首先,创建登录模型脚本LoginModel_MVC.cs,为了方便使用数据,故采用单例模式实现。为了保护数据,定义一个私有整型变量loginCount和对应的只读属性LoginCount。为了进行数据监听,也需要定义一个数据更新的事件。最后需要实现数据的操作方法,例如初始化、数据更新、保存数据和增删监听事件,代码如下:

```
//第2章 //LoginModel_MVC.cs

public class LoginModel_MVC
{
    private static LoginModel_MVC data = null;
    public static LoginModel_MVC Data
    {
        get
        {
            if (data == null)
            {
```

```
                data = new LoginModel_MVC();
                data.Initialize();
            }
            return data;
        }
    }

    //定义数据
    private int loginCount;                    //累计登录次数
    public int LoginCount
    {
        get { return loginCount; }
    }

    //模型数据值更新监听
    private UnityEvent<LoginModel_MVC> updateEvent;

    //初始化
    private void Initialize()
    {
        updateEvent = new UnityEvent<LoginModel_MVC>();
        loginCount = PlayerPrefs.GetInt("LoginCount");
    }

    //更新计数器
    public void UpdateCount()
    {
        loginCount++;
        SaveData();
    }

    //保存数据
    public void SaveData()
    {
        PlayerPrefs.SetInt("LoginCount", loginCount);
        updateEvent?.Invoke(this);
    }

    //增加监听
    public void AddListenValueChanged(UnityAction<LoginModel_MVC> function)
    {
        updateEvent.AddListener(function);
    }
```

```
    //移除监听
    public void RemoveListenValueChanged(UnityAction<LoginModel_MVC> function)
    {
        updateEvent.RemoveListener(function);
    }
}
```

然后创建登录视图脚本 LoginView_MVC.cs，主要用于获取界面组件和根据数据更新界面信息，以及监听模型数据改变，这里为了便捷，直接将组件定义为 public，从而可以直接拖曳赋值，主要代码如下：

```
//第 2 章 //LoginView_MVC.cs

//<summary>
//登录视图
//</summary>
public class LoginView_MVC : MonoBehaviour
{
    public InputField userName;                    //用户名
    public InputField password;                    //密码
    public Button loginBtn;                        //登录按钮
    public Text status;                            //登录状态
    //更新界面信息
    public void UpdateView(LoginModel_MVC data)
    {
        status.text = $"已累计{data.LoginCount}次登录";
    }
    private void Start()
    {
        LoginModel_MVC.Data.AddListenValueChanged(UpdateView);
    }

    public void UpdateView(LoginModel_MVC data)
    {
        status.text = $"已累计{data.LoginCount}次登录";
    }

    private void OnDestroy()
    {
        LoginModel_MVC.Data.RemoveListenValueChanged(UpdateView);
    }
}
```

最后，创建登录控制器脚本 LoginController_MVC.cs，主要对视图层的界面组件的业务逻辑进行实现，例如对视图界面的按钮增加事件，代码如下：

```
//第 2 章 //LoginController_MVC.cs

//<summary>
//控制 - 登录控制器数据
//</summary>
public class LoginController_MVC : MonoBehaviour
{
    //登录视图
    private LoginView_MVC m_View;

    private void Start()
    {
        m_View = GetComponent<LoginView_MVC>();
        m_View.UpdateView(LoginModel_MVC.Data);
        m_View.loginBtn.onClick.AddListener(OnLoginClick);
    }

    //<summary>
    //登录按钮事件
    //</summary>
    private void OnLoginClick()
    {
         if (string.IsNullOrEmpty(m_View.userName.text) || string.IsNullOrEmpty(m_View.
password.text))
            m_View.status.text = "用户名和密码不能为空!";
        else
        {
            m_View.status.text = "";
            LoginModel_MVC.Data.UpdateCount();
        }
    }
}
```

代码编译完成后，需要将 LoginView_MVC.cs 和 LoginController_MVC.cs 挂载在同一个 gameobject 对象上，刚运行时，模型初始化会修改初始数据，然后视图会监听到变化，进而刷新界面。运行后，单击“登录”按钮，控制器将会修改模型数据，模型数据修改后，视图依然会监听到数据变化，而后实时更新在界面上，运行效果如图 2-4 所示。

MVC 模式常用于 Web 开发、桌面应用程序和移动应用程序等领域，在 Unity 中通常用来设计 UI 系统，是一种有效的软件架构设计，它通过将复杂的系统分为几个独立的功能组件，实现了高度的模块化和提高了易维护性。

2. MVVM 模式

MVVM(Model-View-ViewModel，模型-视图-视图模型)模式是基于 MVC 模式的演变

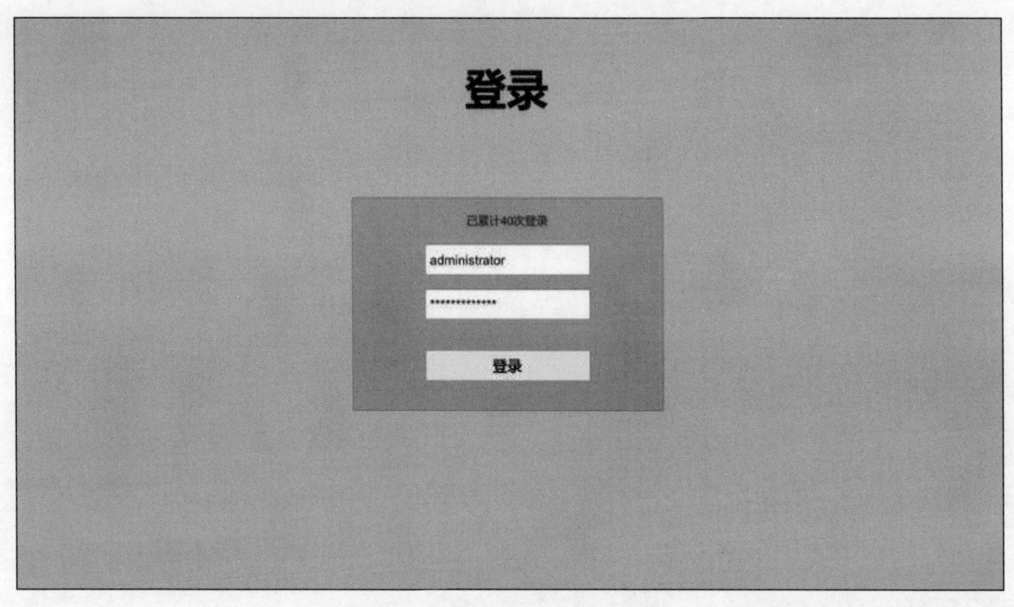

图 2-4　MVC 实现的登录界面

和扩展。该模式将应用程序分解为模型(Model)、视图(View)和视图模型(ViewModel)三部分。模型层负责处理数据和业务逻辑,包括数据的存储、读取、验证等操作;视图层负责显示用户界面,将数据呈现给用户,并与用户进行交互;视图模型层是连接模型和视图的桥梁,使视图能够获取和显示模型层的数据,同时负责处理视图中的用户操作,通常包含展示数据的属性、命令及对用户操作的方法。该模式将视图和视图模型之间通过双向数据绑定实现了解耦,当模型数据发生变化时,视图模型将通知视图进行更新,当视图操作导致数据变化时,视图模型会更新模型数据,从而保持视图和数据的同步,也正是因为视图模型独立于视图,所以可以更加容易地调用视图模型进行单元测试。该模式的这种功能拆分使代码更清晰和更易于维护,同时也可以提高应用程序的可扩展性、可测试性和可重用性。三者的关系如图 2-5 所示。

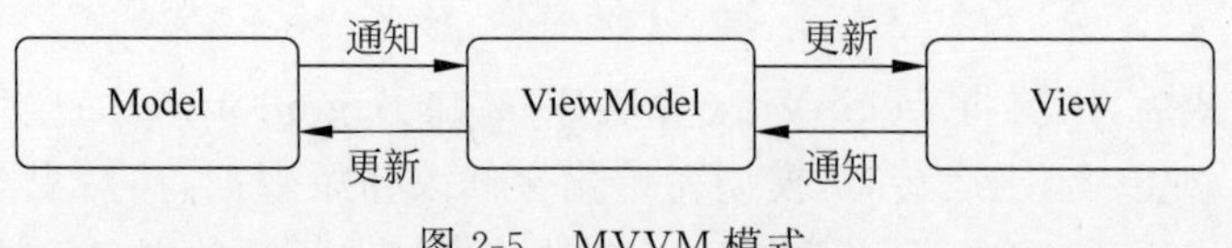

图 2-5　MVVM 模式

【案例 2-2】 基于 Unity 引擎采用 MVVM 模式实现登录界面,界面显示累计的登录次数(基于案例 2-1 进行修改)。

首先创建登录模型脚本 LoginModel_MVVM.cs,同样需要定义一个私有整型变量 LoginCount 和对应的属性 LoginCount。因为需要绑定数据,因此需要继承 INotifyPropertyChanged 接口类,然后在 LoginCount 属性中进行调用,这样当 LoginCount 变量发生改变时就会通知监听了此属性的对象。最后实现数据的操作方法,例如初始化和保存数据,代码如下:

```
//第 2 章 //LoginModel_MVVM.cs

public class LoginModel_MVVM : INotifyPropertyChanged
{
    public event PropertyChangedEventHandler PropertyChanged;

    //定义数据
    private int loginCount = 0;                        //累计登录次数
    public int LoginCount
    {
        get { return loginCount; }
        set
        {
            if(loginCount != value)
            {
                loginCount = value;
                OnPropertyChanged(nameof(LoginCount));
                SaveData();
            }
        }
    }

    //初始化
    public void Initialize()
    {
        LoginCount = PlayerPrefs.GetInt("LoginCount");
    }

    //保存数据
    public void SaveData()
    {
        PlayerPrefs.SetInt("LoginCount", loginCount);
    }

    protected void OnPropertyChanged(string propertyName = "")
    {
        PropertyChangedEventHandler handler = PropertyChanged;
        if (handler != null)
        {
            handler(this, new PropertyChangedEventArgs(propertyName));
        }
    }
}
```

然后创建登录视图模型脚本 LoginViewModel_MVVM.cs，在此类中需要定义模型对象和视图需要使用的变量，本案例是 LoginCount，然后监听模型层变量的改变。另外，由于当模型层数据变化时需要通过视图模型通知视图层，因此需要定义一个事件，用于当监听到模型层的值改变时触发，代码如下：

```
//第 2 章 //LoginViewModel_MVVM.cs

public class LoginViewModel_MVVM
{
    //登录视图
    private LoginModel_MVVM m_Model;
    //模型层值变化事件
    public UnityEvent OnModelChanged;

    public int LoginCount
    {
        get { return m_Model.LoginCount; }
        set
        {
            m_Model.LoginCount = value;
        }
    }

    public LoginViewModel_MVVM()
    {
        m_Model = new LoginModel_MVVM();
        OnModelChanged = new UnityEvent();
        m_Model.PropertyChanged += Model_PropertyChanged;
    }
    //初始化模型数据
    public void Initialize()
    {
        m_Model.Initialize();
    }
    //监听值变化
    private void Model_PropertyChanged(object sender, PropertyChangedEventArgs e)
    {
        if (e.PropertyName == nameof(m_Model.LoginCount))
        {
            Debug.Log(m_Model.LoginCount);
            OnModelChanged?.Invoke();
        }
    }
}
```

最后，创建登录视图脚本 LoginView_MVVM.cs，此类负责寻找组件、界面呈现、登录逻辑和对视图模型进行设置，代码如下：

```
//第 2 章 //LoginView_MVVM.cs

public class LoginView_MVVM : MonoBehaviour
{
    public LoginViewModel_MVVM loginViewModel;

    public InputField userName;                       //用户名
    public InputField password;                       //密码
    public Button loginBtn;                           //登录按钮
    public Text status;                               //登录状态

    private void Awake()
    {
        loginViewModel = new LoginViewModel_MVVM();
        loginViewModel.OnModelChanged.AddListener(OnModelChangedEvent);
        loginBtn.onClick.AddListener(OnLoginClick);
    }

    private void Start()
    {
        //初始化,Model 层将获取数据初始数据
        loginViewModel.Initialize();
    }
    //登录单击事件
    private void OnLoginClick()
    {
        loginViewModel.LoginCount++;
        UpdateInfo();
    }
    //模型数据变化监听
    private void OnModelChangedEvent()
    {
        UpdateInfo();
    }
    //更新结果
    private void UpdateInfo()
    {
        status.text = $"已累计{loginViewModel.LoginCount}次登录";
    }
}
```

代码编译完成后，需要将 LoginView_MVVM.cs 挂载在同一个 GameObject 对象上，

刚运行时，模型初始化会修改初始数据，然后通知视图模型，视图模型再更新视图。运行后，单击"登录"按钮，视图经由视图模型修改模型数据，而后实时更新在界面上，运行效果同案例 2-1。

3. 事件驱动模式

事件驱动架构是一种基于事件的软件架构模式，它通过事件的产生、传递和处理来驱动系统的行为。在事件驱动架构中，系统中的各个组件通过事件进行通信和交互，而不是直接调用彼此的方法或函数。事件驱动通常包含 3 个核心模块，分别是事件、事件管理器和事件监听器，其中事件表示发生的特定行为，例如登录成功、鼠标单击等，是事件管理器管理的对象，往往会携带一些业务数据；事件管理器又叫事件总线(Event Bus)，是负责接收、传递和分发事件的中央组件，它需要维护事件监听器列表，并在特定事件发生时将事件传递给对应的事件监听器；事件监听器是负责监听和处理事件的模块，通常是在注册事件时将监听器注册到事件管理器中等待事件被触发后而执行相应的逻辑。总体来讲，事件消费者注册事件时将业务逻辑绑定在事件监听器中交由事件管理器管理，当事件生产者发起事件后，事件管理器会找到此事件对应的事件监听器，然后执行在监听器里绑定的业务逻辑，从而完成事件驱动。三者的关系如图 2-6 所示。

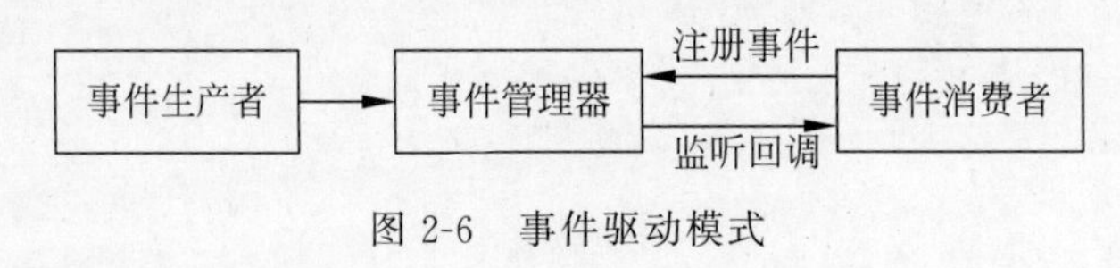

图 2-6　事件驱动模式

【案例 2-3】 实现一套自定义的事件驱动系统。

首先，创建一个事件基类对象 EventArgBase，表示用于通信的事件对象，这里定义成一个抽象类，以便具体应用时继承实现，代码如下：

```
//<summary>
//事件基类
//</summary>
public abstract class EventArgBase
{
    public abstract void Clear();
}
```

然后实现泛型事件监听器，创建脚本 EventListener.cs，此类因为是泛型类，因此类名是 EventListener<T>，T 表示一种类型，可以是基础数据类型，也可以是自定义的类型。泛型相关的知识，非本书重点，因此不过多陈述，表示泛指一切符合的类型。另外，因为事件监听器需要绑定业务逻辑，因此需要定义一个委托，通过委托来执行业务逻辑，代码如下：

```
//第 2 章 //EventListener.cs

//<summary>
//泛型事件监听器
```

```
//</summary>
//<typeparam name = "T"></typeparam>
public class EventListener<T>
{
    //事件委托
    public delegate void EventDelegate(T eventArgs);
    //事件委托对象
    public EventDelegate eventDelegate;
    //<summary>
    //执行委托
    //</summary>
    //<param name = "eventArgs"></param>
    public void Invoke(T eventArgs)
    {
        eventDelegate?.Invoke(eventArgs);
    }
    //<summary>
    //清理委托
    //</summary>
    public void Clear()
    {
        eventDelegate = null;
    }
}
```

最后,实现泛型事件管理器,创建脚本 EventManager.cs,这里实现为一个单例类,单例类的实现位于本书配套工程里(泛型单例类在随书的工程下可找到,本书很多案例将使用这些单例类,后面不再陈述)。此类需要存储注册的监听事件,因此需要定义第 1 个 Dictionary<string, EventListener<T>>字典,用字符串来表示描述事件的唯一标识,然后实现增加事件监听、移除事件监听、检查是否注册了监听和触发事件几种方法,代码如下:

```
//第 2 章 //EventManager.cs

//<summary>
//泛型事件管理器
//</summary>
//<typeparam name = "T"></typeparam>
public class EventManager<T> :Singleton<EventManager<T>>
{
    //<summary>
    //事件字典
    //</summary>
    private Dictionary<string, EventListener<T>> eventDict = new Dictionary<string,
EventListener<T>>();
```

```
    //< summary >
    //增加事件监听
    //</summary >
    //< param name = "eventType"></param >
    //< param name = "eventDelegate"></param >
    public void AddEventListener ( string eventType, EventListener < T >. EventDelegate
eventDelegate)
    {
        EventListener < T > action;
        if (!eventDict.TryGetValue(eventType, out action))
        {
            action = new EventListener < T >();
            eventDict.Add(eventType, action);
        }
        action.eventDelegate += eventDelegate;
    }

    //< summary >
    //移除事件监听
    //</summary >
    //< param name = "eventType"></param >
    //< param name = "eventDelegate"></param >
    public void RemoveListener(string eventType, EventListener < T >. EventDelegate
eventDelegate)
    {
        EventListener < T > action;
        if (eventDict.TryGetValue(eventType, out action))
        {
            return;
        }
        action.eventDelegate -= eventDelegate;
    }

    //< summary >
    //是否已存在此事件监听
    //</summary >
    //< param name = "eventType"></param >
    //< returns ></returns >
    public bool HasListener(string eventType)
    {
        return eventDict.ContainsKey(eventType);
    }
```

```
        //< summary >
        //触发事件
        //</summary >
        //< param name = "eventType"></param >
        //< param name = "args"></param >
        public void TriggerEvent(string eventType, T args)
        {
            EventListener < T > action;
            if (eventDict.TryGetValue(eventType, out action))
            {
                action.Invoke(args);
            }
        }
    }
```

如此，一个完整的事件驱动系统就实现了，怎么使用呢？对于事件生产者需要调用 EventManager < EventArgBase >. Instance. TriggerEvent("事件标识", EventArgBase 对象)触发事件。对于事件消费者，则需要调用 EventManager < EventArgBase >. Instance. AddEventListener("事件标识", 回调函数)来向事件管理器注册事件。

4. 管道和过滤器模式

管道过滤器模式是面向数据流的软件体系结构，它可以将复杂的处理任务分解为一系列可重用的单独过滤器，然后用管道对各个过滤器进行连接，其中过滤器为一个具体的功能模块，接收输入的数据，然后进行一定的数据处理后进行输出；管道是传输数据的组件，用于将数据从一个过滤器的输出接口传送到下一个过滤器的输入接口。此模式可以灵活地编排过滤器的组成和顺序，很大程度地提高了软件模块的可重用性、可扩展性和可伸缩性，模式结构如图 2-7 所示。

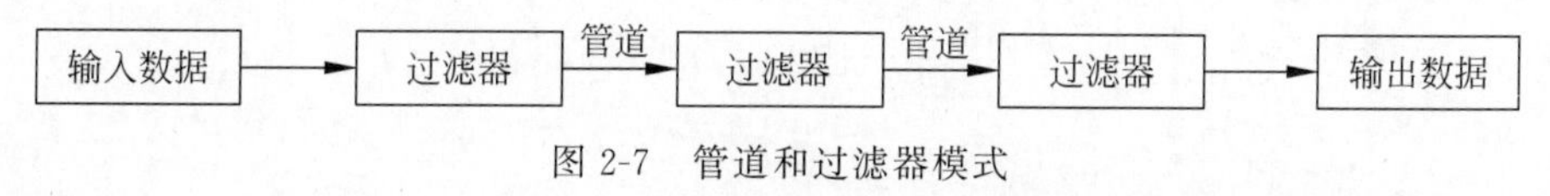

图 2-7 管道和过滤器模式

【案例 2-4】 实现对一串复杂字符串剔除特殊字符和数字，得到一串有效字符。

首先，定义一个数据对象，用于存储数据，本案例仅仅需要存储一个字符串，因此只需定义一个字符串变量，代码如下：

```
//< summary >
//待过滤的数据
//</summary >
public class Data_2_1_2
{
    public string Value { get; set; }
}
```

接着，创建过滤器接口，对数据的处理功能定义一个抽象过滤器，代码如下：

```
//<summary>
//过滤器接口
//</summary>
public interface IFilter
{
    //<summary>
    //过滤数据
    //</summary>
    //<param name = "data"></param>
    void FilterData(Data_2_1_2 data);
}
```

再继承 IFilter 类，然后定义一个抽象过滤器，实现通用方法，设置下一个过滤器，再定义一个具体数据过滤的抽象方法，派生类仅需要对抽象方法进行实现，代码如下：

```
//第 2 章 //FilterBase.cs

public abstract class FilterBase : IFilter
{
    //<summary>
    //下一个过滤器
    //</summary>
    protected IFilter nextFilter;

    //<summary>
    //设置下一个过滤器
    //</summary>
    //<param name = "filter"></param>
    public void SetNextFilter(IFilter filter)
    {
        nextFilter = filter;
    }

    public abstract void FilterData(Data_2_1_2 data);
}
```

然后定义一个管道类 DataProcessor，用于连接过滤器和传输数据，代码如下：

```
//第 2 章 //DataProcessor.cs

//<summary>
//数据处理器
//</summary>
public class DataProcessor
```

```
{
    //首次过滤器
    private IFilter firstFilter;

    //设置第 1 个过滤器
    public void SetFirstFilter(IFilter filter)
    {
        firstFilter = filter;
    }
    //处理数据
    public void ProcessData(Data_2_1_2 data)
    {
        if (firstFilter != null)
        {
            firstFilter.FilterData(data);
        }
    }
}
```

以上三部分实现了一个管道过滤模式的核心结构，剩下只需对过滤器的具体功能进行实现。首先实现对特殊字符进行过滤的过滤器 CharacterFilter，继承自 FilterBase 类，然后实现抽象方法 FilterData，这里采用正则表达式对特殊字符进行过滤，代码如下：

```
//第 2 章 //CharacterFilter.cs

public class CharacterFilter: FilterBase
{
    //< summary >
    //过滤数据
    //</summary >
    //< param name = "data"></param >
    public override void FilterData(Data_2_1_2 data)
    {
        Regex regex = new Regex(@"[~`!@#\$%\^\&\*\(\)\-\+\=\[\]\{\}\|\;\:\'\""\,
\.\/\]\<\>\\]");
        data.Value = regex.Replace(data.Value, "");

        //调用下一个过滤器
        if (nextFilter != null)
        {
            nextFilter.FilterData(data);
        }
    }
}
```

最后创建一个对数字进行过滤的过滤器 NumberFilter，继承自 FilterBase 类，然后实现抽象方法 FilterData，同样采用正则表达式对数字进行过滤，代码如下：

```
//第 2 章 //NumberFilter.cs

public class NumberFilter : FilterBase
{
    //<summary>
    //过滤数据
    //</summary>
    //<param name = "data"></param>
    public override void FilterData(Data_2_1_2 data)
    {
        data.Value = Regex.Replace(data.Value, @"\d", "");
    }
}
```

两个过滤器完成后，便可以通过简单调用实现对数据进行过滤处理，核心代码如下：

```
//第 2 章 //Script_2_1_2.cs

//定义过滤器
private CharacterFilter characterFilter;
private NumberFilter numberFilter;
//定义数据处理器
private DataProcessor dataProcessor;

//设置第 1 个过滤器
dataProcessor.SetFirstFilter(characterFilter);
//设置第 2 个过滤器
characterFilter.SetNextFilter(numberFilter);

//根据需要调用数据处理方法
Data_2_1_2 data = new Data_2_1_2();
//原始数据
data.Value = "1324H@@el@#lo$#@ W@o$123rld";
//处理数据(分别通过字符过滤器和数字过滤器进行处理)
dataProcessor.ProcessData(data);
//输出结果
Debug.Log(data.Value); //结果:Hello World
```

5. 状态模式

状态机(State Machine)是现实事物运行规则抽象而成的一个数学模型，用于描述事物在不同状态之间转移和行为变化。状态机通常分为有限状态机(Finite State Machine，FSM)和无限状态机(Infinite State Machine)，其中无限状态机描述一种状态转变过程呈现无穷多状态的情况。需要注意的是，这种模型在理论研究中有着重要的价值，但在实际应用中却非常少见。有限状态机又称为有限状态自动机，简称为状态机，本节所讲状态模式和状态机均指有限状态机，表示有限种状态转变和动作等行为。在游戏开发中，状态机常用于管理游戏角色、NPC、AI 行为和场景等的状态变化。

状态机的组成主要包括状态、转换条件和转换动作三部分。状态表示对象或系统所处的一种特定情况或状态，描述的是对象的当前行为和属性。转换条件是状态之间转换所需要满足的条件，当某条件满足时，状态机就可以从一种状态自动切换到另一种状态。转换条件可以是任何条件判断、事件或者输入。转换动作是在状态转换发生时所执行的动作或方法，通常用于初始化新状态的行为或执行一些特定操作，例如状态切换时的变量初始化或者过渡效果。需要注意的是，状态有初始状态和终止状态，每种状态启动时会从初始状态开始执行，以终止状态作为结束。状态机模式如图 2-8 所示。

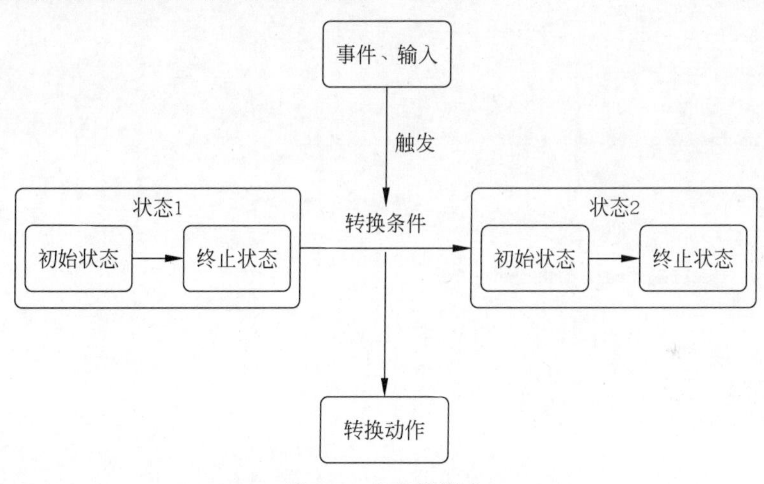

图 2-8 状态机模式

状态机对复杂的对象转换逻辑进行了拆分，实现了状态逻辑与动作的分离。当分支很多时，状态模式可以给代码的维护带来很大的便利。本节将使用一个案例进行讲解。

【案例 2-5】 采用有限状态机实现对角色的控制，包括静止、移动、奔跑、跳跃 4 种状态。

首先需要定义状态机中的状态部分，为了便于代码的扩展和管理，这个地方采用接口类或者抽象类都可以，代码如下：

```
//角色状态接口类
public interface ICharacterState
{
    //初始状态
    void OnEnter();
    //终止状态
    void OnExit();
    //状态每帧更新
```

```
    void OnUpdate();
}
```

然后需要一个对状态进行管理的管理类，用来切换状态和执行状态的帧更新，本案例将采用继承自 MonoBehaviour 的泛型单例类实现状态管理类，代码如下：

```
//第 2 章 //CharacterStateMachineManager.cs

public class CharacterStateMachineManager:MonoSingleton<CharacterStateMachineManager>
{
    //当前状态
    private ICharacterState currentState;

    //<summary>
    //改变状态
    //</summary>
    //<param name="newState"></param>
    public void ChangeState(ICharacterState newState)
    {
        if (currentState != null)
        {
            currentState.OnExit();
        }

        currentState = newState;
        currentState.OnEnter();
    }

    //<summary>
    //状态帧更新
    //</summary>
    public void Update()
    {
        if (currentState != null)
        {
            currentState.OnUpdate();
        }
    }
}
```

如此，一个简单的状态机架构便完成了，剩下的就是继承 ICharacterState 接口，从而实现具体的状态就可以了，本案例需要实现 4 种状态，并在状态里实现对应的功能，以静止状态举例，代码如下：

```
//第 2 章 //IdleState.cs

//< summary >
//角色静止状态
//</summary >
public class IdleState : ICharacterState
{
    public void OnEnter()
    {
        Debug.Log("静止状态 - 启动");
    }

    public void OnExit()
    {
        Debug.Log("静止状态 - 终止");
    }

    public void OnUpdate()
    {
        Debug.Log("静止状态 - 状态中...");
    }
}
```

其他状态的实现与此雷同，可在本书工程下找到。最后就是状态机的使用方法，主要分为两步，第 1 步是定义状态对象，第 2 步就是根据转换条件通过状态管理类进行切换，代码如下：

```
//第 2 章 //Script_2_1_2_FSM.cs

//定义状态
private ICharacterState idleState, walkingState, runningState, jumpingState;

private void Start()
{
    //实例化状态
    idleState = new IdleState();
    walkingState = new WalkingState();
    runningState = new RunningState();
    jumpingState = new JumpingState();
}
//切换状态
private void OnGUI()
{
    if (GUILayout.Button("静止"))
```

```
    {
        CharacterStateMachineManager.Instance.ChangeState(idleState);
    }

    if (GUILayout.Button("行走"))
    {
        CharacterStateMachineManager.Instance.ChangeState(walkingState);
    }

    if (GUILayout.Button("奔跑"))
    {
        CharacterStateMachineManager.Instance.ChangeState(runningState);
    }

    if (GUILayout.Button("跳跃"))
    {
        CharacterStateMachineManager.Instance.ChangeState(jumpingState);
    }
}
```

6. ECS 模式

ECS(Entity-Component-System,实体-组件-系统)模式是一种在游戏开发中常用的软件架构模式,也是一种面向数据的编程方式,它主要考虑的是需求有哪些行为,这些行为对应的数据是什么。这种模式解决了在面向对象编程中,通过复杂继承带来的层次结构复杂、不灵活和难以维护等问题,其设计原则是遵循组合优于继承的原则。

顾名思义,ECS是由实体、组件和系统 3 部分组成的,其中实体是存放组件的容器,是一个纯数据对象,只有一个 ID,用来表示唯一实体对象的存在,然后可以为其添加一个或多个组件;组件也是一个纯数据对象,用于存放游戏所需要的数据结构,不包含任何逻辑行为,但是可以包含一些获取数据的方法;系统是根据组件数据处理逻辑行为的管理器,不包含任何数据,只有行为。需要注意的是系统和组件的关系并非是一一对应的关系,一个系统可以处理多个组件,一个组件也可以被多个系统共享。ECS 模式做到了真正的逻辑和数据分离,完全解耦,并且可以通过多线程来执行系统部分逻辑。另外,ECS 模式的扩展性也很强,以组合替代了继承,可以任意地将组件组装到实体上,ECS 架构如图 2-9 所示。

ECS 除了解决了复杂继承带来的问题,还有一个最大的优点就是性能好。由于它将所有的数据都放在组件里,并且推荐的是使用值类型数据,存放在栈上,这些数据在内存布局上会将所有的组件聚合在连续的内存中,因此可以大幅度提升 CPU 的缓存命中率。但是,这并不表示不能在组件里使用引用类型数据,只是如果使用很多引用类型的数据,则这个与 ECS 的理念是有所冲突的。

当前 Unity 插件市场已经有不少基于 ECS 实现的框架,例如官方的 Dots 框架和 Hybrid Renderer,还有轻量级的 C# 开源项目 Entitas 和 LeoECS。本节将使用 LeoECS 来讲解案例,对于其他插件读者可自行查询使用。

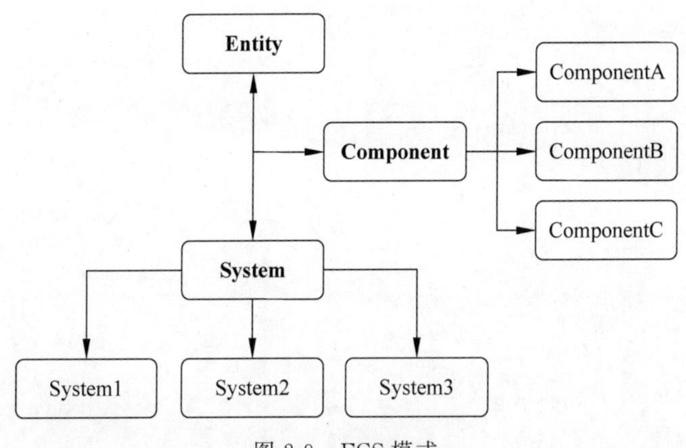

图 2-9 ECS 模式

LeoECS 是由 Leopotam 提供的开源 ECS 框架，提供了一套简捷灵活的 API，使实体和组件的创建、管理和系统的定义都变得较为简单。同时，它还支持自定义系统和事件机制，以满足不同项目的需求。最重要的是，它对性能进行了优化，采用了紧凑的内存布局和高效的数据处理方式，使它能够高效地处理大量实体和组件。本节将采用 LeoECS 框架来讲解一个具体案例的应用。

【案例 2-6】 采用 LeoECS 实现 10 000 个 GameObject 的随机运动。

首先需要将 LeoECS 插件导入 Unity 工程里，可以通过 Package Windows 的方式进行导入，也可以直接下载代码部分进行导入，本书直接将源码部分放在了配套工程里，然后创建 4 个组件，分别是 GameObject 组件、位置组件、速度组件和旋转组件，代码如下：

```
//第 2 章 //GameObjectComponent.cs、PositionComponent.cs、VelocityComponent.cs、RotationComponent.cs

//< summary >
//GameObject 组件
//</summary >
public struct GameObjectComponent
{
    public GameObject target;                    //GameObject 对象
}

//< summary >
//位置组件
//</summary >
public struct PositionComponent
{
    public Vector3 position;                     //空间坐标
}
```

```
//< summary>
//速度组件
//</summary>
public struct VelocityComponent
{
    public Vector3 velocity;                        //速度向量
}

//< summary>
//旋转组件
//</summary>
public struct RotationComponent
{
    public float rotationSpeed;                     //旋转参数
}
```

组件完成后，需要分别实现移动系统和旋转系统，LeoECS 系统主要通过继承接口 IEcsRunSystem 实现，然后在系统里通过 EcsFilter 获取给实体添加的组件，最后在 Run 方法里实现逻辑行为。移动系统的代码如下：

```
//第 2 章 //MovementSystem.cs

//< summary>
//移动系统
//</summary>
public class MovementSystem : IEcsRunSystem
{
    //获取需要处理的组件
    private EcsFilter< GameObjectComponent,PositionComponent, VelocityComponent> _filter;

    public void Run()
    {
        //循环处理每个实体
        foreach (var i in _filter)
        {
            //获取实体的 GameObject、位置和速度组件的引用
            ref GameObject target = ref _filter.Get1(i).target;
            ref var position = ref _filter.Get2(i).position;
            ref var velocity = ref _filter.Get3(i).velocity;
            //根据速度更新位置
            position += velocity * Time.deltaTime;

            target.transform.position = position;
        }
    }
}
```

旋转系统的代码如下：

```
//第 2 章 //RotationSystem.cs

//< summary >
//旋转系统
//</summary >
public class RotationSystem : IEcsRunSystem
{
    //获取需要处理的组件
    private EcsFilter < GameObjectComponent, RotationComponent > _filter;
    public void Run()
    {
        //循环处理每个实体
        foreach (var i in _filter)
        {
            //获取实体的 GameObject 组件和旋转组件的引用
            ref var target = ref _filter.Get1(i).target;
            ref var rotation = ref _filter.Get2(i);
            //调用旋转方法进行旋转处理
            Rotate(ref target, rotation.rotationSpeed);
        }
    }

    //旋转方法
    private void Rotate(ref GameObject tar, float rotationSpeed)
    {
        tar.transform.Rotate(new Vector3(0, rotationSpeed * Time.deltaTime, 0));
    }
}
```

最后，就是如何使用这些组件和系统实现创建 10 000 个 GameObject 了，由于 LeoECS 框架自己实现了实体、组件和系统之间的封装，也对组件数据内存进行了优化布局，因此调用相对简单，代码如下：

```
//第 2 章 //Script_2_1_2_ECS.cs

//预制件
public GameObject targetPrefab;
//ECS 对象
private EcsWorld _world;
//ECS 系统
private EcsSystems _systems;

//实例化 ECS
```

```
_world = new EcsWorld();
_systems = new EcsSystems(_world);

//添加系统
_systems
    .Add(new MovementSystem())                    //移动系统
    .Add(new RotationSystem())                    //旋转系统
    .Init();

//创建 5000 个移动物体
for (int i = 0; i < 5000; i++)
{
    EcsEntity entity = _world.NewEntity();
    ref GameObjectComponent obj = ref entity.Get<GameObjectComponent>();
    obj.target = GameObject.Instantiate(targetPrefab);
    obj.target.name = $"Movement_{i}";
    ref PositionComponent c1 = ref entity.Get<PositionComponent>();
    c1.position = Random.insideUnitSphere * 10;
    ref VelocityComponent c2 = ref entity.Get<VelocityComponent>();
    c2.velocity = Random.insideUnitSphere;
}

//创建 5000 个旋转物体
for (int i = 0; i < 5000; i++)
{
    EcsEntity entity = _world.NewEntity();
    ref GameObjectComponent obj = ref entity.Get<GameObjectComponent>();
    obj.target = GameObject.Instantiate(targetPrefab);
    obj.target.name = $"Rotation_{i}";
    Vector3 tmp = Random.insideUnitSphere * 10;
    tmp.y = 0;
    obj.target.transform.position = tmp;
    ref VelocityComponent c2 = ref entity.Get<VelocityComponent>();
    c2.velocity = Random.insideUnitSphere;
    ref RotationComponent c3 = ref entity.Get<RotationComponent>();
    c3.rotationSpeed = Random.Range(1, 100);
}

private void Update()
{
    _systems?.Run();                              //系统执行
}
```

如此便完成了本案例对 ECS 模式的使用。需要注意的是，ECS 模式虽然性能优越，但是在开发过程中其实是比较麻烦的，建议直接使用本章提到的 ECS 插件，这样会比较方便。另外，也需要做好由面向对象编程到面向数据编程思想转变的准备，这是需要学习成本的。

2.2 插件功能设计

Unity 插件编辑器开发技术是最常用的插件开发技术，而软件架构设计则是插件开发工程化的技术和艺术精髓。掌握了这两门技术，也就具备了开发一个好插件的基本要素，但在设计一个好的插件功能之前，依然需要先要明确一个问题：插件需求是什么？是需要一个快速生成地形的工具？还是需要一个自动生成角色 AI 的插件？或者需要一个可以方便地编辑关卡的工具？不同的需求将影响不同的插件功能设计，因此，在开始设计之前，首先需要充分理解需求和面向的用户，然后对需求进行功能拆解和设计。插件功能设计的内容主要包含确认用户界面风格和色彩、资源的管理方式、数据如何存取、用户如何操作和交互、功能后期如何扩展升级、插件生成的数据是否持久化、运行关键行为如何调试和查看日志及插件的文档和帮助如何编写。将每项都梳理清楚，一个插件的功能设计也就完成了。

2.2.1 用户界面

在 Unity 插件的开发中，良好的用户界面设计可以提升用户的满意度和使用体验，也可以让用户更容易理解和操作，促进插件的易用性和增加插件的市场竞争力。Unity 插件的用户界面分为基于 Unity 编辑器扩展部分的界面和非编辑器部分的界面。相对来讲，编辑器扩展部分因为需要基于 Unity 编辑器对外扩展的接口，遵循 Unity 的扩展规则，因此界面设计有所限制，但不论是编辑器状态下的界面设计还是非编辑器下的界面设计都建议从以下几个方面考虑，如图 2-10 所示。

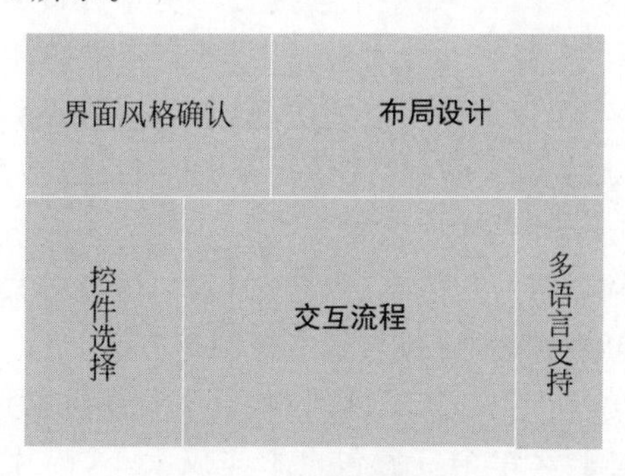

图 2-10 用户界面设计

1. 界面风格确认

要根据插件功能确认界面的主题颜色，使界面具有统一的视觉风格，提升用户体验。

2. 布局设计

界面的窗口尺寸、控件位置、大小和排列方式需要有明确的布局，最终要呈现出清晰、简洁且易于维护和操作的界面。

3. 控件选择

以方便用户便捷交互为目标，根据功能需求的不同选择合适的控件。

4. 交互流程

厘清逻辑关系，设计良好的交互流程，让用户可以顺利地完成操作。

5. 多语言支持

如果插件需要面向不同国家的用户，就需要提供多语言支持的界面。在实际开发过程中建议主选英文。

需要明确的是，Unity 插件开发多为独立开发者、开发小组或者插件研发团队，他们大多数是没有 UI 设计师参与的，因此以上几点仅仅是从开发者角度出发总结的，如果插件在开发过程中有 UI 设计师的参与，则插件的用户界面完全可以在结合业务需求后从更专业的角度进行设计，只是需要注意 Unity 编辑器下的界面是有所限制的。

2.2.2 资源管理

Unity 插件可以包含的资源包括纹理贴图、3D 模型、动画文件、材质球、多媒体文件、预制件、着色器和脚本等，众多的资源类别和数量的累计都可能导致资源管理和插件维护变得困难，因此资源管理首先应该规范插件工程的目录结构，通常是按功能模块或者按资源类别进行管理及存放，它们各有优缺点。如果工程按功能模块划分，则多个功能模块如果都用到同一资产，就容易导致资源冗余，但这种方式结构清晰，定位资源容易，将功能模块转换为独立模块也只需将模块目录整个导出。如果工程按资产类型存放，虽然很容易找到某类型的资源，但是在逻辑上却很难将资源和功能对应起来，不利于维护，因此建议 Unity 工程项目，不仅限于插件工程，首先将工程目录按功能模块划分，每个功能模块下的资产再按资源类别进行划分，对于多个功能都用的同一资源，新建一个共享目录，在共享目录下再对资源类别细分后进行归类，如图 2-11 所示。

另外，如果插件涉及资源的打包、下载、更新、加载和释放等操作，则需要考虑资源的打包与优化、资源的引用和释放及资源更新与版本控制等方面。

此时首先需要考虑资源包打包的粗粒度问题，单个资源包不宜过大，太大的资源包会因下载时间过长而降低用户体验。单个资源包也不建议太小，碎片化资源太多会造成 IO 加载过于频繁，导致移动端设备发热。建议单个包的大小控制在 5MB 到 10MB，本质上取决于网络环境是否好，如果网络环境非常好，则资源包可以适当大一点。至于其他的资源可以根据项目应用情况采取按场景打包、按资源类型打包和将共享资源打包的策略进行打包，这和工程目录的管理方式是一致的，这样可以对资源打包更加直观。

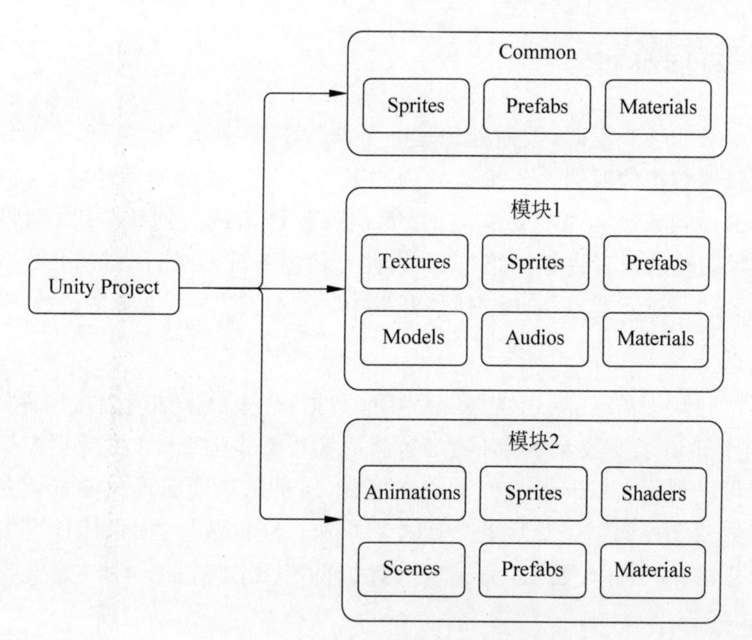

图 2-11 Unity 工程资源分类管理

其次是资源的引用和释放，这对内存的管理和优化是有好处的，合理地管理资源引用，对不再使用的资源要及时释放内存。原理也相对简单，项目应通过一个资源管理器来统一管理资源的加载和卸载操作，某资源被加载一次引用便加一，被卸载时减一，如果当卸载时引用为 0，则将此资源释放，如图 2-12 所示。

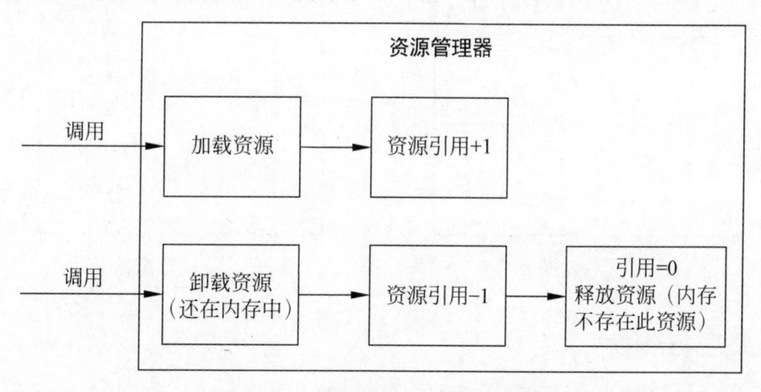

图 2-12 资源管理引用计数原理

最后是对资源的更新和版本控制，这需要在服务器端建立一个版本控制策略。通常要为每个资源或资源包分配唯一的版本号，版本号可以根据时间戳、递增数字或者语义化版本控制（如 1.0.1）来命名，然后需要在服务器上维护一个版本信息文件，记录每个资源包的当前版本号和下载网址，插件在使用时都会先下载这个版本信息文件，然后和本地缓存的版本信息文件进行对比，若有更新，则会下载对应的资源包并更新本地缓存的信息文件。

2.2.3 数据处理

在进行 Unity 插件开发时，数据处理是一个核心环节，尤其是当插件功能依赖于游戏运行时数据或编辑器数据的时候。正确地处理数据不仅可以提升插件性能，还能提高用户使用体验。例如插件频繁访问某些数据，如果每次都从硬盘或者网络加载，则将会导致频繁 IO 操作，从而影响性能或者占据网络带宽，因此对数据系统地进行分析，并找到合理的处理办法是非常重要的。以下是在 Unity 插件开发中，数据处理方面需要考虑的一些关键问题。

1. 数据收集

首先需要明确数据需求，明白需要收集哪些数据，这些数据如何支持插件的功能？确认了这些就相当于知道了要收集的数据方向，然后实现数据监听，通过数据监听获取这些数据。数据监听可以利用 Unity 的事件系统、消息传递机制或者轮询机制来收集游戏运行时的数据和编辑器的操作数据。最后就是通过用户输入获取数据，如果插件有 UI 界面交互，则需要捕获合理的用户输入数据，确保输入数据的有效性和安全性。数据收集如图 2-13 所示。

2. 数据验证

由于数据可能被篡改或者涉及敏感信息，因此需要进数据验证，主要从两个方向考虑。一是对用户输入的数据进行验证，防止无效或恶意数据影响插件运行。二是对数据的完整性进行检查，确保收集的数据是完整的，特别是在处理来自网络的数据时，要有错误处理机制来应对数据不完整的情况。数据验证如图 2-14 所示。

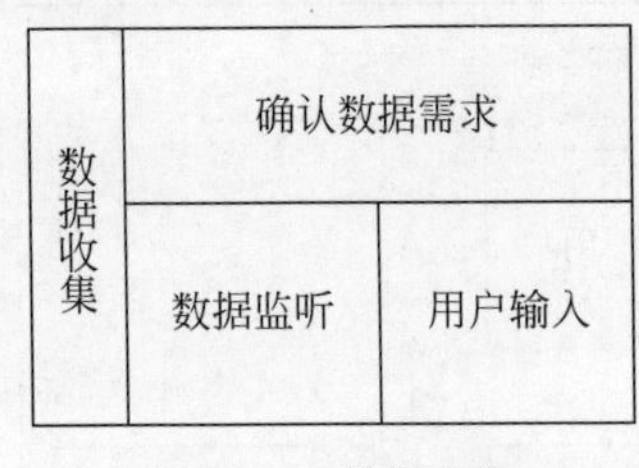

图 2-13 数据收集

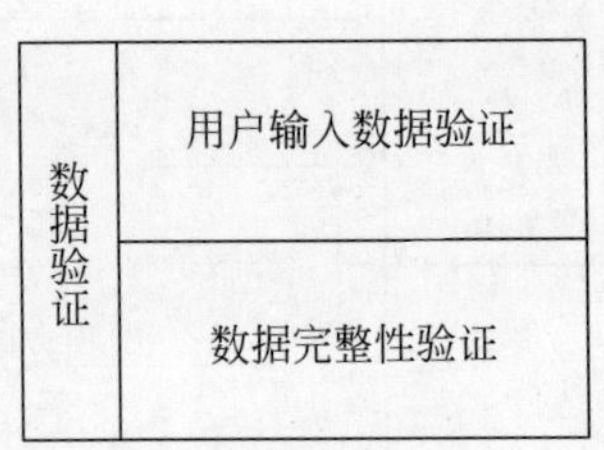

图 2-14 数据验证

3. 数据处理与转换

有的插件可能只对局部数据感兴趣，例如对模型优化的插件，可能只对模型面数大于 3000 的进行记录，这就需要对数据进行过滤和排序。通常根据插件的功能需求来对数据进行过滤、排序等操作，以便提取有价值的信息。另一种就是需要对原始数据进行数据转换操作，常见的就是 JSON 数据与 C# 对象的互相转换。最后，如果插件涉及对大量数据进行处理，例如采集运动中的对象坐标和方向数据，然后将数据传输给另一个对象进行运动还原，这时如果要减少数据量的同时最大化还原运动就需要对数据处理算法进行优化，通常目标是以减少数据处理所需的事件和资源消耗为目标。数据处理与转换如图 2-15 所示。

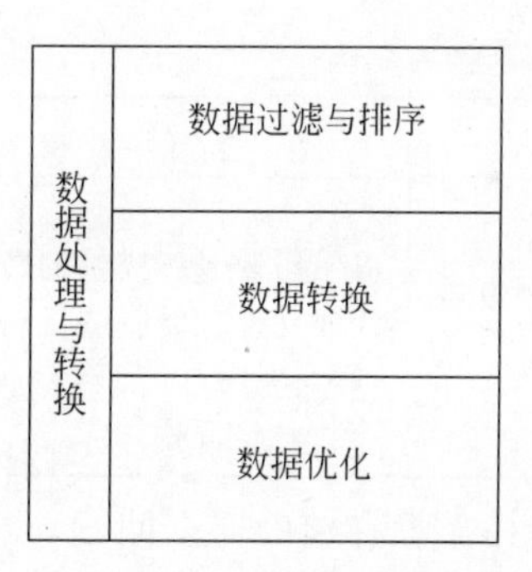

图 2-15 数据处理与转换

4. 数据持久化

在 Unity 项目开发中，数据持久化有多种方式，选择合适的存储方式有助于提升用户体验和性能。如果是简单的数据持久化需求，存储量也很小，例如用户设置或轻量级的进度缓存，则可以使用 Unity 内置的 PlayerPrefs 类，这是一种简单的键值存储方式。如果需要保存复杂的数据结构，则可以通过将数据序列化为 JSON 或 XML 格式，将数据存储在文件系统中，Unity 提供了内置的 JsonUtility 工具。如果要存储结构化数据，这些数据有复杂的查询关系，则可以选择关系数据库，例如 SQLite 和 MySQL。如果要存储非结构化数据和大量数据，则可以选择非关系数据库，例如 MongoDB 和 Firebase。如果存储跨平台数据或者在不同设备同步数据，则可以使用云存储，但在使用云存储时由于数据可能暴露在第三方，因此安全性尤其重要，可以对数据进行加密处理后再存储。数据持久化几种常用存储方式对比如表 2-1 所示。

表 2-1 常用存储方式对比

存储方式	适用场景	特 点	优缺点
PlayerPrefs	存储简单、小量数据，例如偏好设置，以及音量大小等	简单，易操作	优点：简单易用； 缺点：安全性低、易篡改；存储过多数据会影响性能；只支持 int、float 和 string 共 3 种类型
文件存储	存储复杂数据结构、需要文件形式的存储方式	以文件形式存储	优点：灵活性高，可存储数据型数据结构；易导入导出 缺点：需要文件读写权限；安全性依赖于文件的加密保护措施
数据库	存储结构化数据和复杂查询或非结构化数据、大量数据	可选择数据库较多，关系数据库、非关系数据库、轻量级数据等	优点：支持 SQL 查询，灵活性和扩展性强；相对较高的数据安全 缺点：实现复杂度高；需要数据库知识

续表

存储方式	适用场景	特　点	优 缺 点
云存储	存储跨平台数据、多设备之间需要同步数据	可使用云服务提供的数据库或文件存储服务进行数据存储	优点：数据可在多设备间同步；服务商提供良好的数据安全和备份措施 缺点：依赖网络连接；可能涉及服务费用；数据安全考虑

选择好存储方式后就需要考虑数据存储的安全问题，尤其是要对敏感的数据进行加密后存储。数据存储如图 2-16 所示。

5. 数据展示

通常数据通过 UI 展示，这可以通过设计直观易懂的 UI 来展示数据，提供良好的用户体验。对于复杂数据，通过图表、统计图等方式进行数据可视化展示，也可以帮助用户更好地理解数据。最后还有一种就是在 Unity 编辑器扩展中通过自定义编辑器窗口、控件等，将数据管理和展示融入 Unity 编辑器环境。数据展示如图 2-17 所示。

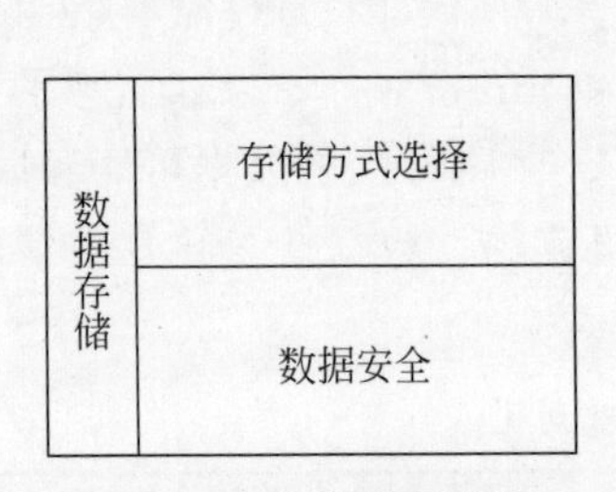

图 2-16　数据存储

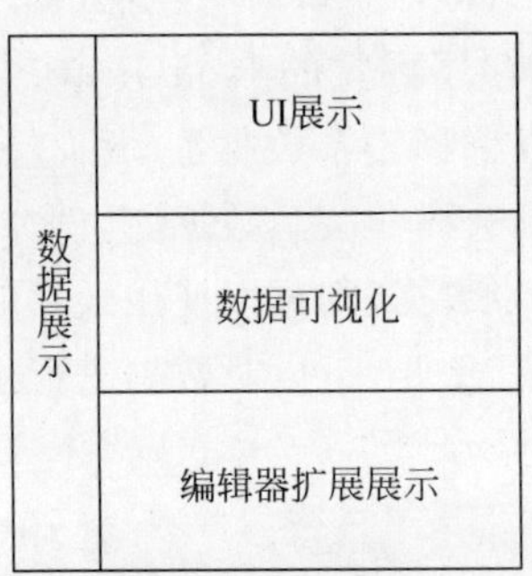

图 2-17　数据展示

6. 数据同步

如果插件涉及网络功能，则需要考虑数据在本地与服务器之间的同步机制。例如资源管理中资源更新的版本信息，通常便是在本地建立缓存，每次请求服务器的最新资源版本信息与本地缓存信息进行对比后更新本地缓存。还有一些是支持离线编辑的插件，在联网后将离线编辑的数据信息同步到服务器端进行更新。尤其需要注意的是，在多人协作的项目中，需要考虑数据的版本控制，避免数据冲突，通常文本数据建议通过 Git 或者 SVN 等直接管理即可，内存中或者网络上的数据，要么按时间先后顺序进行选取，要么在前端或者后端通过一定的规则对数据进行整合或者剔除等处理。数据同步如图 2-18 所示。

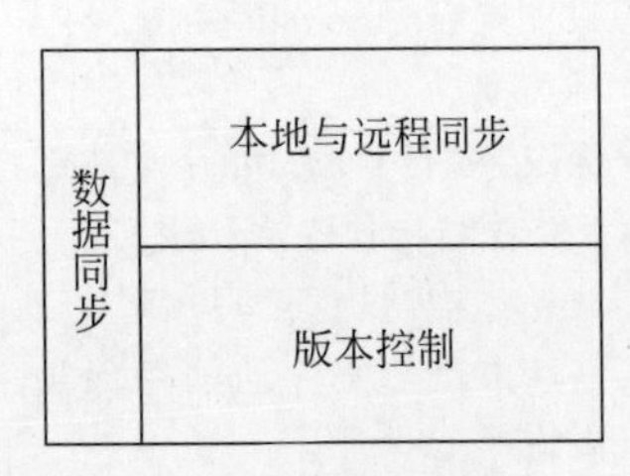

图 2-18　数据同步

2.2.4 操作和交互

Unity 插件开发大多需要对操作和交互有一些简单设计，主要体现在对用户输入信息的接收、用户操作的反馈机制和易于扩展，如图 2-19 所示。

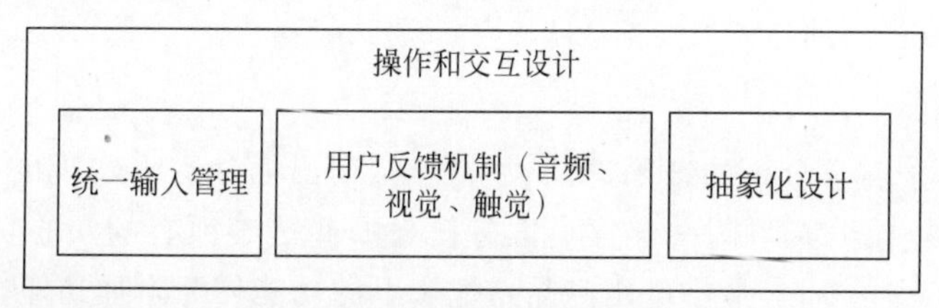

图 2-19 操作和交互设计

1. 统一输入管理

用户输入通常被设计为一个统一输入管理，用来处理不同输入设备的数据，使在不同设备间可以流畅地进行切换。这可以借鉴或者直接使用 Unity InputSystem 插件，这是 Unity 提供的一种全新的输入系统，用于管理和处理用户输入，它通过灵活的配置来满足不同游戏的需求和通过统一的输入管理来处理不同平台、不同的设备输入。

2. 用户反馈机制

用户反馈机制在开发中最常用的就是音频反馈，对用户操作给予音频效果可以增强交互体验，例如常见的 UI 界面的按钮等在悬浮和单击事件触发的同时播放不同的音效。还有一种使用率也比较高的是视觉反馈，往往通过改变目标对象的颜色、形状或者播放动画等方式提供即时的视觉反馈，这也常用在按钮功能上，对不同的事件响应用不同的颜色和动画来增强视觉效果。最后需要介绍触觉反馈，这种方式在 Unity 插件中比较少见，通常应用在开发第三方带有触觉反馈设备的扩展插件中，一般第三方会提供可扩展的 SDK 进行调用。

3. 抽象化设计

对操作和交互的架构设计方面需要考虑到模块化设计、可重用性和可扩展性。需要将不同的功能分离成独立的模块，例如前面提到的统一输入管理就符合模块化的设计。在事件的监听和触发上也可以通过组件抽象化来提高代码的可重用性和可扩展性，例如 Unity 提供的 EventSystems 中的 IPointerClickHandler、IPointerEnterHandler、IPointerExitHandler 等就符合这个特点。

2.2.5 功能设计

Unity 插件可以看成一个运行在 Unity 引擎上的特殊的“运行程序 ”，因此对插件的功能设计和对应用程序的功能设计是一致的。功能设计流程如图 2-20 所示。

1. 需求分析

首先，需要进行需求分析，明确插件的目标用户和他们的需求，并且需要调研现有的解

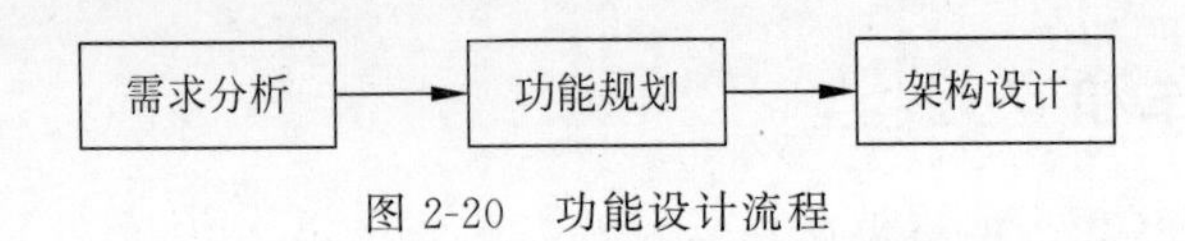

图 2-20 功能设计流程

决方案，了解市场上是否已有类似功能的插件，并明确待开发的插件相比之下可以提供什么独特的价值或者改进的地方。

2. 功能规划

其次，需要基于需求分析的结果进行功能规划，列出插件需要实现的核心功能列表，然后对这些功能按优先级进行排序，排序后区分出来哪些是必须有的核心功能，也就是 MVP（Minimum Viable Product，最小可用产品），把剩下的功能作为附加功能在后续版本中逐步迭代。

3. 架构设计

接下来便需要将插件当成一个应用软件进行架构设计。软件构架思维方式有很多，常见的有分层架构思维、事件驱动架构思维、微服务架构思维、领域驱动设计（DDD）思维和服务导向架构（SOA）思维等，每种架构思维都有不同的设计目标和原则。分层架构思维将被系统地划分为若干层次，每层提供不同的服务级别，使每层都只与其上一层或下一层通信，这种模式可以降低系统的复杂性。事件驱动架构思维将系统组件或模块之间通过事件进行交互，侧重于事件的产生、传递、处理和响应，适用于高度响应的系统。微服务架构思维将单一的功能划分为一个独立的服务，每个服务都运行在独立的进程中，也可以将多个独立的服务作为一个集群运行，每个服务之间通过轻量级通信机制进行交互，例如使用 HTTP 协议，这种方式常用于服务器端程序的开发，独立性和拓展性较强，在插件开发中使用概率不太高，这里仅了解即可。领域驱动设计思维关注核心业务领域和业务领域逻辑，通过领域模型来指导软件的设计和开发，这种方式促进了业务逻辑与技术实现的紧密结合。服务导向架构思维是将应用程序组件化为独立的服务，这些服务定义了良好的接口和契约，服务之间可以在不同的平台上独立开发、部署和维护，重视服务的可复用性。

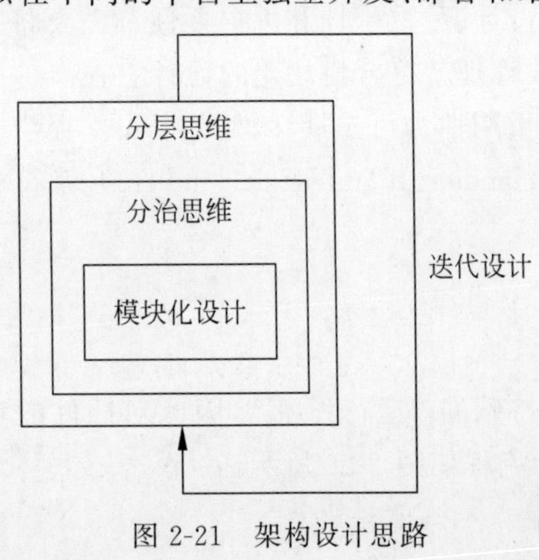

图 2-21 架构设计思路

这里虽然介绍了多种软件架构思维，但是在 Unity 插件开发中由于插件更像一个单体应用，因此很多方式不太合适。本节将为插件开发提供一种设计方式，如图 2-21 所示。通过分层思维划分插件系统的层次，然后在每层采用模块化设计，每个模块负责一个具体的功能，模块在实现时需要考虑模块之间的依赖和通信机制，确保符合低耦合高内聚的特性，这其实是一种分治的设计策略。最后就是迭代设计，插件可以根据排列出优先级的功能列表进行版本迭代，逐步演进为最终的目标插件。

2.2.6　调试和日志

在 Unity 插件开发中，有效的调试和日志记录对于识别和解决问题至关重要，对用户来讲也是快速理解插件功能的重要方法。如果插件自身具备复杂的业务需求和逻辑处理，则合理运行日志系统将会为插件的使用带来便利。Unity 引擎自身提供的日志系统是一个丰富的工具，它允许开发者在开发和测试过程中跟踪游戏或应用的行为。它自身对日志提供了多个日志级别，包括 Log、Warning、Error 和 Exception，这些级别允许开发根据需要输出不同严重性的日志信息。另外 Unity 的日志主要被输出到编辑器控制台窗口，同时日志也会记录在临时文件里，通过调用接口 Application. persistentDataPath 可以找到不同操作系统的日志文件目录，日志名为 Player. log 和 Player-prev. log，分别表示 Unity 项目当前运行程序的日志和上次运行的日志，除此之外没有其他时间的日志。而且 Unity 的日志支持堆栈跟踪，在编辑器的控制窗口还提供了根据标签筛选日志等很多实用的功能。Unity 的日志窗口可以通过 Window→General→Console 打开，整个窗口由工具栏、功能菜单项、日志显示区域和选中日志详情区域几部分组成，如图 2-22 所示。

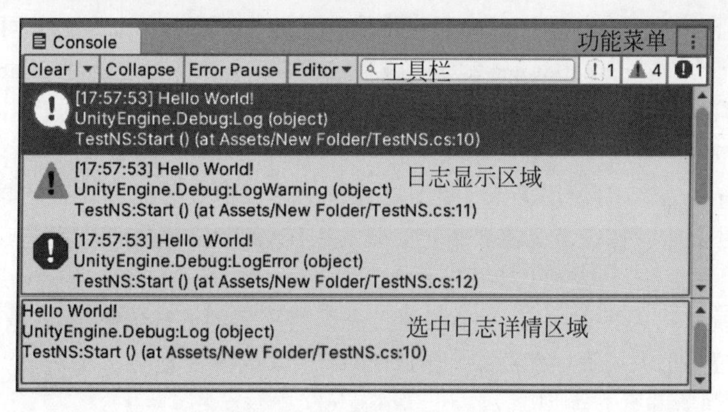

图 2-22　Unity Console 窗口

工具栏左侧的 Clear 表示清理日志，下展会有 3 个选项，Clear on Play 表示在进入播放模式时会清掉已显示的日志，Clear on Build 表示打包工程时会清掉已显示的日志，Clear on Recompile 表示重新编译工程时会清掉已显示的日志。Collapse 工具表示是否折叠相同的日志，激活后，当有重复日志时会在日志项后方显示重复的条数。Error Pause 表示一旦遭遇错误日志是否暂停程序的运行。Editor 工具是用于连接远程设备上运行的开发构建的选项，能在控制台显示它们的 Player 日志。再向右就是搜索栏，可以从已显示的日志中搜索任意字符。最右侧的 3 个按钮分别表示是否屏蔽普通日志、警告日志和错误日志，被屏蔽的日志级别将不会在日志显示区域呈现。

日志显示区域主要用于显示打印的日志，但是显示的内容和格式其实可以在功能菜单进行设置。在这里选中任意一条日志都可以在下方的选中日志详情区域显示日志的细节，包括堆栈信息，可以便于排查代码。

功能菜单区域除了保护窗体的基本设置外还有一些个性化的配置内容，如图 2-23 所示。

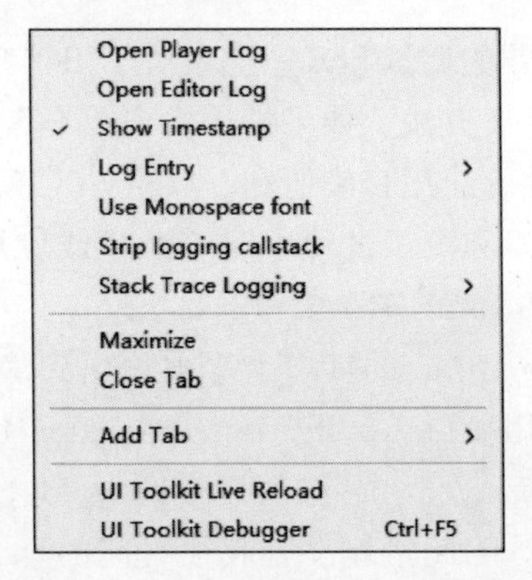

图 2-23 Unity Console 窗口配置菜单

在这里可以直接打开当前工程的编辑器运行日志和项目运行日志。Show Timestamp 用来控制日志是否需要显示时间戳。Log Entry 用来控制每条日志显示多少行，当堆栈深度较小时可以直接在日志显示区域显示全堆栈信息。Use Monospace font 可以改变日志显示的字体。Strip logging callstack 表示隐藏某堆栈信息，需要配合属性 HideInCallstack 来使用，此功能不常用，了解即可。Stack Trace Logging 表示各种级别的日志是否显示堆栈信息。

在开发 Unity 插件时使用 Unity 的日志系统大多数情况已经可以满足调试和排查日志的需求了，但是依然有特殊情况需要自定义日志系统，例如需要将日志记录成文件或者选择性地把日志存入文件。这时可以通过监听 Application. logMessageReceived 来捕获使用 Unity 日志系统打出的日志内容，本节将通过一个实用案例进行讲解。

【案例 2-7】 将应用程序每次启动的日志都可以选择性地存入文件，每条写入文件的日志都包括时间戳和日志类型。

首先创建一个日志系统类 LogSystem，并实现静态构造方法，以便直接使用时生成类对象，然后新建一个属性变量 Active，在 set 方法中根据设置的布尔值 0 对 Application. logMessageReceived 进行增加监听方法和卸载监听方法，核心代码如下：

```
//第 2 章 //LogSystem.cs

public class LogSystem
{
    static LogSystem()
    {
        if (!Directory.Exists(logPath))
        {
            Directory.CreateDirectory(logPath);
        }
```

```
        logFilePath = logPath + string.Format(logFileName, DateTime.Now.ToString("yyyy-MM-dd HH_mm_ss"));
    }

    //处理日志
    private static void OnLogMessageReceived(string logString, string stackTrace, LogType type)
    {
        string timeStamp = DateTime.Now.ToString("yyyy-MM-dd HH:mm:ss");
        string message = string.Format("[{0}] [{1}] {2}", timeStamp, type.ToString(), logString);

        using (StreamWriter writer = new StreamWriter(logFilePath, true, Encoding.UTF8))
        {
            writer.WriteLine(message);
        }
    }

    //<summary>
    //是否激活日志系统
    //</summary>
    public static bool Active
    {
        set
        {
            if(value)
            {
                Application.logMessageReceived += OnLogMessageReceived;
            }
            else
            {
                Application.logMessageReceived -= OnLogMessageReceived;
            }
        }

    }
}
```

LogSystem 的使用也很简单，如果要将日志写入文件，则调用 LogSystem.Active=true 后使用 Unity 内置的日志 API 打印日志即可，如果日志不需要写入，则直接设置 LogSystem.Active=false 关闭这个扩展的日志系统，代码如下：

```
//第 2 章 //Script_2_2_6.cs

//激活扩展的日志系统
LogSystem.Active = true;
```

```
Debug.Log("Hello LogSystem!");
Debug.LogWarning("Hello LogSystem!");
//关闭扩展的日志系统
LogSystem.Active = false;
Debug.Log("Hello Debugger!");
Debug.LogWarning("Hello Debugger!");
//激活扩展的日志系统
LogSystem.Active = true;
Debug.Log("Hello LogSystem again!");
Debug.LogWarning("Hello LogSystem again!");
//关闭扩展的日志系统
LogSystem.Active = false;
Debug.LogWarning("Hello Debugger again!");
Debug.LogWarning("Hello Debugger again!");
```

此案例文本输出和编辑器日志窗口输出内容如图 2-24 所示。

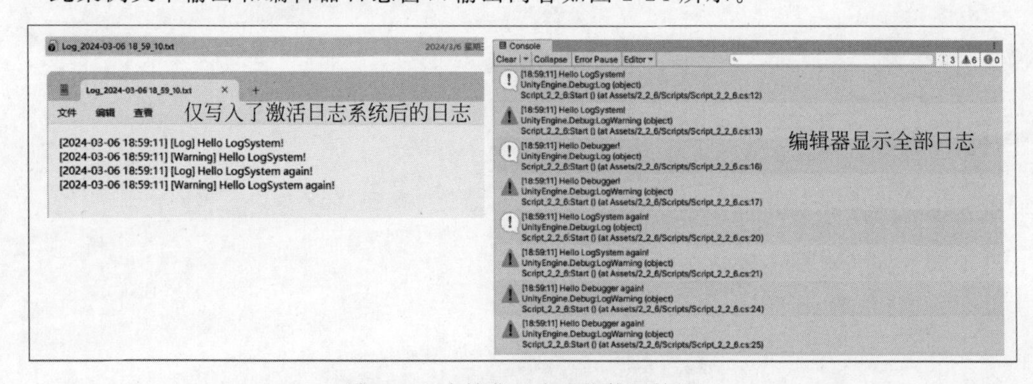

图 2-24 个性化日志系统使用效果

需要注意的是，当 Unity 的日志打印频繁且数量众多时会导致性能降低问题，因此，在 Unity 插件的开发中，发布前需要检查日志输出的地方，避免不可控的日志。

2.2.7 文档和帮助

Unity 插件作为一个为开发者提供服务的第三方能力，创建详尽的文档和帮助文件有助于用户更好地理解和使用插件，还能减少因缺乏信息而产生的支持请求。通常为插件提供的文档和帮助内容需要包括快速入门指南、详细适用说明、API 参考、常见问题解答(FAQ)、更新日志等部分，其中快速入门指南需要提供一个简单扼要的指南，例如插件需要的环境配置、基本设置和一个简单的使用示例，这些可以帮助用户快速上手。详细使用说明应该对插件的所有功能模块进行详细介绍，尽可能地以图文形式或者配套的视频演示形式进行阐述。API 参考是对所有公开的 API 进行详细说明，包括参数、返回值、异常情况和调用示例。常见问题解答在刚开始的版本可以预估使用者可能遇见的问题和解决方案，而在插件发布后可以根据用户的反馈进行更新。更新日志则是插件更新迭代过程中的记录，每个版本发布后都应该记录当前版本更新了哪些功能，修复了哪些问题。这几部分内容不是都需要囊括的，开发者完全可以根据插件规模和类别酌情选择。

上述内容只要任意存在其一，就需要使用文件进行存储。存储的方式有在线和离线之分。如果是在线文档，则可以利用 GitHub Pages 或者个人网站等进行创建和更新，这样可以确保用户始终看到的是最新的文档，或者可以创建不同版本对应的不同文档。离线文档则随着 Unity 插件的每个版本包体附带，通常可以是 PDF 文档或者 Markdown 文件，这些文件格式都有对应的软件，可以编辑内容和打开阅读。除此之外，其实还有另一种可以使用的文档就是视频，视频作为帮助文档在 GitHub 上已经有很多开源项目在使用，它们可以更直观、更快速地让用户抓住插件的特色和使用方法。

第 3 章

CHAPTER 3

Unity3D 插件高级功能实现

3.1 插件的通信与协作

当 Unity 插件的需求实现起来比较复杂，或者模块之间存在依赖，抑或插件和插件之间存在引用等现象时，这时为了降低代码耦合度，开发出高质量、易扩展和易维护的插件，就可以采用通信与协作技术来解决上述问题。

3.1.1 共享数据

共享数据的本质是想办法让不同模块或者插件能从同一个地方读写数据，比较常见的实现方式有以下几种。

采用静态和全局变量的方式，这种方式是内存实现极其简单，只需提供一个静态类或者在全局声明一个数据读写对象，但是如果过度地使用这种方式，则可能会导致代码难以维护和理解。

采用本机缓存的方式主要是解决本机插件不同功能模块之间共享数据的问题。可以参考表 2-1 进行选择，即以文件形式存入持久化目录还是采用 PlayerPrefs 形式进行缓存。本节内容在共享数据时如果以文件的方式，则需要考虑文件的大小，太大的文件必然会影响共享的速度。另外，在采用 PlayerPrefs 形式时，在不同平台存储位置也是不一样的，如表 3-1 所示。

表 3-1 PlayerPrefs 不同平台存储位置

平　台	存储位置
Windows	存储在注册表中，可以通过注册表编辑器访问，路径是：HKCU/Software/[公司名称]/[产品名称]/键名
macOS	存储在/Users/用户名/Library/Preferences/文件夹中，其中包含一个名为“unity.[公司名称].[产品名称].plist”的文件
Linux	存储在用户的主目录中的“～/.config/unity3d/[公司名称]/[产品名称]/prefs”文件中

续表

平　　台	存 储 位 置
Android	存储在应用的数据目录中，通常是"/data/包名/shared_prefs/"文件夹中的一个 XML 文件
iOS	存储在应用的沙盒中的"Library/Preferences"目录中，文件名是"unity.[公司名称].[产品名称].plist"
WebGL	存储在浏览器的本地存储中，可以通过浏览器开发工具进行访问

采用数据库的方式，这种方式主要是解决存储数据比较复杂的情况，可以在插件的不同模块之间或者插件与插件之间共享数据时使用，有离线数据库和在线数据库的区别，可以参考表 3-1 的数据库适用场景选择不同的数据库。

采用服务器桥接方式，这种方式需要后端开发者的参与，不直接访问数据库，而是通过网络协议向后端发送读写请求，通过后端程序来完成数据的读写操作。后端程序通常会通过搭建服务器，在服务器搭建数据库进行存储。此方式可以让客户端读写简单，通常一个 API 就可以完成，但是需要后端程序的支持。

3.1.2 事件系统

事件系统是一种非常实用的通信机制，它允许不同的组件或模块之间不必直接引用对方，仅通过事件系统就可以进行松耦合通信。也可以通过在不影响其他部分代码的情况下，只通过添加新的事件处理逻辑就可以完成扩展操作。由于事件系统的核心思想是发布-订阅(Publish-Subscribe)模式，即当某个事件发生时，所有订阅了该事件的对象都会被通知，这种模式让通信关系变得比较清晰，也有助于代码的维护和调试。以上几点让插件自身的模块之间或者插件与插件之间的通信都变得可靠。

Unity 自身提供了一个事件系统，可以通过 C# 的事件(Events)和委托(Delegate)实现，但是，对于更复杂的需求开发，可能需要一个更加灵活和强大的事件管理器。这时，开发者可以创建自己的事件系统，或者使用现成的事件管理库，如 UniRx、EventSystem 等。

由于本书针对 Unity 插件开发，因此一般不会引用第三方的事件管理系统，本节将提供一个简易的事件管理器案例，并以此进行讲解。

【案例 3-1】 简易事件管理器。

首先，创建一个基础的事件类，用来作为所有特定事件的基类，这个类可以包含用来通信的数据字段定义，这里简单定义为用事件名称来描述事件，代码如下：

```
//第 3 章 //MsgData.cs

//<summary>
//事件消息数据基类
//</summary>
public class MsgData : EventArgs
{
}
```

然后创建一个事件管理类，用来存储订阅的事件和提供订阅事件、取消订阅和发布事件3种方法，这里使用委托 Action 实现通信功能（读者可修改代码基于事件实现一个版本），代码如下：

```
//第3章 //EventManager.cs

//<summary>
//事件管理器
//</summary>
public class EventManager : MonoSingleton<EventManager>
{
    //存储订阅的事件
    private Dictionary<string, List<Action<MsgData>>> eventDict = new Dictionary
<string, List<Action<MsgData>>>();

    //<summary>
    //订阅事件
    //</summary>
    //<param name = "eventName"></param>
    //<param name = "listener"></param>
    public void Subscribe(string eventName, Action<MsgData> listener)
    {
        if (!eventDict.ContainsKey(eventName))
        {
            eventDict[eventName] = new List<Action<MsgData>>();
        }
        eventDict[eventName].Add(listener);
    }

    //<summary>
    //取消订阅
    //</summary>
    //<param name = "eventName"></param>
    //<param name = "listener"></param>
    public void Unsubscribe(string eventName, Action<MsgData> listener)
    {
        if (eventDict.ContainsKey(eventName))
        {
            eventDict[eventName].Remove(listener);
        }
    }

    //<summary>
    //发布事件
```

```
        //</summary>
        //<param name="eventName"></param>
        //<param name="gameEvent"></param>
        public void FireEvent(string eventName, MsgData gameEvent)
        {
            if (eventDict.ContainsKey(eventName))
            {
                foreach (var listener in eventDict[eventName])
                {
                    listener?.Invoke(gameEvent);
                }
            }
        }
    }
```

以上完成了一个简易的事件系统，使用方式也很简单。首先需要继承 MsgData 类定义一个具体的事件，然后事件接收方订阅此事件，事件发起方发布此事件即可完成，代码如下：

```
//第 3 章 //Script_3_1_2.cs

//定义事件
public class StartEventData : MsgData
{
    //要传输的内容
    public string StartupParams { get; private set; }

    public StartEventData(string startupParams)
    {
        StartupParams = startupParams;
    }
}

void Start()
{
    //订阅事件
    EventManager.Instance.Subscribe("StartEvent", OnStartEvent);
}

//<summary>
//订阅事件的处理逻辑
//</summary>
//<param name="msg"></param>
private void OnStartEvent(MsgData msg)
{
```

```
        StartEventData data = (StartEventData)msg;
        if (data != null)
        {
            Debug.Log( $"已收到事件,内容是:{data.StartupParams}");
        }
    }

    private void OnGUI()
    {
        //事件发起方
        if (GUILayout.Button("模拟事件发起方"))
        {
            EventManager.Instance.FireEvent("StartEvent", new StartEventData("我是启动参数数
据流"));
        }
    }
```

当单击按钮时,StartEvent 事件便会被触发,然后 OnStartEvent 函数便会被执行。

3.1.3 消息队列

消息队列也是一种使用频率较高的通信机制,有同步消息和异步消息之分,同步消息因为消息的处理逻辑在主线程上执行,当消息处理逻辑较为复杂或者耗时较长时就会阻塞主线程,这会导致程序的更新和渲染等关键操作无法及时执行,进而引起画面卡顿或者帧率下降,而异步消息将消息处理逻辑放在多线程或者协程中实现,可以有效地避免这种阻塞现象。本节将通过协程实现异步消息队列。这里需要阐述协程的工作方式,协程是一种用户级别的轻量级线程,但是它不是真正操作系统的线程,而是在 Unity 的执行循环中被调度和管理的一种机制。该机制是通过 yield 关键字来挂起和恢复执行的,当协程执行到 yield 语句时,它会暂停当前的执行,然后将控制权交还给 Unity 的事件循环,再在每帧结束后去检查 yield 条件是否满足,如果满足就会继续执行协程;如果不满足则在下一帧后再检测 yield 条件。它的这个过程是协作式的挂起,不是抢占式的中断,因此协程可以在不阻塞主线程的情况下执行长时间的操作。

【案例 3-2】 基于同步,异步线程和异步协程分别实现消息队列通信。

首先,定义消息对象,用来描述消息类型和消息内容,也可以自定义添加其他的属性字段,代码如下:

```
//第 3 章 //Message.cs

//< summary >
//消息
//</summary >
public class Message
```

```
{
    //消息类型
    public string Type { get; private set; }
    //消息内容
    public string Content { get; private set; }

    public Message(string type, string content)
    {
        Type = type;
        Content = content;
    }
}
```

然后以同步机制为例实现消息管理器。需要定义一个消息队列,用来存储消息,再定义一个字典,用来对存储的消息进行事件绑定,然后对外提供发送消息、订阅消息和取消订阅3种方法。最后,实现如何分发消息,这也是同步和异步的区别所在,基于同步机制实现的消息管理,代码如下:

```
//第3章 //MessageManager_Normal.cs

//同步机制消息管理器
public class MessageManager_Normal : MonoSingleton<MessageManager_Normal>
{
    //消息队列
    private Queue<Message> messageQueue = new Queue<Message>();
    //为消息绑定事件
    private Dictionary<string, Action<Message>> listeners = new Dictionary<string,
Action<Message>>();

    //<summary>
    //发送消息
    //</summary>
    //<param name = "message"></param>
    public void Send(Message message)
    {
        messageQueue.Enqueue(message);
    }

    //<summary>
    //订阅消息
    //</summary>
    //<param name = "messageType"></param>
    //<param name = "listener"></param>
    public void Subscribe(string messageType, Action<Message> listener)
```

```
        {
            if (!listeners.ContainsKey(messageType))
            {
                listeners[messageType] = listener;
            }
            else
            {
                listeners[messageType] += listener;
            }
        }

        //<summary>
        //取消订阅
        //</summary>
        //<param name = "messageType"></param>
        //<param name = "listener"></param>
        public void Unsubscribe(string messageType, Action<Message> listener)
        {
            if (listeners.ContainsKey(messageType))
            {
                listeners[messageType] -= listener;
            }
        }

        void Update()
        {
            //消息出队,并执行消息绑定的事件
            if(messageQueue.Count > 0)
            {
                var message = messageQueue.Dequeue();
                if (message != null && listeners.ContainsKey(message.Type))
                {
                    listeners[message.Type]?.Invoke(message);
                }
            }

        }
}
```

然后实现基于多线程的消息管理类,它也是一个单例类,但不用继承自 MonoBehaviour,只需将以上代码修改两处。第 1 处是将 Update 的方法换成异步线程执行方法。第 2 处是为发送消息函数体增加一个调用异步线程方法,核心代码如下:

```
//第 3 章 //MessageManager_Task.cs

//< summary >
//发送消息
//</summary >
//< param name = "message"></param >
public void Send(Message message)
{
    messageQueue.Enqueue(message);
    ProcessMessagesAsync();
}

//< summary >
//消息出队,并执行消息绑定的事件
//</summary >
private async void ProcessMessagesAsync()
{
    await Task.Run(() =>
    {
        var message = messageQueue.Dequeue();
        if (message != null && listeners.ContainsKey(message.Type))
        {
            Task.Run(() => listeners[message.Type]?.Invoke(message));
        }
    });
}
```

最后基于协程的消息管理类大同小异,因为用协程,因此也是基于 MonoBehaviour 的单例类,并且也只需修改以上两部分。第 1 处将 Update 换成协程方法。第 2 处是为发送消息函数体增加一个调用协程的方法,核心代码如下:

```
//第 3 章 //MessageManager_Coroutine.cs

//< summary >
//发送消息
//</summary >
//< param name = "message"></param >
public void Send(Message message)
{
    messageQueue.Enqueue(message);
    StartCoroutine(ProcessMessagesCoroutine());
}

//< summary >
```

```
    //消息出队,并执行消息绑定的事件
    //</summary>
    //<returns></returns>
    private IEnumerator ProcessMessagesCoroutine()
    {
        while (messageQueue.Count > 0)
        {
            var message = messageQueue.Dequeue();
            if (message != null && listeners.ContainsKey(message.Type))
            {
                listeners[message.Type]?.Invoke(message);
            }
            yield return null;
        }
    }
```

如此,便完成了3种方式实现的消息队列通信机制。使用方法也非常简单,这里使用OnGUI的按钮来模拟3种方式的消息发送,然后分别监听这3种方式的消息即可,代码如下:

```
//第3章 //Script_3_1_3.cs

void Start()
{
    //订阅3种机制实现的消息
    MessageManager_Normal.Instance.Subscribe("Greeting", OnHandleGreetingMessage_Normal);
    MessageManager_Task.Instance.Subscribe("Greeting", OnHandleGreetingMessage_Task);
    MessageManager_Coroutine.Instance.Subscribe("Greeting", OnHandleGreetingMessage_Coroutine);
}
private void OnDestroy()
{
    //摧毁时取消订阅3种机制实现的消息
    MessageManager_Normal.Instance.Unsubscribe("Greeting", OnHandleGreetingMessage_Normal);
    MessageManager_Task.Instance.Unsubscribe("Greeting", OnHandleGreetingMessage_Task);
    MessageManager_Coroutine.Instance.Unsubscribe("Greeting", OnHandleGreetingMessage_Coroutine);
}

//基于同步消息的接收方
private void OnHandleGreetingMessage_Normal(Message message)
{
    Debug.Log($"收到打招呼消息[同步]: {message.Content}");
```

```
    }

    //基于异步多线程的接收方
    private void OnHandleGreetingMessage_Task(Message message)
    {
        Debug.Log($"收到打招呼消息[异步-多线程]:{message.Content}");
    }

    //基于异步协程的接收方
    private void OnHandleGreetingMessage_Coroutine(Message message)
    {
        Debug.Log($"收到打招呼消息[异步-协程]:{message.Content}");
    }

    private void OnGUI()
    {
        //模拟同步消息的发起方
        if (GUILayout.Button("模拟发送消息[同步]:打招呼"))
        {
            Message message = new Message("Greeting", "【同步】Hello World!");
            MessageManager_Normal.Instance.Send(message);
        }
        //模拟异步多线程的发起方
        if (GUILayout.Button("模拟发送消息[异步-多线程]:打招呼"))
        {
            Message message = new Message("Greeting", "【异步-多线程】Hello World!");
            MessageManager_Task.Instance.Send(message);
        }
        //模拟异步协程的发起方
        if (GUILayout.Button("模拟发送消息[异步-协程]:打招呼"))
        {
            Message message = new Message("Greeting", "【异步-协程】Hello World!");
            MessageManager_Coroutine.Instance.Send(message);
        }
    }
```

3.1.4 接口和抽象类

接口(Interface)和抽象类(Abstract Class)是两种在面向对象编程中用于实现抽象和多态性的主要方法。它们都提供了一种可以在不同对象之间共享的约定方法,但是不具体实现这种约定,具体的实现是在子类中实现的。这种方法有助于提高代码的可维护性、可扩展性和模块化设计。

接口作为约定方法,只能定义一组没有实现细节的方法或属性,不能被直接实例化,但它允许被多重继承，也就是说一个类可以实现多个接口。继承接口的类需要分别实现每个接口的定义细节，但调用方却不用关心实现细节，直接调用接口方法即可完成通信和协作。

抽象类与接口类似，也不能被直接实例化。不同的是，抽象类可以包含实现代码、抽象方法和属性，但需要注意的是，在C#中不支持多重继承。

可以发现，接口和抽象类与前面提到的消息和事件等通信协作方法不一样，它更适用于在不同模块和插件之间定义一种通信协作协议，然后由各自的子类去实现具体的内容。在Unity插件开发中，这种方式除了用在插件模块高度抽象实现上，也用在插件提供一些可扩展的预留功能上，在插件定义一个接口或者抽象类，然后支持用户对此插件额外地进行扩展。

本节通过一个简单案例讲解接口和抽象类的简单使用。

【案例 3-3】 使用接口和抽象类实现不同模块之间打招呼。

分析这个简单案例的需求可以知道，不同的模块之间都有类似的打招呼行为，只是打招呼的内容可能是不一样的，因此可以通过接口和抽象类分别约束一个打招呼的行为。接口代码如下：

```
//第 3 章 //IGreeting.cs

//打招呼接口
public interface IGreeting
{
    //打招呼次数
    int GreetingCount {get; set;}
    //定义打招呼的行为
    void Greeting();
}
```

抽象类代码如下：

```
//第 3 章 //AbstractGreeting.cs

//打招呼抽象类
public abstract class AbstractGreeting
{
    //打招呼次数
    public abstract int GreetingCount {get;}

    //定义打招呼行为
    public abstract void Greeting();

    //带有具体实现的方法
    public string GetTime()
    {
```

```
            return DateTime.Now.ToString("yyyy - MM - dd HH:mm:ss");
        }

    }
```

然后实现具体的实现类。继承自接口类 IGreeting 的第 1 个派生类 ChineseGreeting，代码如下：

```
//第 3 章 //ChineseGreeting.cs

//打招呼对象
public class ChineseGreeting : IGreeting
{
    //打招呼次数
    public int GreetingCount {get; set;} = 1;

    //<summary>
    //打招呼的具体实现
    //</summary>
    public void Greeting()
    {
        for(int i = 0; i < GreetingCount; i++)
        {
            Debug.Log("您好,欢迎来到中国!");
        }
    }
}
```

继承自接口类 IGreeting 的第 2 个派生类 EnglishGreeting，代码如下：

```
//第 3 章 //EnglishGreeting.cs

//打招呼类对象
public class EnglishGreeting : IGreeting
{
    //设定打招呼次数
    public int GreetingCount {get; set;} = 2;
    //<summary>
    //打招呼的具体实现
    //</summary>
    public void Greeting()
    {
        for (int i = 0; i < GreetingCount; i++)
        {
            Debug.Log("Hello,China!");
        }
    }
}
```

继承自抽象类 AbstractGreeting 的第 1 个派生类 BoyGreeting，代码如下：

```
//第 3 章 //BoyGreeting.cs

//打招呼对象
public class BoyGreeting : AbstractGreeting
{
    //打招呼次数
    public override int GreetingCount => 2;

    //<summary>
    //打招呼具体实现
    //</summary>
    public override void Greeting()
    {
        for (int i = 0; i < GreetingCount; i++)
        {
            Debug.Log($"时间:{GetTime()}] 你好,大美女~~");
        }
    }
}
```

继承自抽象类 AbstractGreeting 的第 2 个派生类 GirlGreeting,代码如下:

```
//第 3 章 //GirlGreeting.cs

//打招呼对象
public class GirlGreeting : AbstractGreeting
{
    //打招呼次数
    public override int GreetingCount => 1;

    //<summary>
    //具体打招呼细节
    //</summary>
    public override void Greeting()
    {
        for (int i = 0; i < GreetingCount; i++)
        {
            Debug.Log($"时间:{GetTime()}] 你好,大帅哥~~");
        }
    }
}
```

从以上代码可以看出,两者的使用非常类似,主要通过约定基类方法进行模块间的通信和协作。对它们的使用只需在适当的模块实例化出派生类对象,然后统一调用 Greeting 方法,具体的实现都在派生类中实现了,代码如下:

```
//第 3 章 //Script_3_1_4.cs

private void OnGUI()
{
    if(GUILayout.Button("功能模块 1 - 中国人打招呼【接口】"))
    {
        IGreeting chinese = new ChineseGreeting();
        chinese.Greeting();
    }

    if (GUILayout.Button("功能模块 2 - 英国人打招呼【接口】"))
    {
        IGreeting english = new EnglishGreeting();
        english.Greeting();
    }

    if (GUILayout.Button("功能模块 3 - 男孩打招呼【抽象类】"))
    {
        AbstractGreeting boys = new BoysGreeting();
        boys.Greeting();
    }

    if (GUILayout.Button("功能模块 4 - 女孩打招呼【抽象类】"))
    {
        AbstractGreeting girls = new GirlGreeting();
        girls.Greeting();
    }
}
```

3.2 插件与 Unity3D 编辑器的集成

当插件本身功能或者局部功能已经完善时，可以再结合 Unity3D 编辑器可扩展的特性，用来快速配置插件模块参数或者测试插件功能等，这样便可以进一步提升插件的使用效率。鉴于本书 1.2 节已经讲解了如何对编辑器进行扩展，本节仅进行补充和完善。

3.2.1 自定义编辑器窗口

编辑器窗口可以给使用者提供一个更聚焦的使用体验，例如 Unity 的 Package Manager 窗口和 Addressables 插件的编辑窗口，但如果一个插件仅通过简单配置和调度 API 就可以提供完整服务，那就没必要再开发一个编辑器窗口了，不提倡过度设计和开发。

但如果要自定义编辑器窗口，这里对主要步骤进行总结，首先新建的类要继承自

EditorWindow 类，其次需要通过 MenuItem 属性添加菜单项。最后，当选中这个菜单项时调用 EditorWindow.GetWindow 方法打开这个窗口。至于窗口上的各种控件布局和行为则通过重写 OnGUI 方法实现。自定义编辑器窗口可以参考本书案例 1-6 中的编辑器登录窗口实现部分，但本节也提供一个示例代码，用于展示一些与之不同的使用方法。

【案例 3-4】 更多的自定义编辑器窗口示例。

本案例将展示搜索组件、对象选择组件、滚动条组件、按钮组件和选择组件按钮的使用，以及如何使用 GUI.skin.FindStyle 获取内置样式的方法（内置样式工具在 1.2.6 节已实现，路径为 PluginDev→获取样式），代码如下：

```
//第 3 章 //PluginDevWindow.cs

public class PluginDevWindow : EditorWindow
{
    //搜索文本
    private string searchString = "";
    //滚动坐标
    private Vector2 scrollPosition = Vector2.zero;
    //选择的对象
    private Object selectedObject;

    private bool[] boolArray = new bool[10];

    [MenuItem("PluginDev/扩展编辑器窗口示例")]
    public static void ShowWindow()
    {
        var window = GetWindow<PluginDevWindow>("编辑器窗口示例");
        window.maxSize = new Vector2(400, 300);
        window.Show();
    }

    void OnGUI()
    {
        //水平布局
        GUILayout.BeginHorizontal("Box");
        GUILayout.Label("这是文本标签", EditorStyles.boldLabel);
        if (GUILayout.Button("这是按钮", GUILayout.Width(100)))
        {
            Debug.Log("单击按钮...");
        }
        GUILayout.EndHorizontal();

        GUILayout.Space(10);                    //设置空行
        GUILayout.BeginHorizontal(GUI.skin.FindStyle("Toolbar"));
```

```
        searchString = GUILayout.TextField(searchString, GUI.skin.FindStyle
("ToolbarSearchTextField"));
        //搜索输入框
        if (GUILayout.Button("这是搜索", GUI.skin.FindStyle("ToolbarSearchCancelButton")))
        {
            searchString = "";
            GUI.FocusControl(null);
        }
        GUILayout.EndHorizontal();

        GUILayout.Space(5);
        GUILayout.BeginHorizontal();
        GUILayout.Label("这是选择对象", GUILayout.Width(50));
        //对象选择框
        selectedObject = EditorGUILayout.ObjectField(selectedObject, typeof(Object), false);
        GUILayout.EndHorizontal();

        GUILayout.Space(5);
        //滚动条视图
        scrollPosition = GUILayout.BeginScrollView(scrollPosition);
        //布局 Toggle
        for (int i = 0; i < 10; i++)
        {
            GUILayout.BeginHorizontal();
            boolArray[i] = GUILayout.Toggle(boolArray[i], $"这是一个单选按钮{i + 1}",
"Radio");
            GUILayout.EndHorizontal();
        }
        GUILayout.EndScrollView();

        GUILayout.Space(10);
        GUILayout.BeginHorizontal();
        if (GUILayout.Button("这是另一个按钮", GUILayout.Height(40)))
        {
            Debug.Log("又单击一个按钮...");
        }
        GUILayout.EndHorizontal();
    }
}
```

3.2.2 自定义快捷键

在 Unity 编辑器中定义快捷键需要通过一种方法来执行逻辑，并且使用属性 MenuItem 来为这种方法定义一个菜单命令及对应的快捷键，但没这么简单，快捷键的设置需要遵循特定的格式才会生效，其中%代表 Ctrl(在 macOS 系统中为 Cmd)；#代表 Shift；& 代表 Alt，而"_"后面直接跟着的字符则表示一个按键。例如，_F1 表示 F1。本节通过一个案例进行讲解。

【案例 3-5】 自定义快捷键操作。

本案例主要说明 4 种快捷键的定义方法，代码如下：

```
//第 3 章 //Script_3_2_2.cs

[MenuItem("PluginDev/快捷键测试[Ctrl + E] %e")]
public static void CtrlAndE()
{
    Debug.Log("Ctrl + E");
}

[MenuItem("PluginDev/快捷键测试[Shift + E] #e")]
public static void ShiftAndE()
{
    Debug.Log("Shift + E");
}

[MenuItem("PluginDev/快捷键测试[Alt + E] &e")]
public static void AltAndE()
{
    Debug.Log("Alt + E");
}

[MenuItem("PluginDev/快捷键测试[E] _e")]
public static void e()
{
    Debug.Log("E");
}
```

3.2.3 自定义回调事件

在 1.2.7 节已经讲解过编辑器回调的一些函数，本节将补充一个可以在代码编译完成后自定义的回调事件。它就是 UnityEditor.Callbacks.DidReloadScripts 属性，此属性允许在 Unity 脚本编译完成后自动执行特定的函数。这个功能特别适合在需要自动刷新资源、更新脚本变量或者初始化脚本时使用。本节通过一个案例讲解如何使用此属性。

【案例 3-6】 在 Unity 编辑器中实现等代码编译完成后查询场景里节点名为 TargetGameObject 的对象，并为此对象查找或添加一个脚本，然后初始化此脚本的变量值。

本案例需要在类里面定义一个静态方法，用来表示待执行的逻辑，并且用属性 UnityEditor.Callbacks.DidReloadScripts 进行约束，代码如下：

```
//第 3 章 //Script_3_2_3.cs

[DidReloadScripts]
private static void OnScriptsReloaded()
{
    GameObject[] allObjects = Object.FindObjectsOfType<GameObject>();
    foreach (var obj in allObjects)
    {
        //查找目标节点
        if (obj.name == "TargetGameObject")
        {
            Script_3_2_3_Instance instance = obj.GetComponent<Script_3_2_3_Instance>();
            if (instance == null)
            {
                //自动添加组件
                instance = obj.AddComponent<Script_3_2_3_Instance>();
                Debug.Log($"已为{obj.name}自动添加了组件 Script_3_2_3_Instance");
            }
            //设置组件的变量的初始值
            instance.Id = "设置为初始化值";
        }
    }
}
```

第 4 章

CHAPTER 4

跨平台插件开发

Unity 引擎跨平台的能力让开发者可以更加专注于游戏本身的开发过程，而 Unity 插件虽然是运行在 Unity 引擎上的程序，但它是否需要具备跨平台能力却取决于插件的跨平台需求。

一些插件可能仅服务于特定平台的特定功能，如操作系统级的调用、特定硬件的接口等，这些插件便不需要具有跨平台能力，而有一些插件，尤其是那些提供游戏开发中常用功能（如输入系统、网络通信、物理效果扩展等）的插件，则可能需要具备跨平台能力，以确保插件能在 Unity 引擎支持的多个平台上运行。

插件的跨平台能力对于提高插件的通用性、扩展性大有裨益。

从开发团队角度看，当插件功能一样时，跨平台插件相比单一平台插件而言，更能维护开发团队品牌的一致性。开发团队也能因为不用针对每个平台都创建一个工程而减少对插件工程管理的复杂度，从而能加快开发过程和降低长期的维护成本，也能更容易地拥有更强的市场竞争力和更广泛的用户群体。

从用户角度看，当插件功能一样时，跨平台插件相比单一平台插件而言，用户可以随时无感知地跨平台使用插件，从而获得一致性体验。

那么如何实现跨平台插件的开发呢？常见的跨平台开发方式有 Unity 内置跨平台 API、封装成库文件、预编译和跨平台 API 检查及插件分层这 4 种方式，如图 4-1 所示。

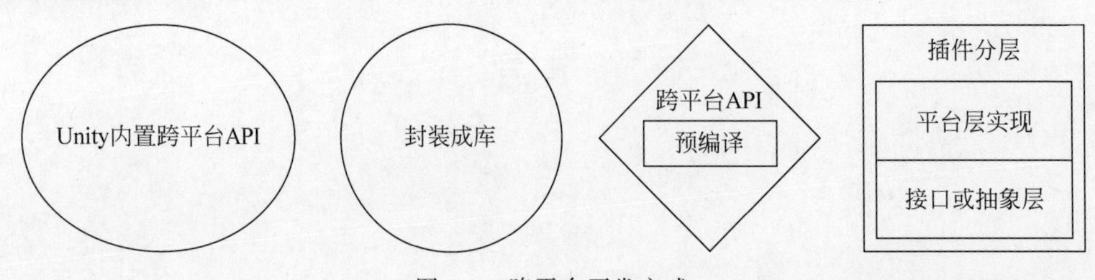

图 4-1　跨平台开发方式

Unity 内置的跨平台 API，由于可以直接在 Unity 开发过程中使用，例如 Input System 插件对用户来讲不需要关注平台差异，只管使用就可以了，因此本章着重讲解其他 3 种开发方式，但需要特别注意的是，这 4 种方式是可以混合使用的，在下面 3 小节将会对此进行讲解。

4.1 封装成库

顾名思义，这是一种将功能封装成不同平台使用的库文件的方式，最后将输出的库文件和插件的其他部分放在一起打包发布。这种方式充分使用了 Unity 插件系统允许开发者为不同的目标平台提供特定实现的特点。要选定插件支持的目标平台分别进行开发。

首先，需要编译对应的库文件。这些库文件可能有多种格式，例如 Windows 系统是 dll 文件，Android 和 Linux 系统是 so 文件，macOS 系统是 dylib 文件，iOS 系统是.framework 文件。这需要在不同的系统上使用合适的原生编程语言编写插件的功能代码，然后使用合适的构建工具（例如 CMake、Visual Studio 等）将原生代码编译为目标平台所需的库文件格式。本节将通过案例讲解如何编译 dll 文件和如何使用这些 dll 文件。

在此之前需要补充说明的是，库文件还有一个重要的作用就是保护代码的隐私性，增加查看源码的难度，但有些反编译软件可以查看库文件源码，因此库文件在发布前可以经过加密或混淆处理，以增加反编译的难度。

【案例 4-1】 封装可以进行加减乘除功能的 dll 文件，然后在 Unity 中使用。

首先，创建一个 C++ 的动态链接库工程（使用 Visual Studio 2022），工程名为 Calculator，然后删除工程里其他预设的文件，仅保留或创建 Calculator.h 和 Calculator.cpp 文件，如图 4-2 所示（库工程在随时工程的 ThirdProjects/Calculator 路径下）。

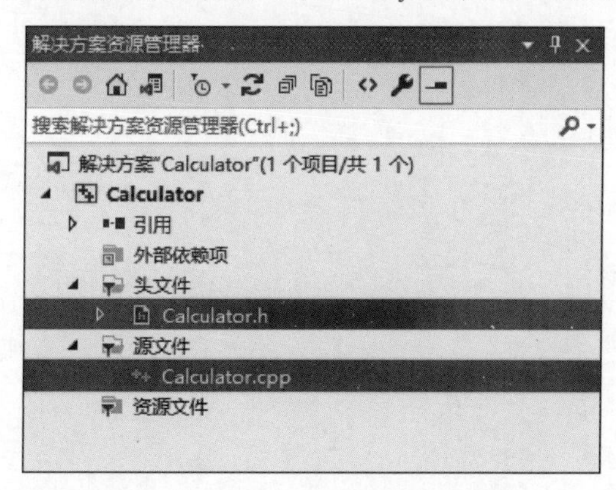

图 4-2　C++动态链接库工程类文件

然后在头文件中需要定义加减乘除 4 种方法。另外，为了确保这几种方法可以在 Unity 中被调用，需要使用 extern "C"指示编译器按照 C 语言的规则进行函数的链接和名称装饰，这不是唯一的方式，但这是常用且最简单的方式，具体的代码如下：

```
//第 4 章 //Calculator.h

#pragma once
```

```
//使用宏定义起个别名
#define _DllExport _declspec(dllexport)

//使用"C"的方式导出函数
extern "C"
{
    float _DllExport Add(float x, float y);
    float _DllExport Reduce(float x, float y);
    float _DllExport Multi(float x, float y);
    float _DllExport Division(float x, float y);
}
```

定义完成后,需要在 Calculator.cpp 文件中实现具体方法,代码如下:

```
//第 4 章 //Calculator.cpp

#include "Calculator.h"
//加法运算
float Add(float x, float y)
{
    return x + y;
}
//减法运算
float Reduce(float x, float y)
{
    return x - y;
}
//乘法运算
float Multi(float x, float y)
{
    return x * y;
}
//除法运算
float Division(float x, float y)
{
    return x / y;
}
```

最后,选择平台为 x64 后进行编译,编译成功后会生成 Calculator.dll 文件。如果编译过程中报错,提示缺失 pch.h 文件,则需要将项目属性页中的预编译头更改为不使用预编译头,如图 4-3 所示。

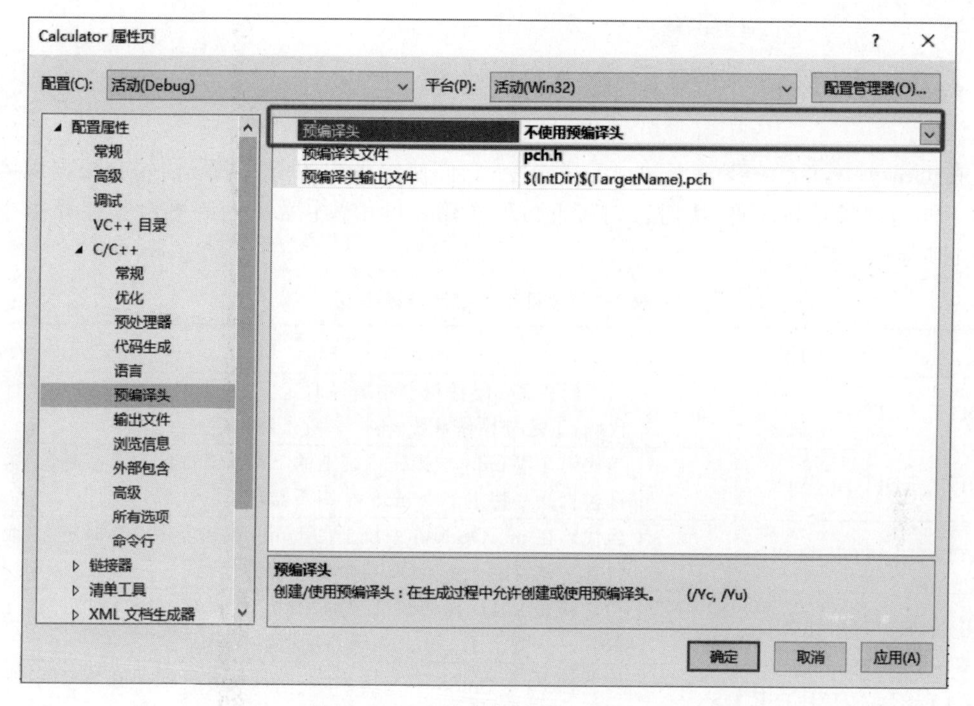

图 4-3　C++动态链接库工程设置

切回到 Unity 工程中，在 Assets 下创建目录 Plugins，并将生成的库文件导入其中就可以使用了，但是在使用库文件里提供的方法时，需要使用 DllImport 属性指定一个外部 DLL 文件中的函数，让.NET 应用程序可以直接调用这些非托管的函数，代码如下：

```
//第 4 章 //Script_4_1_1.cs

[DllImport("Calculator.dll")]
public static extern float Add(float x, float y);
[DllImport("Calculator.dll")]
public static extern float Reduce(float x, float y);
[DllImport("Calculator.dll")]
public static extern float Multi(float x, float y);
[DllImport("Calculator.dll")]
public static extern float Division(float x, float y);

//Start is called before the first frame update
void Start()
{
    Debug.LogFormat("{0} + {1} = {2}", 1, 2, Add(1, 2));
    Debug.LogFormat("{0} - {1} = {2}", 10, 2, Reduce(10, 2));
    Debug.LogFormat("{0} * {1} = {2}", 5, 2, Multi(5, 2));
    Debug.LogFormat("{0}/{1} = {2}", 10, 2, Division(10, 2));
}
```

4.2 预编译和跨平台 API 检查

在 Unity 中，Unity 支持多种预编译指令，它们使编程中的条件编译语句会根据编译环境的不同包含或排除代码，从而达到跨平台的作用。Unity 中常见的跨平台预编译指令如表 4-1 所示。

表 4-1 常见跨平台预编译指令

平台	作用
UNITY_EDITOR	当代码在 Unity 编辑器中编译时定义，包含只在编辑器中执行的代码，不区分操作系统，不会影响最终构建
UNITY_EDITOR_WIN	当代码在 Windows 操作系统上的 Unity 编辑器中编译时定义，允许包含一些特定于 Windows 编辑器环境的代码
UNITY_EDITOR_OSX	当代码在 macOS 操作系统上的 Unity 编辑器中编译时定义，允许包含一些特定于 macOS 编辑器环境的代码
UNITY_EDITOR_LINUX	当代码在 Linux 操作系统上的 Unity 编辑器中编译时定义，允许包含一些特定于 Linux 编辑器环境的代码
UNITY_STANDALONE_OSX	为 macOS 平台的独立应用定义，允许包含一些只在 macOS 平台上运行的代码
UNITY_STANDALONE_WIN	为 Windows 平台的独立应用定义，允许包含一些只在 Windows 平台上运行的代码
UNITY_STANDALONE_LINUX	为 Linux 平台的独立应用定义，允许包含一些只在 Linux 平台上运行的代码
UNITY_IOS/UNITY_IPHONE	iOS 平台定义，允许包含一些在 iOS 设备上运行的代码
UNITY_ANDROID	Android 平台定义，允许包含一些在 Android 设备上运行的代码
UNITY_WEBGL	WebGL 平台定义，允许包含一些在 WebGL 上运行的代码，主要用于 Web 浏览器中的 Unity 应用
UNITY_64	64 位平台定义，允许为 64 位平台编写特定代码

具体的使用方法如代码所示。

```
#if UNITY_IOS
    //iOS 平台特有的代码
#elif UNITY_ANDROID
    //Android 平台特有的代码
#else
    //其他平台的通用代码
#endif
```

除了上面的预编译指令外，Unity 也提供了一些跨平台的 API，可以在不同的平台上直接运行。常见的跨平台 API 有 Unity 引擎类库（如 Transform、Rigidbody、Application、PlayerPrefs 等类）、图形渲染类（ShaderLab 语言和 Graphics 类）、Input System 包、UnityEngine. UI 类、网络通信类（UnityWebRequest 类）和音频系统（AudioSource 和

AudioListener 等类)等。这些类都是在日常开发中经常用到的,甚至可能是无感知的,但它们就是跨平台的类。

还有一个在运行时使用的类,即 Application 类,这个类有一些平台检查的方法,用来在运行时对平台进行判定。例如 Application. isEditor、Application. isMobilePlatform 和 Application. platform,其中 Application. platform 返回的是 RuntimePlatform 枚举值,可以区分所有平台。使用示例如以下代码所示。

```
//程序运行时检查平台
if (Application.isEditor) { }
else if (Application.isMobilePlatform) { }
else if (Application.platform == RuntimePlatform.WindowsPlayer) { }
```

4.3　插件分层

插件分层实际上是将插件中的通用代码部分和平台特定代码分离,在通用代码部分定义平台特有功能的抽象层或者接口,在具体的平台上通过继承这些抽象类或者接口类实现具体内容,最后通过调用统一上层的接口方法或抽象方法来执行,以达到跨平台的目的。实际上插件分层既是跨平台的方法也是代码开发的策略,在实现跨平台时往往需要结合上面 3 种方式使用。也就是说在具体实现部分,如果不想对每个平台都输出一个插件包,就需要采用使用 Unity 引擎内置的跨平台 API、不同平台部分的实现封装成库、预编译指令和跨平台 API 检查这 3 种方式来完成具体实现。本节通过一个案例来讲解插件分层的思路,其中插件分层的结构如图 4-4 所示。

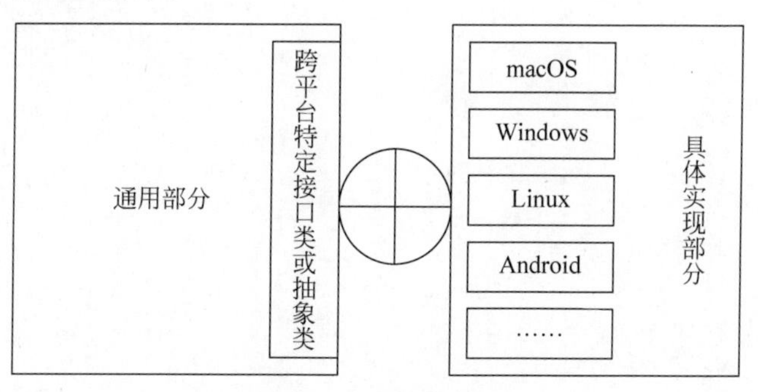

图 4-4　插件分层结构

【案例 4-2】　采用插件分层的方式实现不同平台调用同一种方法的不同实现细节。

首先,假如整个插件叫作 PluginSystem,其通用部分除其他代码之外定义了一个接口和一个抽象类,分别定义一个逻辑处理函数,这里仅用输出日志表示输出函数,代码如下:

```
//第 4 章 //Common.cs

//接口
```

```
public interface ISayGreeting
{
    //为平台特定部分定义打招呼方法,模拟平台的逻辑
    void Greeting();
}

//抽象类
public abstract class AbstractSpeaking
{
    //为平台特定部分定义讲话内容方法,模拟平台的逻辑
    public abstract void Speaking();
}
```

然后为不同的平台实现基于上面定义方法的具体实现,这里仅对 Windows 平台和 OSX 平台实现具体细节,代码如下:

```
//第 4 章 //Platform.cs
public class WindowsPlatform :AbstractSpeaking, ISayGreeting
{
    public void Greeting()
    {
        Debug.Log("你好,我是 Windows 平台!");
    }

    public override void Speaking()
    {
        Debug.Log("Windows:我的主题是...");
    }
}

public class OSXPlatform : AbstractSpeaking, ISayGreeting
{
    public void Greeting()
    {
        Debug.Log("你好,我是 OSX 平台!");
    }

    public override void Speaking()
    {
        Debug.Log("OSX:我的主题是...");
    }
}
```

最后,在插件本身使用时需要使用另外 3 种方法,这里采用预编译指令的方式识别平台差异,代码如下:

```
//第 4 章 //Common.cs

public class PluginSystem
{
    public void Greeting()
    {
#if UNITY_EDITOR_WIN
        WindowsPlatform obj = new WindowsPlatform();
        obj.Greeting();
        obj.Speaking();
#elif UNITY_EDITOR_OSX
        OSXPlatform obj = new OSXPlatform();
        obj.Greeting();
        obj.Speaking();
#endif
    }
}
```

如此，便完成了对插件 PluginSystem 跨平台的实现，如果需要扩展更多的平台，则只需继承接口或抽象类来扩展平台，然后增加预编译项识别平台并执行对应方法，而用户在使用 PluginSystem 插件时，只需在支持的平台上执行以下代码。

```
PluginSystem module = new PluginSystem();
module.Greeting();
```

第 5 章

CHAPTER 5

Unity3D 插件扩展

5.1 插件扩展的价值

当用户需要实现某个功能，但是市面上没有完全支持的功能，却恰好有相似的插件能满足这个功能的部分需求时，是否会选择以此插件为基础扩展后使用呢？当某项目已经使用一个插件迭代了很多版本，但最近新需求的实现需要要么换成新插件，要么对现有插件进行扩展会如何选择呢？再例如，当某项目使用的开源插件由于 Unity 引擎版本的升级导致一些 API 无法使用，这时是选择换掉这个插件还是修改这些 API 呢？如果扩展插件带来的效益更高，则这一定会成为不二的选择。

扩展 Unity 插件的价值不仅体现在提高开发效率和游戏性能上，还在于能促进个性化开发、实现特定功能及推动技术创新。

首先，扩展 Unity 插件可以极大地提高开发效率。通过对现有插件进行扩展，开发者能够在避免重复造轮子的情况下，快速满足项目的特定需求。例如，一个基于 Unity 的 XR 开发插件可能已经提供了基础的 XR 功能，但通过扩展，开发者可以加入特定的图像识别和交互功能，以满足特定场景的需求。这种扩展不仅节省了开发时间，也提高了项目的完成质量。

其次，Unity 插件的扩展对于满足特定项目需求也是不错的解决办法。标准的插件往往是无法完全满足这些特定需求的，但通过自定义和扩展插件，开发者可以为插件添加独特的功能，这不仅能增加游戏的个性化，还能提高用户体验。例如 UGUI 的 Button 组件本身没有单击后保持按下状态的功能，但通过扩展可以实现基于 Button 扩展一个 KeepButton 的按钮。

最后，开发者在扩展插件的过程中，可能也会探索和实验新的技术或方法。这些创新不仅可以解决特定的开发挑战问题，也可能引领新的技术趋势，为行业带来新的视角和思路，推动技术创新。

总而言之，不论是插件的开发团队，还是插件的用户，如果插件扩展能提高开发效率并且满足特定需求，则这种扩展就具有较高的价值。

5.2 如何扩展现有插件

扩展现有插件分为两种情况，一种是拥有插件源码(插件开发团队成员或开源插件)，另一种是没有插件源码。在有源码的情况下，但凡涉及修改源码时都要考虑是否会破坏原有功能。除此之外，其他的步骤是一样的，流程如图5-1所示。

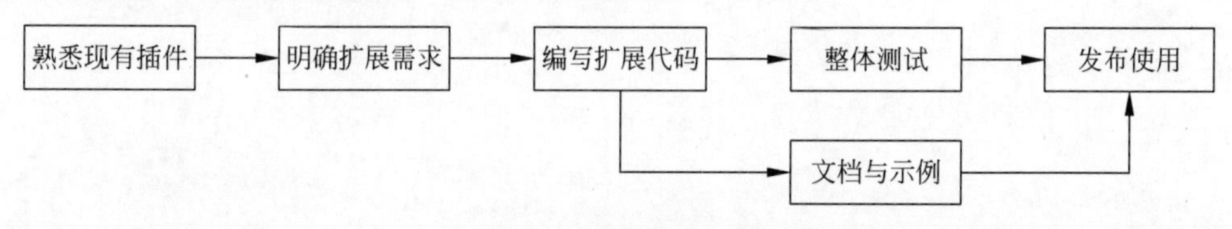

图5-1 插件扩展流程

首先，需要了解插件的架构、代码和功能。这可以通过阅读插件文档、研究源码(如果可以)和API来了解。这一步能有效地确保扩展时不会破坏插件原有的功能。

其次，需要明确扩展的内容是什么，这要进一步熟悉与扩展内容相关的功能模块。通常这一步可以通过画图的方式来梳理，这一步完成后就能明确待扩展的内容要通过什么方式接入现有插件。

然后就可以编写扩展代码了，这可能涉及直接修改插件的源代码(如果可以)，或者更常见的是，创建新的脚本或模块与原插件进行交互。在这个过程中，保持代码清晰和模块化非常重要，这样不仅有助于维护扩展后的插件，也使代码更容易被理解和使用。

最后，对扩展插件进行测试，以不会干扰原插件功能且能覆盖扩展的需求为目标，通常采用冒烟测试或系统测试等方法覆盖所有功能。测试完成后，需要附加扩展部分的文档说明和使用示例。

这一切准备就绪后，插件便可以发布给开发者使用，但需要注意的是，如果扩展的是具备他人版权的插件，则是不能商业化的。

5.3 实例分析：扩展资源管理插件

Addressables是Unity官方推出的用于资源管理的可寻址资源系统。它是基于Asset Bundle开发的，提供了异步加载、依赖管理及内存管理等丰富的资源管理功能，也能够让开发者更便捷地实现资源热更新，但Addressables无法灵活地按优先级进行下载，本节将基于此需求扩展Addressables插件。

首先，Addressables是一个开源项目，因此是可以修改源码的，但此插件通过Package Manager导入后便能保护代码不被轻易改动，本节扩展也以不修改源码为前提，因此可以不用考虑改动会影响原有功能的情况。

其次，明确具体的扩展需求，其实也就是将需求拆分为局部步骤，第1步需要定义资源优先级，在资源加载请求时允许资源根据重要性被标记为不同程序的优先级；第 2 步需要创建一个管理资源加载请求的优先级队列，确保高优先级的资源加载请求能够被优先处理；第 3 步需要根据当前系统负载和资源加载情况，动态调整并行加载任务的数量。

最后，将拆分的小步骤逐一编码实现。

因此，先创建一个枚举，用来表示资源优先级，代码如下：

```
//第 5 章 //AssetPriority.cs

//资源优先级
public enum AssetPriority
{
    High = 0,
    Medium,
    Low
}
```

接下来，创建一个优先级管理器，用于管理和调度资源加载请求。先定义一个下载资源的请求类，包含资源的下载键值、优先级和下载完成的回调。再添加一个公开方法，以便将下载任务加入下载队列，并将队列里的任务按优先级排序后再调用 Addressables.LoadAssetAsync 下载资源，代码如下：

```
//第 5 章 //PriorityLoader.cs

public class PriorityLoader
{
    //< summary >
    //加载请求
    //</summary >
    private class LoadRequest
    {
        public string key;
        public AssetPriority Priority;
        public System.Action < AsyncOperationHandle > OnComplete;
    }

    //加载队列
    private List < LoadRequest > taskQueue = new List < LoadRequest >();

    //< summary >
    //添加资源加载请求
    //</summary >
    //< param name = "key"></param >
    //< param name = "priority"></param >
```

```
    //<param name="onComplete"></param>
    public void AddLoadRequest<T>(string key, AssetPriority priority, System.Action
<AsyncOperationHandle> onComplete)
    {
        taskQueue.Add(new LoadRequest { key = key, Priority = priority, OnComplete =
onComplete });
        //根据优先级排序
        taskQueue.Sort((x, y) => y.Priority.CompareTo(x.Priority));
        //处理下一个加载请求
        ProcessNext<T>();
    }

    //处理加载请求
    private void ProcessNext<T>()
    {
        if (taskQueue.Count == 0) return;

        var request = taskQueue[0];
        taskQueue.RemoveAt(0);

        AsyncOperationHandle handle = Addressables.LoadAssetAsync<T>(request.key);
        handle.Completed += (op) =>
        {
            request.OnComplete?.Invoke(op);
            //完成后继续处理下一个请求
            ProcessNext<T>();
        };
    }
}
```

如此便完成了对 Addressables 按优先级进行下载的扩展功能。接下来需要测试扩展功能是否生效，需要先将测试资源配置到 Group 中，如图 5-2 所示。

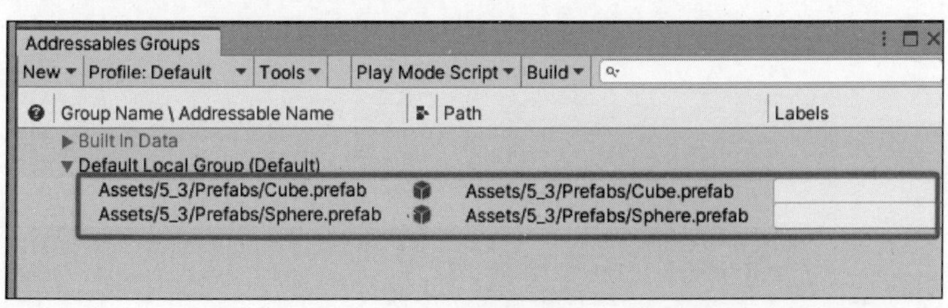

图 5-2 资源分组

然后通过代码加载它们,代码如下:

```
//第 5 章 //Script_5_3.cs

PriorityLoader priorityLoader = new PriorityLoader();
//添加一个低优先级的资源加载请求
priorityLoader.AddLoadRequest<GameObject>("Assets/5_3/Prefabs/Cube.prefab", AssetPriority.Low,
(handle) =>
{
    Debug.Log("Cube下载完成");
    GameObject cube = GameObject.Instantiate<GameObject>((GameObject)handle.Result);
});

//添加一个高优先级的资源加载请求
priorityLoader.AddLoadRequest<GameObject>("Assets/5_3/Prefabs/Sphere.prefab", AssetPriority.
High, (handle) =>
{
    Debug.Log("Sphere下载完成");
    GameObject sphere = GameObject.Instantiate<GameObject>((GameObject)handle.Result);
});
```

代码优先加载的是 Cube 预制件,但是优先级被设置为低优先级,而 Sphere 预制件虽然后加载,但是优先级被设置为高优先级。代码执行后可以发现结果是 Sphere 先完成加载,扩展功能生效,如图 5-3 所示。

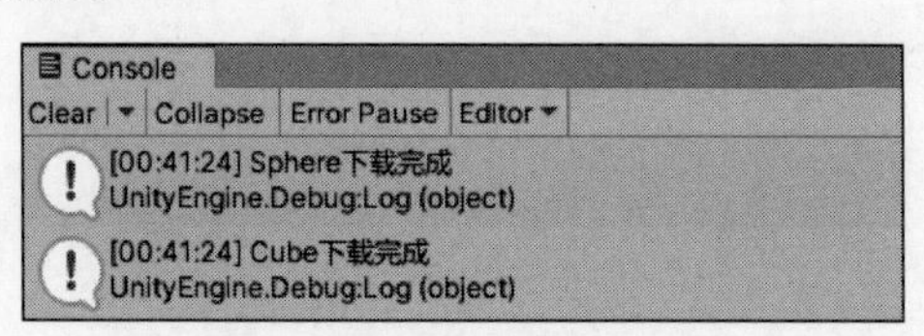

图 5-3 资源根据优先级下载结果

第6章 优化和测试

CHAPTER 6

6.1 调试方法

软件系统的调试过程是软件系统开发中的关键环节，它不仅能帮助开发者排查定位问题，也能帮助其他开发者学习及理解软件代码的运作原理和功能逻辑。

在进行 Unity 插件开发时，调试过程也是必不可少的。通过调试可以找到代码中的逻辑错误、内存泄漏等问题。对于开源插件，调试也可以帮助开发者深入理解其内部工作原理和设计模式。对于闭源插件，虽然不能直接查看源代码，但依然可以通过调试了解它运行时的行为。最重要的是，由于插件是运行在编辑器或者产品项目上的，性能问题通常需要在开发阶段就及时了解，否则就会增加用户在运行时排查的难度，因此在开发阶段通过调试就可以充分了解到代码的执行效率和资源消耗等情况，而后可以针对性优化。

Unity 引擎调试插件的工具分为内置调试工具和外部调试工具，内置调试工具主要是 Unity 引擎自带的 Debugger 工具和 Profiler 工具。外部调试工具主要是用于编码的 IDE 工具，例如 Visual Studio、Visual Studio Code 或者 Rider。下面将逐一介绍这些工具的调试方法和侧重方向。

6.1.1 Unity3D 内置的调试工具

1. Debugger 工具

Unity 引擎内置的日志系统主要用于输出调试信息、监控性能和排查问题。这个系统主要通过 UnityEngine. Debug 类和 UnityEngine. Logger 类实现，其中 Debug 类是 Unity 开发中最常用的日志输出工具之一，它提供了多种静态方法来输出不同级别的日志信息，其中包括格式化日志等，示例代码如下：

```
Debug.Log("Hello Unity");                          //正常日志
Debug.LogFormat("Hello {0}","Unity");              //正常格式化日志
Debug.LogWarning("Hello Unity");                   //警告日志
Debug.LogWarningFormat("Hello {0}", "Unity");      //警告格式化日志
```

```
Debug.Assert(1 < 9);                                           //断言日志
Debug.AssertFormat(10 < 19,"10 <{0} is false",19);             //断言格式化日志
Debug.LogAssertion(1 == 1);                                    //断言日志
Debug.LogAssertionFormat("{0}", 1 == 1);                       //断言格式化日志
Debug.LogError("Hello Unity");                                 //错误日志
Debug.LogErrorFormat("Hello {0}", "Unity");                    //错误格式化日志
```

采用这些方法输出的日志通常会显示在Unity编辑器的Console窗口中，并且会显示堆栈信息，有助于帮助开发者根据堆栈信息逐步排查及定位问题。对日志的搜索和日志文本设置可以参考2.2.6节进行个性化配置。

需要注意的是，断言日志Debug.Assert和Debug.AssertFormat只有当条件为false时才会抛出一个异常(AssertionException)，通常用在开发阶段确保代码中某些始终为真的条件，如果值为false，则程序会立即停止执行，这有助于开发者及时发现并修正错误。如果在非调试模式下需要使用，则需要在编译时定义UNITY_ASSERTIONS宏。

而Debug.LogAssertion和Debug.LogAssertionFormat虽然也用于断言检查，但是它们不会抛出异常，而是将日志输出到Console窗口中。它们更多地被用于运行时检查，当条件不满足时可以提供有关程序状态的信息，不会导致程序崩溃或中断。

日志系统的另一个类是UnityEngine.Logger，用于管理和定制日志消息的输出。它提供了灵活的日志处理接口，允许开发者控制日志的输出方式和地点，也可以在开发过程中对日志级别和类别进行筛选。本节通过一个案例演示如何使用UnityEngine.Logger类定制个性化日志。

【案例6-1】 使用UnityEngine.Logger类定制个性化日志。

首先，需要创建一个日志处理器，这需要继承ILogHandler接口来完成。这个自定义的日志处理器用来处理日志消息的逻辑，例如，将日志信息输出到控制台、文件、数据库或者发送给服务器等，代码如下：

```
//第6章 //CustomLogger.cs

//自定义日志处理器
public class CustomLogger : ILogHandler
{
    public void LogFormat(LogType logType, UnityEngine.Object context, string format, params
object[] args)
    {
        //将日志输出到控制台
        Debug.unityLogger.logHandler.LogFormat(logType, context, format, args);
        //...也可以将日志信息输出到文件、数据库,或者发送给服务器
    }

    public void LogException(Exception exception, UnityEngine.Object context)
    {
```

```
        //将日志输出到控制台
        Debug.unityLogger.LogException(exception, context);
        //...也可以将日志信息输出到文件、数据库,或者发送给服务器
    }
}
```

然后就可以创建一个 Logger 实例,直接使用自定义的日志处理器,代码如下:

```
//定义日志处理器
Logger myLogger = new Logger(new CustomLogger());
myLogger.Log("Hello Unity!");                                    //普通日志
myLogger.Log("PluginDev", "Hello Unity!");                       //普通日志
```

这两种方法的区别在于第 1 个参数 tag 是否被使用了,用来表示日志消息的来源,常用来表示发生日志调用的类别。上述代码的执行效果如图 6-1 所示。

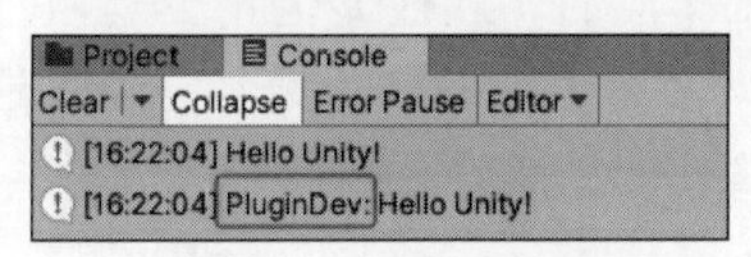

图 6-1　个性化日志

除此之外,Logger 类还允许设置日志级别,这样就可以控制哪些类型的日志被输出。这通常可以用来区分哪些日志在开发环境中输出,哪些日志只在生产环境中输出,代码如下:

```
//第 6 章 //Script_6_1_1.cs

void Start()
{
    //定义日志处理器
    Logger myLogger = new Logger(new CustomLogger());
    myLogger.logEnabled = true;                              //启用或者禁用此日志处理器
    if (IsDevelopment())                                     //如果是开发环境
    {
        myLogger.filterLogType = LogType.Log;                //输出普通及以上级别的日志
    }
    else
    {
        myLogger.filterLogType = LogType.Warning;            //输出警告及以上级别的日志
    }

    myLogger.Log("Hello Unity!");                            //普通日志
    myLogger.Log("PluginDev", "Hello Unity!");               //普通日志
    myLogger.Log(LogType.Assert, "Hello");                   //断言日志
    myLogger.LogException(new System.Exception("Exception!")); //异常日志
```

```
        myLogger.LogWarning("PluginDev", "This is a warning message.");    //警告日志
        myLogger.LogError("PluginDev", "This is an error message.");       //错误日志
    }

    private bool IsDevelopment()
    {
        //通过宏定义或者状态判断是否是开发环境
        return true;
    }
```

需要注意的是，输出日志的方法也有多个，需要选择合适的方法。另外，过滤的日志设置的是最小的日志级别，大于或等于这个级别的日志都会被输出。

2. Profiler 工具

Profiler 工具是 Unity 内部集成的一款性能优化工具，它可以帮助开发者监控和分析 CPU、GPU、内存、网络和音频等多个方面的性能数据。通过这些数据，可以识别和定位性能瓶颈，从而优化游戏或应用程序的性能。

在 Unity 编辑器中，选择 Window→Analysis→Profiler 打开 Profiler 窗口，如图 6-2 所示。

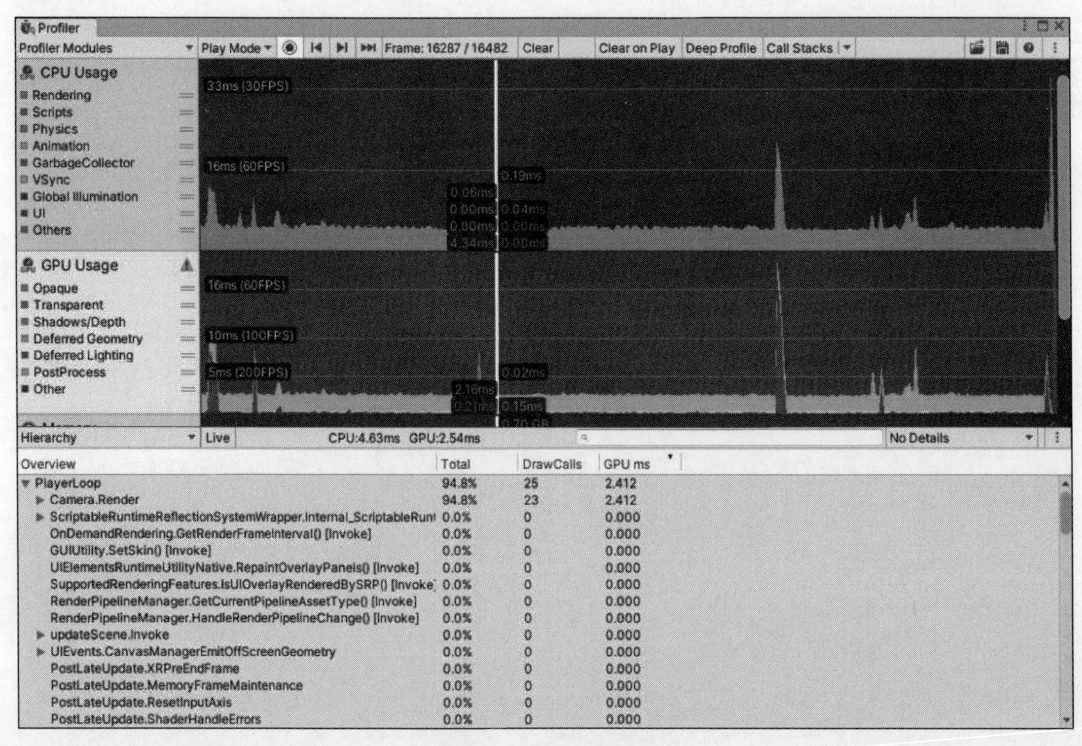

图 6-2 Profiler 界面

Profiler 可以对多个模块进行性能分析，可以通过点选左上角的 Profiler Modules 选择目标模块，或者在选择模块界面单击左下角设置按钮增加感兴趣的模块进行分析，如图 6-3 所示。

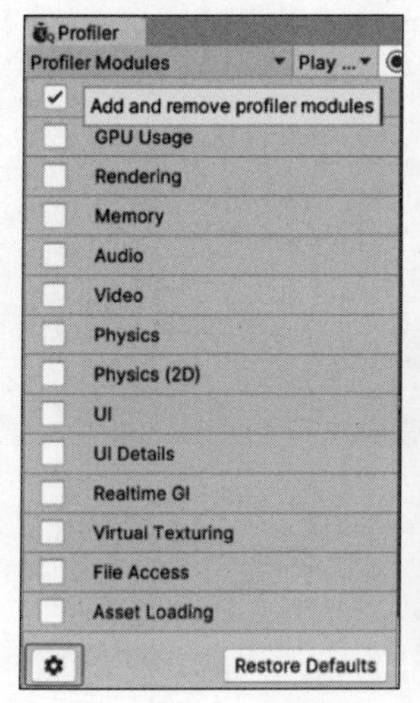

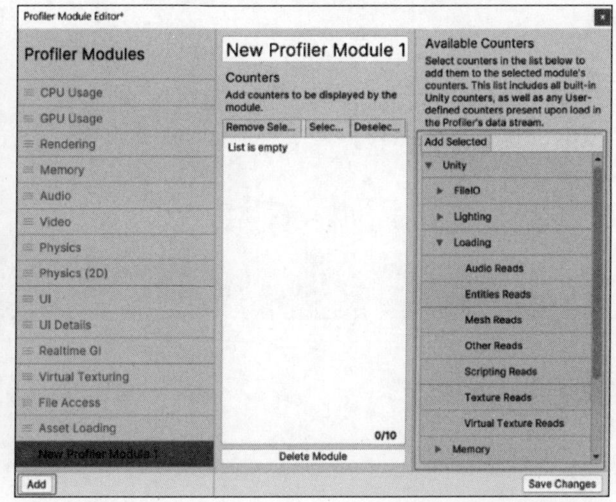

图 6-3 Profiler 模块

以勾选 CPU Usage 为例，选中后有关 CPU 使用的功能模块会以不同的颜色呈现，当选中某一帧时，此帧最耗时的操作会默认显示在 Hierarchy 视图的最上方，开发者可以通过分析内存分配等数据分析 CPU 在此帧的性能。例如查看 GC Alloc，可以定位是什么函数造成了大量的堆内存分配操作，如果选中了 Deep Profiler，则可以深度分析 GC 垃圾产生的原因。另外，如果对代码中某些部分怀疑有性能问题，则可以在代码块前后分别使用 Profiler. BeginSample 和 Profiler. EndSample 函数来标记，然后在 Hierarchy 视图中快速定位，这在 Unity 插件开发中尤其有用，可以对插件的局部代码进行准确分析，以确保插件的性能优良。例如新建一个“关注代码块性能”的监测，示例代码如下：

```
//第 6 章 //Script_6_1_1_Profiler.cs

Profiler.BeginSample("关注代码块性能");          //开始
//被监测的代码逻辑部分
Sub(str1);
Profiler.EndSample();                          //结束
```

示例执行后可以通过在输入框直接搜索“关注代码块性能”快速定位，也可以直接点选层级进行查找，如图 6-4 所示。

当需要分析 GPU 或者内存等其他模块时，也是同样的道理，只是每个模块的性能指标会有所差异，并且需要注意使用 Profiler 工具监测性能时，本身也会产生性能消耗，读者可自行尝试。

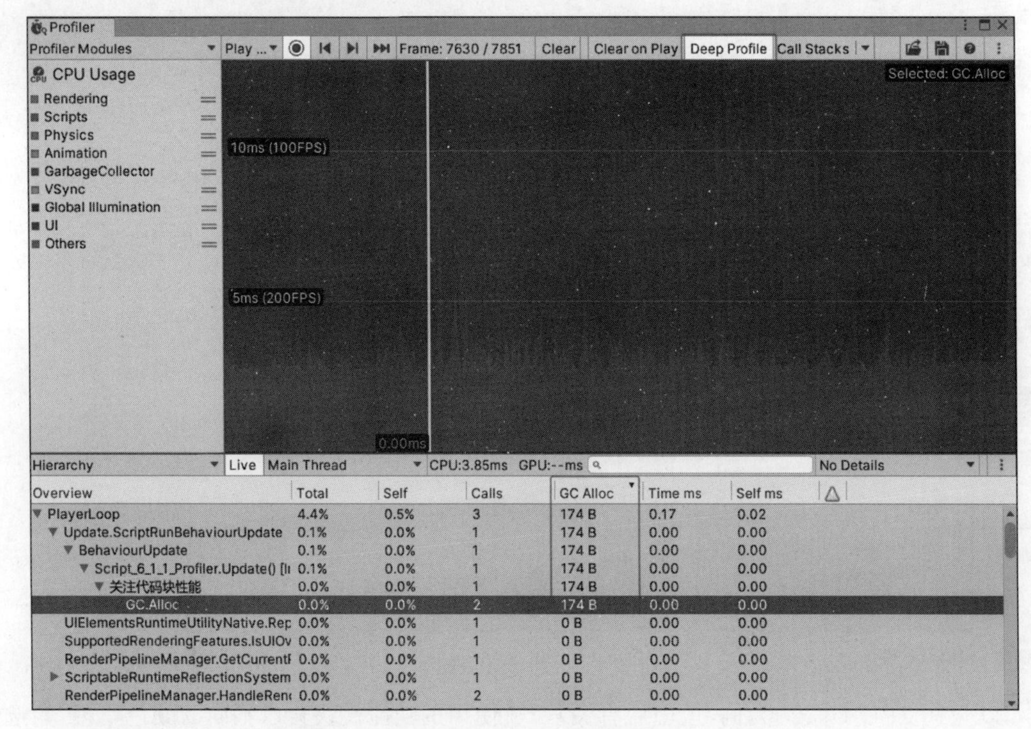

图 6-4　局部代码检测

6.1.2　外部调试器

开发 Unity 常用的 3 种 IDE 都可以进行代码开发和代码调试，其中 Visual Studio 提供了最深度的集成和功能全面的调试工具，但相对也是最重的 IDE，主要面向的是 Windows 用户。Rider 紧随其后，特别优化了 Unity 开发的调试体验。Visual Studio Code 则提供了更轻量级的选择，适合追求快速启动和运行速度的开发者，在调试上需要额外的配置步骤，但允许更高的自定义性。

1. Visual Studio

Visual Studio 的调试功能主要有 4 个。

第 1 个是集成调试器的使用，开发者可以直接在 IDE 中进行设置断点、单步执行等断点调试操作，还可以进行变量检查和查看调用堆栈，但需要注意的是，如果断点太多，则启动调试时断点有可能导致 Unity 卡顿，这时建议清理掉所有断点，重新进行断点调试，调试器使用效果如图 6-5 所示。

第 2 个是通过点选调试菜单附加到 Unity 进程选项，可以将 Visual Studio 调试器附加到正在运行的 Unity 编辑器或者游戏进程，然后通过其他 3 种方法进行调试。附加到 Unity 进程界面如图 6-6 所示。

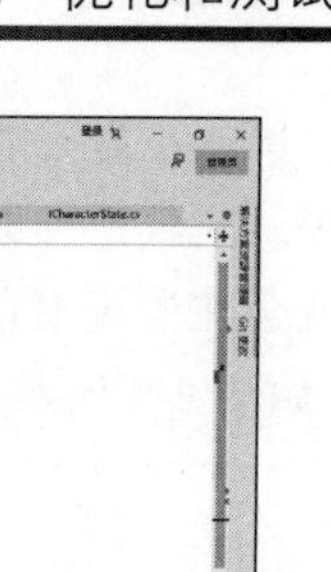

图 6-5 Visual Studio 断点调试效果

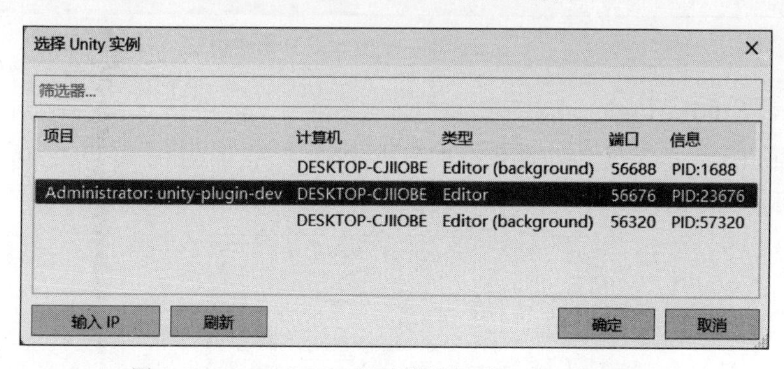

图 6-6 Visual Studio 调试器附加到 Unity 进程界面

第 3 个是支持设置条件断点，允许在满足特定条件时中断执行，这在调试复杂问题时非常有用。这需要先对某行代码设置一个断点，然后右击这个断点或右击断点所标识的代码行会弹出断点操作菜单项，选中条件项会打开条件断点设置界面，按需求配置后就可以使用了。设置条件断点如图 6-7 所示，条件配置界面如图 6-8 所示。

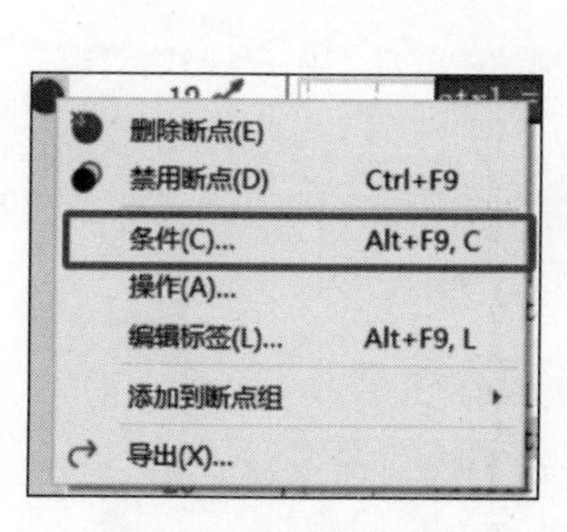

图 6-7 设置条件断点

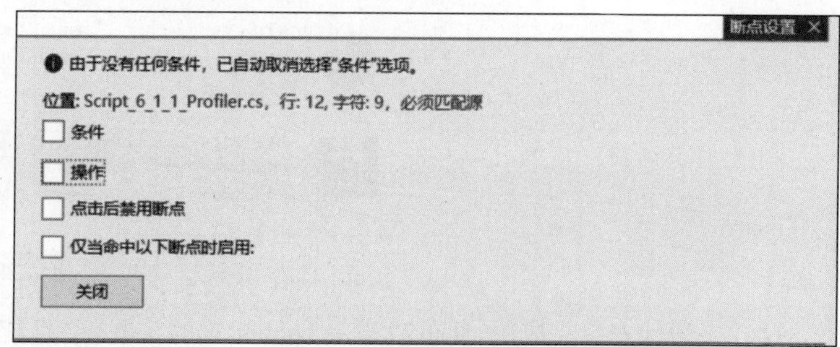

图 6-8 条件配置界面

第 4 个是查看即时窗口和监视窗口，可以在调试过程中评估表达式和变量的值的变化过程。当程序在断点处中断执行后，可以对代码中的变量右击后添加监视，这样被监视的变量就会在监视窗口实时显示值的变化。此时也可以在即时窗口中输入表达式对变量进行评估，如图 6-9 所示。

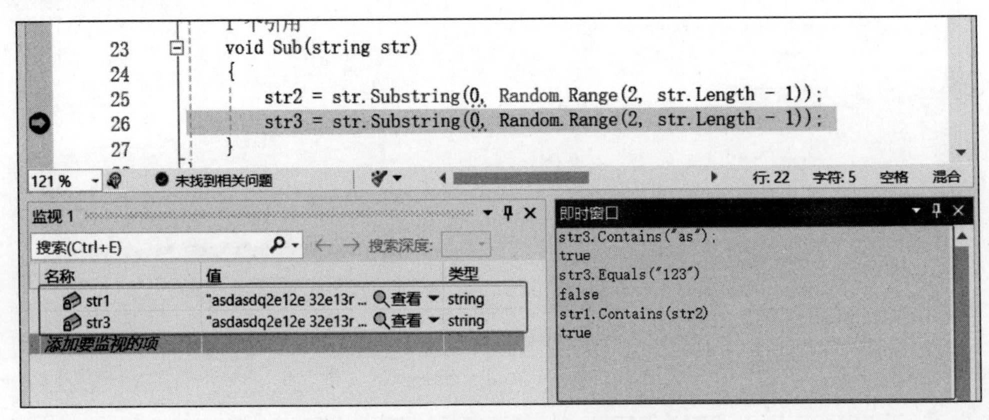

图 6-9 Visual Studio 监视窗口和即时窗口

2. Visual Studio Code

Visual Studio Code 作为一个轻量级的 IDE，如果要作为 Unity 开发工具，则需要安装一些插件才可以更好地支持开发和调试，建议安装的插件如图 6-10 所示。

图 6-10 Visual Studio Code 建议安装 Unity 开发相关插件

这几个插件安装完成后，便可以省去自己配置的步骤，并且能和 Unity 程序进行调试，它同样支持断点调试、变量监视、查看堆栈等操作。Visual Studio Code 调试效果如图 6-11 所示。

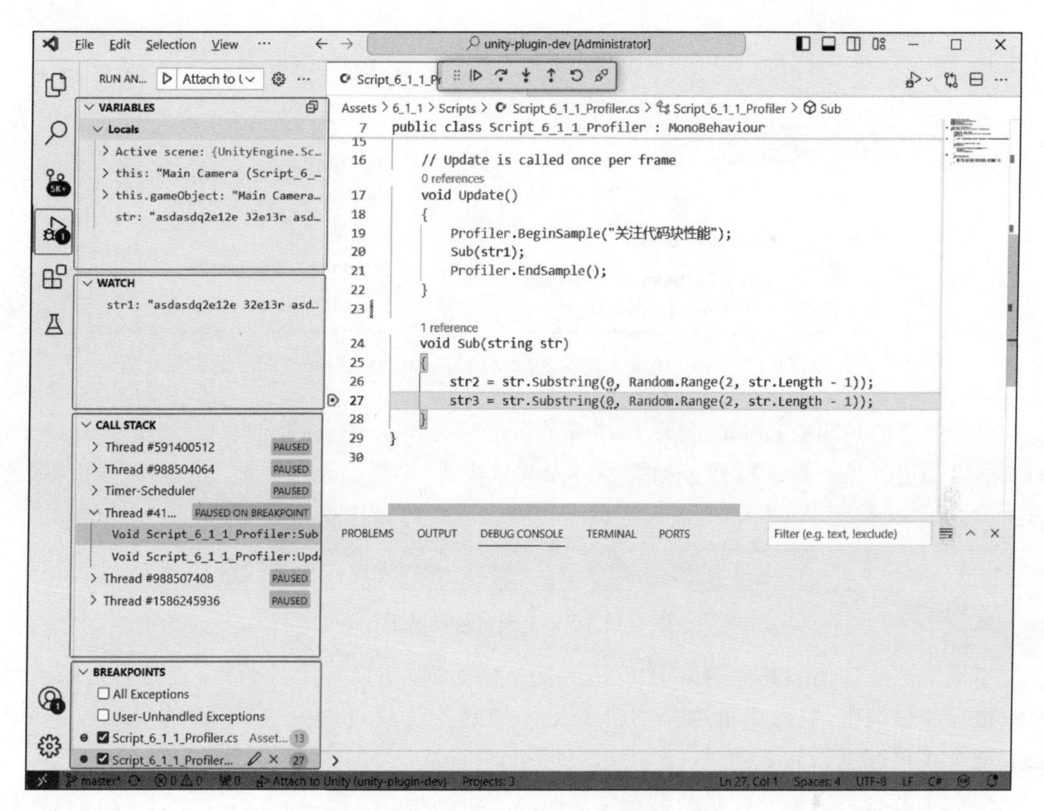

图 6-11 Visual Studio Code 断点调试

3. JetBrains Rider

Rider 提供了专门为 Unity 项目优化的调试工具，它与 Unity 编辑器之间的集成度非常高，甚至允许开发者直接从 IDE 控制 Unity 程序的播放、暂停和逐帧运行，而且在调试过程中，Rider 的代码分析和导航工具提供了比 Visual Studio 和 Visual Studio Code 更深入的洞察能力，能够帮助开发者更快速地定位问题所在。除此之外，Rider 还直接把 Unity 控制台的输出也在自身输出了一份。当使用 Rider 作为开发调试工具时，为了更好地使用相关功能，需要通过 Unity 引擎的 Package Manager 界面安装 JetBrains Rider Editor 插件。

Rider 的工具栏默认包含控制 Unity 程序的播放、暂停和逐帧运行工具(图示区域 1)和调试工具(图示区域 2)，如图 6-12 所示。

图 6-12 Rider 工具栏

在区域 1 单击链接到 Unity 编辑器按钮既可以选择附加操作也可以进行相关设置，如图 6-13 所示。

在区域 2 单击运行或调试配置可以选择启动的方式，也可以通过 Edit Configurations 修改已有的配置或者新增个性化配置，如图 6-14 所示。

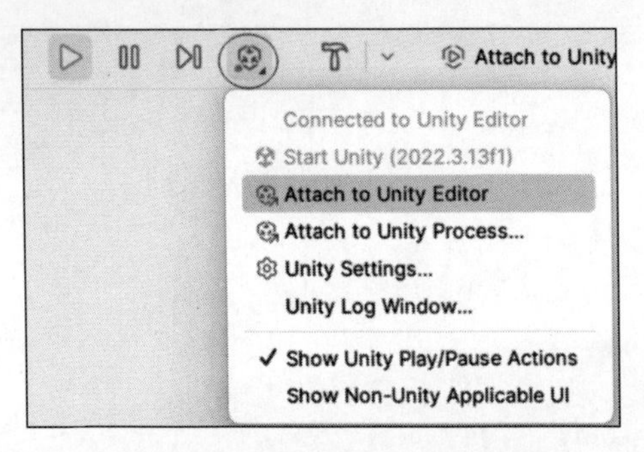

图 6-13 Rider 的 Unity 调试工具

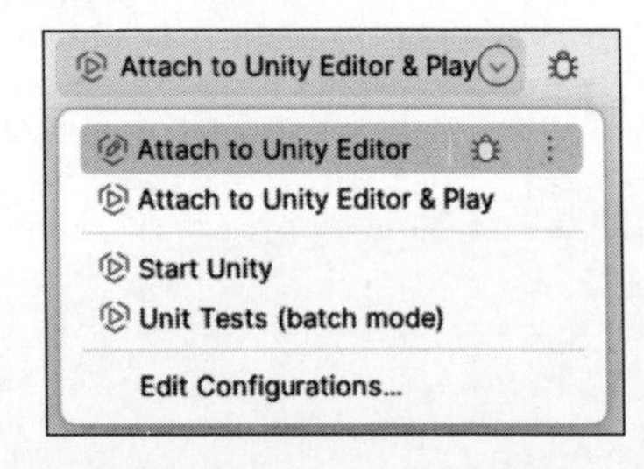

图 6-14 Rider 的调试配置

需要注意的是当直接单击区域 1 时程序运行时并不会进入调试模式，仅仅和在 Unity 编辑器启动运行是一样的操作。如果要进入调试模式，则需要单击区域 2 的调试按钮（绿色的虫子按钮，快捷键 Alt+F5），进入调试模式后区域 2 的操作项会改变，如图 6-15 所示。

图 6-15 Rider 调试按钮状态

本质上这些功能和其他两款 IDE 几乎是一样的，包括设置条件断点，也是右击断点就可以进行快捷编辑，监视变量也是右击变量添加到监视就可以完成，但除这些之外，Rider 还有两个比较有意思的功能。

第 1 个是它提供了一种新型的调试器断点 Pause Point（暂停点），它不会暂停代码的执行，而是在当前帧结束时暂停 Unity 编辑器，在这时 Unity 的 Editor 窗口是可以编辑拖曳物体的，而断点暂停编辑器后是无法再操作的。暂停点的添加方法有两种，一种是右击代码行，最前方会出现 Add Unity Pausepoint 选项，第 2 种是右击断点，在断点设置界面有 Convert to Unity pausepoint 选项，通过此选项可将断点转换成暂停点。分别如图 6-16 和图 6-17 所示。

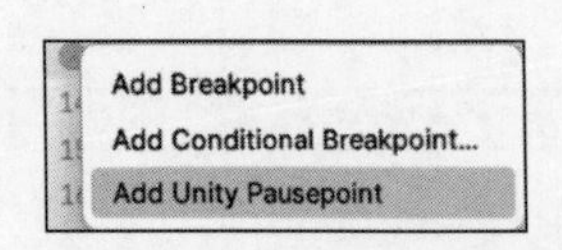

图 6-16 Rider 增加暂停点

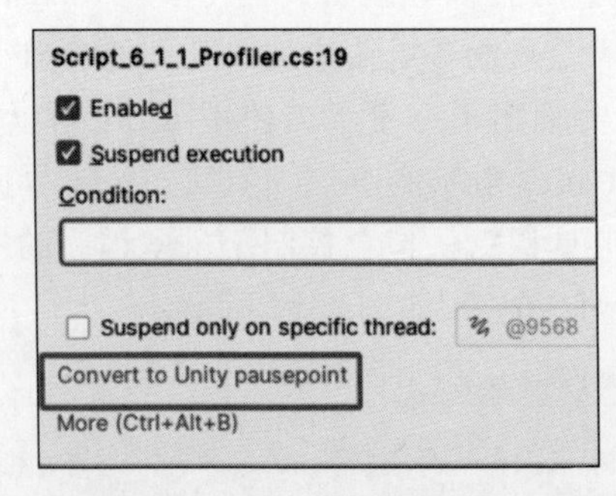

图 6-17 Rider 断点转暂停点

第 2 个是 Rider 可以直接在代码中反向查询挂载了这个脚本的对象有哪些。在 Unity 中可以通过右击脚本选择 Find References In Scene 来查询引用的对象有哪些，Rider 则将这个功能引入到了自身，可以直接在继承了 MonoBehaviour 类的脚本里看到在类名上方有一个 X asset usage 选项，单击后会弹出引用的对象信息，如图 6-18 所示。

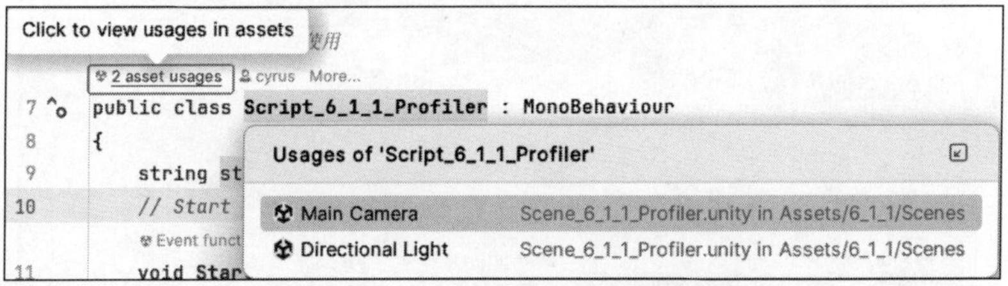

图 6-18 脚本被使用资源快捷查找

当再次单击弹出窗里面列出来的对象时，焦点会切换到 Unity 引擎，并且会弹出一个 Usages Window 窗口以显示挂载了这个脚本的对象在哪类资源的什么位置，如图 6-19 所示。

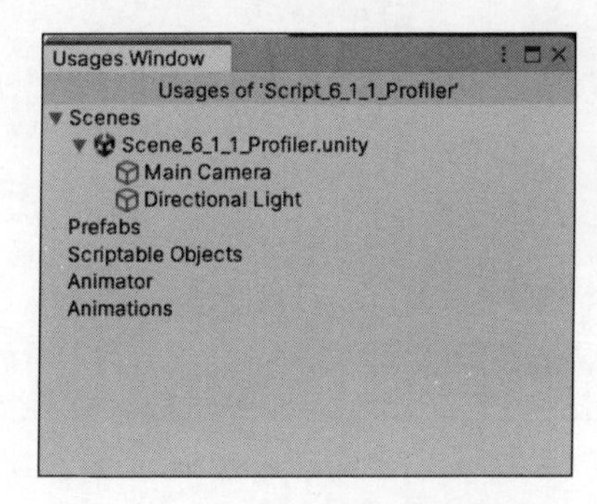

图 6-19 引用目标资源的列表窗口

当然，Rider 还有一些其他和调试相关的功能，读者可自行尝试使用。

6.1.3 远程调试

远程调试也是一种常用的调试方法，在确保网络连接顺畅的情况下可以让开发者便捷地定位和解决远程设备上的问题。由于 Visual Studio Code 在开发 Unity 程序时进行普通调试足够方便，但要进行远程调试比较麻烦，因此本书不做推荐。本节将介绍如何使用 Visual Studio 和 Rider 进行 Unity 的远程调试。

使用 Visual Studio 进行远程调试时，首先需要在 Unity 的 Build Settings 中勾选 Development Build 和 Script Debugging。这样就可以在构建程序时包含额外的调试信息，并允许 IDE 连接到 Unity 应用程序，如图 6-20 所示。

然后在 Visual Studio 中单击"调试"→"附加 Unity 调试程序"，这样会打开一个选择 Unity 实例的窗体，可以选择本地的 Unity 程序，也可以输入 IP 和远端的程序进行连接及调试，如图 6-21 所示。

当使用 Rider 进行远程调试时，与使用 Visual Studio 类似，也需要在 Unity 的 Build Settings 中勾选 Development Build 和 Script Debugging，如图 6-20 所示。

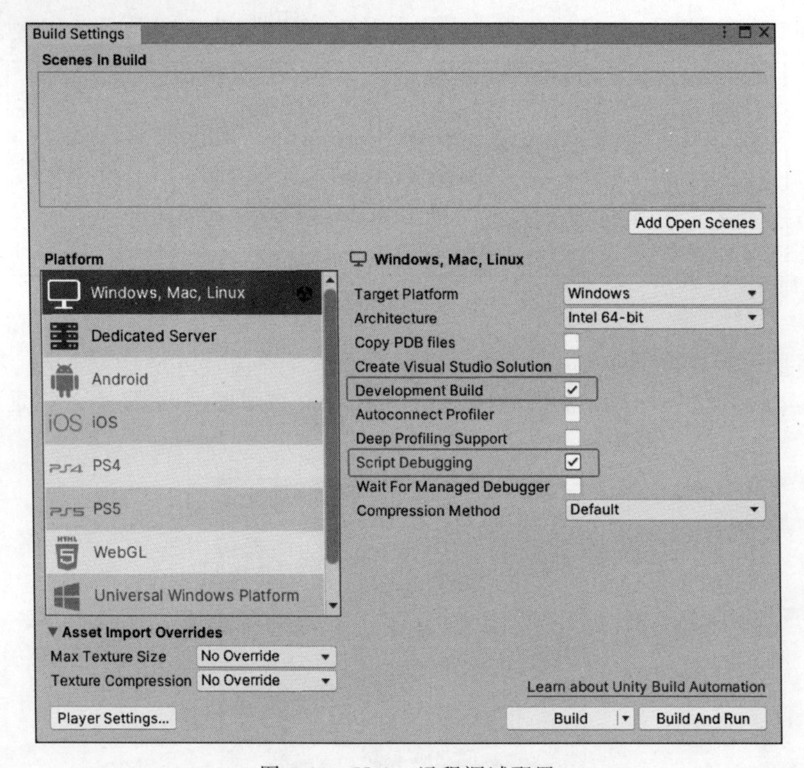

图 6-20　Unity 远程调试配置

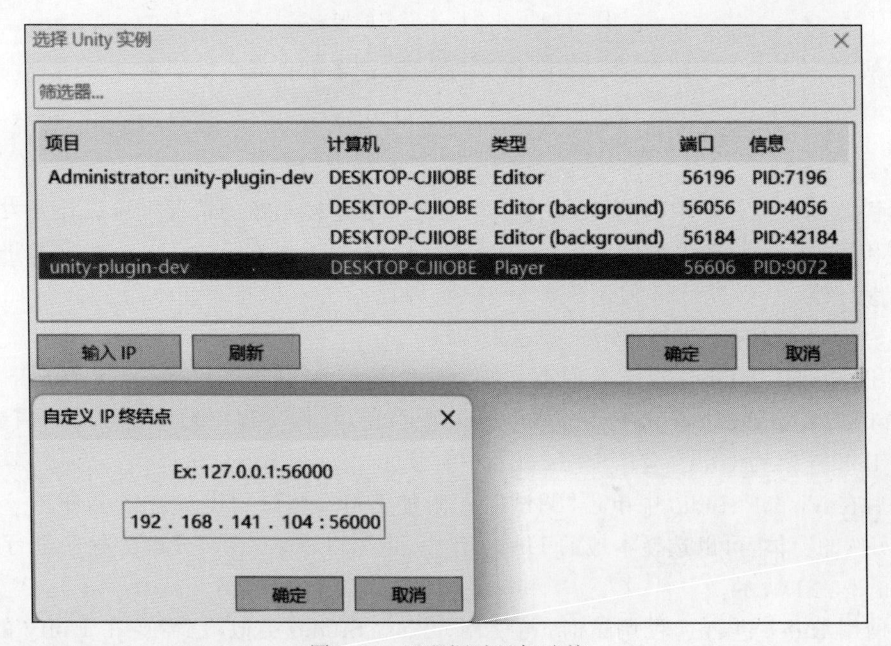

图 6-21　远程调试目标连接

然后同样需要在Rider中点开调试工具后选择附加到Unity进程选项，如图6-22所示。

图6-22　附加到Unity进程

再在选择实例界面选择本地运行的Unity程序，或者单击左下角按钮手动添加IP地址，以便连接远端应用程序进行调试，如图6-23所示。

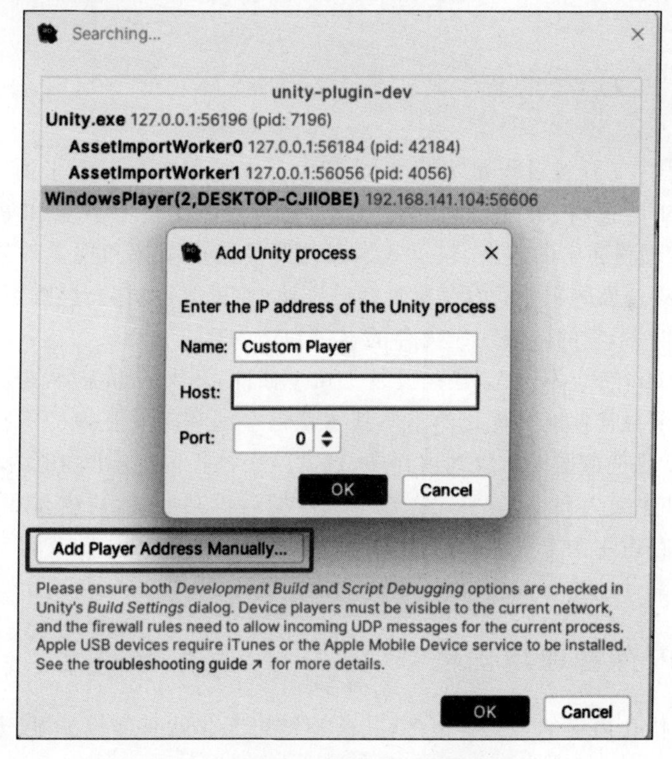

图6-23　输入IP地址连接远端应用

6.1.4　日志系统

日志系统虽然也是一种调试程序的方法，但它并不属于一种实时交互的调试方法，大多数时候是在程序运行后通过分析日志来排查及定位问题的。

采用日志系统调试相对于使用IDE调试来讲，它不需要中断程序，因此对程序的性能和响应时间影响比较小，并且可以将日志形成历史记录，可为后期故障分析提供更多的数据，但日志系统的缺点很明显，首先，它无法像IDE一样进行断点调试等操作，其次，日志系统输出的内容需要结构化才能便于快速定位问题。最后，查阅和分析日志需要足够的时间和经验。

正如前面2.2.6节和6.1.1节所讲的日志使用方法，用于调试的日志可以采用这些方法改造成个性化的日志系统。通常来讲，这需要使每条日志包含时间信息、所属模块信息、日志级别、堆栈信息和日志文本，然后将每次应用程序启动后的日志输出到同一个日志文件中，并将这个文件存储到指定的地方，例如服务器或者本机。有些日志系统也会将不同模块的日志分别存储成不同的日志文件，这也是可以的，需要根据实际情况进行个性化设计。

在开发Unity插件时，插件自身输出的日志便可以通过独立的日志系统记录插件在使用过程中的关键信息，这可以有效地提高解决插件问题的效率，提升插件质量。

6.2 优化方法

Unity应用程序的开发过程是一个兼顾CPU、GPU和内存三者平衡的过程。CPU需要负责处理程序中的逻辑、物理计算和指令等，它的性能受核心数量和处理速度的限制；GPU需要负责处理程序中的渲染、粒子效果和光照等图形图像和视觉效果，它的性能受图形处理能力和渲染速度的限制；内存负责存储资源、变量等，内存会影响数据加载速度和应用运行时的处理能力，它的限制在于内存的容量和访问速度。

不论是开发Unity应用程序，还是开发Unity插件，开发者都需要在这三者之间找到一个最优点才能实现最佳性能。优化的本质其实就是空间和时间互换的选择，例如要加快处理数据的速度，就要把数据提前放到内存中，这就是用牺牲内存空间来换取更快的处理时间的方式。反之，如果要内存小，就要动态地下载数据后再来处理，这就是用延长处理时间获取尽可能小的内存占用的方式。如何优化它们则可以通过Unity自带的Profiler工具进行详细分析后有针对性地进行优化，以下是优化的主要方式。

6.2.1 内存管理与优化

在Unity中优化内存的方式有很多，其核心思想无非就是谨慎分配，及时释放，动态复用，以下3种方法是常用的内存优化策略。

1. 对象池技术

使用对象池预先实例化一定数量的对象，然后在程序需要时复用这些实例化出来的对象，程序不用了的时候再归还给对象池。这种方式可以避免频繁地创建和销毁对象带来的内存抖动问题。内存抖动会增加内存管理的开销，导致程序性能下降，尤其是在嵌入设备或者移动设备上发生时会导致性能下降明显，但需要注意的是，内存池需要被严格管理，可以根据需要调整对象池的大小，但是也要避免过度占用内存的情况。

【案例 6-2】 实现一个简单的对象池。

首先，需要定义对象池的初始大小和最大容量，以及存储对象的容器等，代码如下：

```
[SerializeField]
//要实例化的预制体
private GameObject prefab;
//初始大小
public int initialSize = 10;
//最大容量
public int maxSize = 20;
//存储预实例化对象的队列
private Queue<GameObject> objects = new Queue<GameObject>();
//当前大小
private int currentSize;
```

然后对象池在使用时需要进行初始化，主要是要先创建适量的 GameObject 对象存入容器。当需要使用这些对象时，首先查询池子里是否有对象，如果池子已空但是还没有到最大容量，则重新实例化对象，否则返回为空，等有对象重新释放出来了便可以继续重复使用了，代码如下：

```
//第 6 章 //ObjectPool.cs

//初始化对象
void Initialize(int size)
{
    currentSize = size;
    for (int i = 0; i < size; i++)
    {
        GameObject obj = Instantiate(prefab);          //实例化 GameObject 对象
        obj.SetActive(false);
        objects.Enqueue(obj);                          //入队
    }
}
//从池中获取对象
public GameObject GetObject()
{
    if (objects.Count > 0)
    {
        GameObject obj = objects.Dequeue();
        obj.SetActive(true);
        return obj;
    }
    else if (currentSize < maxSize)
```

```
    {
        //如果池为空但未达到最大容量,扩展池大小
        ExpandPool();
        return GetObject();                     //递归调用,确保返回对象
    }
    else
    {
        Debug.LogWarning("Object pool reached its max size.");
        return null;                            //达到最大容量时的处理
    }
}

//将对象返回到池中
public void ReleaseObject(GameObject obj)
{
    if (currentSize > maxSize)
    {
        Destroy(obj);                           //如果当前大小超过最大限制,则直接销毁对象
    }
    else
    {
        obj.SetActive(false);
        objects.Enqueue(obj);
    }
}

//扩展对象池
private void ExpandPool()
{
    int expandSize = Mathf.Min(maxSize - currentSize, initialSize);
    //计算扩展大小,不超过最大容量
    Initialize(expandSize);
    currentSize += expandSize;
}
```

此案例脚本可用在游戏中频繁创建和销毁的子弹或者敌人这类对象上,可以显著地减少性能开销。

2. 减少垃圾回收(GC)

这需要通过避免在每帧中分配内存,尤其是对于字符串和列表等数据结构应当避免在Update这类调用频繁的方法中分配新内存。如果代码中有高性能的需求,则可以考虑使用unsafe代码操作非托管内存,虽然这种方式的风险较高,但也可以有效地减轻垃圾回收的压力。

3. 在资源和资产上进行处理

可以使用 Asset Bundles 或者 Addressables 系统动态加载资源，只加载需要的资源，卸载未使用的资源，这可以减少内存占用。同时通过压缩纹理和模型，通过减少文件大小，也可以直接减少内存的使用。

6.2.2　CPU 优化

在 Unity 中影响 CPU 性能的主要是 Draw Call、物理计算、GC 和代码质量等，所以 CPU 的优化主要就是针对这几个方向开展的，其优化的核心思想就是使 CPU 高效计算，合理分配和避免浪费。

1. 减少 Draw Call 数量

当 CPU 向 GPU 发送一次绘制（渲染）命令时就会产生一个 Draw Call，这时 CPU 需要进行一系列准备工作，例如设置渲染状态等，因此，如果 Draw Call 数量太多，则会导致 CPU 的开销增加。减少 Draw Call 主要有 3 种方法。

1）合并网格和材质

对于位置和形状都不会变化的对象，通过静态合并的方法减少 Draw Call 的数量，这在 Unity 中只要选中这些物体后再在 Inspector 窗口选中 Static 就可以自动进行，如图 6-24 所示，但这种合并并不是越多越好，这种比较适合模型颗粒度较高或重复率较高的对象，例如重复率高的建筑类模型。动态合并适用于需要在运行时动态生成的物体，可以调用 Mesh.CombineMeshes 将多个 Mesh 合并为一个。另一个方面，如果多个物体使用相同的材质，则可以使用 MaterialPropertyBlock 类来合并材质。

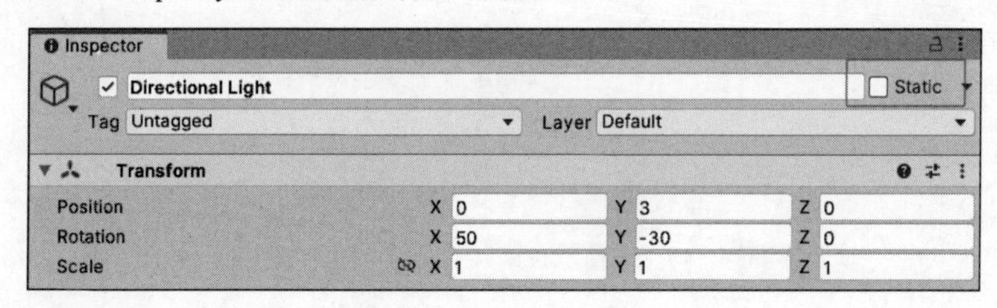

图 6-24　标为静态节点

2）使用 LOD 技术

LOD（Level Of Detail，细节层次）通过设定不同的细节层次（也叫 LOD 级别）来控制显示的模型复杂度。在每个 LOD 级别中都需要设置一个渲染举例，当相机离目标对象的距离超过所设置的渲染距离时，模型就会切换到更低的 LOD 级别。反之，则切换到更高的 LOD 级别。通过这种方式实现了当相机距离目标对象较远时渲染更简单的模型，从而减少渲染的计算量，降低 Draw Call 的数量，但另一方面会因为加载了更多不同 LOD 级别的模型而增加内存占用。

3）使用 GPU 实例化技术

GPU 实例化是一种高效的渲染技术，可以在 GPU 上复制和渲染多个相同的物体，从而减少 Draw Call 的数量。在 Unity 中，可以通过 Graphics. DrawMeshInstanced 或 Graphics. DrawMeshInstancedIndirect 方法来复制和渲染多个实例。

2. 物理计算

物理计算主要是指物理引擎计算每个物体的运动和它们之间的相互作用，例如碰撞检测计算，这些都是密集型的计算任务，是通过 CPU 来计算的。尤其是高精度的物理模拟和大量的物体交互会大大增加 CPU 的计算负担。以下是一些在 Unity 中通过优化物理计算来优化 CPU 的策略。

1）设置合理的物理层（Physics Layers）

在 Edit→Project Settings→Physics 中设置哪些层之间进行碰撞检测，可以有效地减少不必要的碰撞检测计算，如图 6-25 所示。

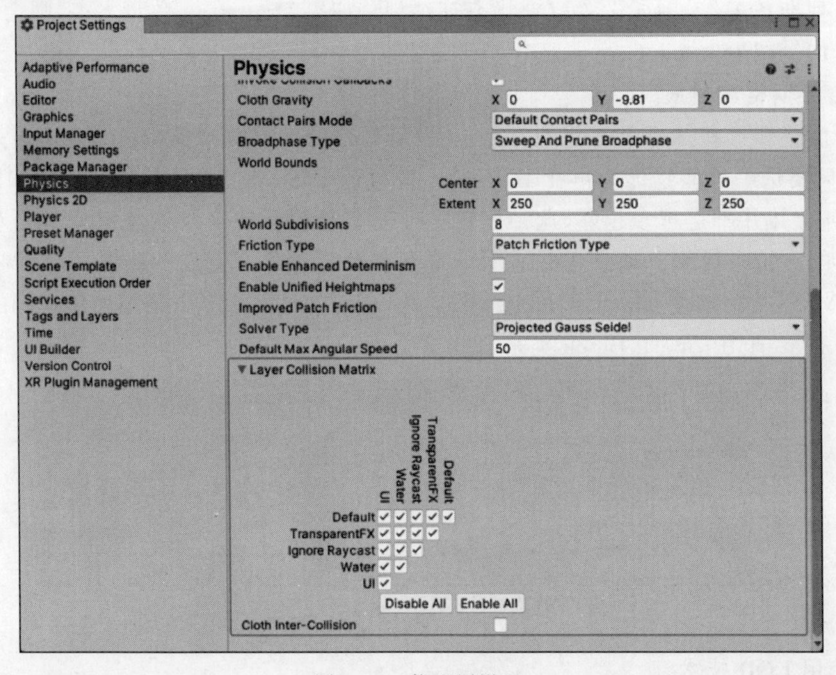

图 6-25 物理层设置

2）优化碰撞体

尽可能地使用 Box Collider 等简单形状作为碰撞体，避免使用复杂的网格碰撞体（Mesh Collider），尤其是对于复杂和动态的对象。这是因为像 Box Collider 这类碰撞器是基于算法实现的，没有面的概念，是采用轴对齐包围盒（AABB）检测碰撞的，计算过程相对简单，也不需要考虑复杂的几何形体，只需比较包围盒之间是否相交，计算量相对较小，而 Mesh Collider 是基于顶点数据进行碰撞检测的，每个碰撞检测都需要考虑网格内的众多顶点和面，对于复杂的几何形体计算会更加复杂，性能开销也更大，因此 Mesh Collider 通常应用在需要更精确的碰撞检测上，否则应当使用简单碰撞体或者简单碰撞体的组合进行替换。

3. 垃圾回收会影响 CPU

垃圾回收会在堆上检查每个对象，并且搜索所有当前对象的引用，以确定堆上的对象是否还处于作用域内。对于不在作用域内的对象会被标记为删除，然后将其删除并将其内存返回堆中。垃圾回收的过程是非常消耗性能的操作，尤其是堆上的对象越多，回收的过程就越长，可能会导致主线程阻塞，影响应用程序的流畅性，因此需要减少 GC 的次数，这可以通过 6.2.1 节减少垃圾回收的方法等进行控制。

4. 代码的质量也会直接影响 CPU 性能

低效的算法和数据结构会导致占用更多的 CPU 时间来完成同样的任务。例如在排序时使用冒泡排序（时间复杂度为 $O(n^2)$）与使用快速排序（平均时间复杂度为 $O(n\log n)$）相比，当数据规模增大时，所需的时间会急剧增加。再如如果需要频繁地进行插入、删除操作，则使用链表或许比使用数组更加高效。另外逻辑的复杂度也可能会影响 CPU 性能，例如，过多的 if-else 或者 switch-case 语句会导致 CPU 在决策上花费更多的时间，因为每次的条件判断都需要 CPU 计算结果。还有冗余的代码也会浪费 CPU 资源，例如，已执行了一次代码后不会变化的结果，其他地方还要重复执行就会导致 CPU 资源浪费。还有一种需要注意的地方是，在 Unity 这类引擎中，每帧都会调用的函数（例如 Update 等）如果执行耗时的操作，则会导致 CPU 每帧都会处理大量的任务，也会降低整体的性能。

6.2.3 GPU 优化

GPU 主要是进行图像渲染的，优化 GPU 的核心思想是减少绘制的数目，降低显存的压力。这主要可以通过以下几种方法进行优化。

1. 精简模型

去掉不必要的三角形面是一个非常直接的优化方法，无论是手动简化，还是使用工具来自动化简化都有显著的效果。面数的精简可以减少顶点处理和片元着色的负担，尤其是对于大量出现在场景中的物体，能显著降低 GPU 负荷。

2. 光照和阴影优化

在 3D 渲染世界，光照和阴影是极其重要的部分，它们可以为用户带来更加真实和立体的感受。但是，光照和阴影的计算会占用大量的 GPU 资源，因此光照和阴影优化一直是渲染的重点方向。

优化光照和阴影的第 1 步应该要确保正确地使用了光照和阴影，这可以通过画面是否逼真进行判断（特殊效果应用除外），在理想的情况下，优化并不会降低画面的视觉质量，然后可以采用烘焙光照、混合光照、优化阴影设置、简化光照模型等方法进行优化。

烘焙光照可对光照信息进行预先计算并存储在纹理中，这样在运行时便不再需要进行实时光照计算。

混合光照可以在同一场景中使用烘焙光照和实时光照，但需要控制实时光照的数量。

优化阴影设置可以降低阴影的分辨率，设置阴影距离，减少阴影的产生对象，这些配置都会影响性能。

简化光照模型主要需要根据应用的需求进行选择，如果不需要使用完全精确的光照模型，则可选择更简单的光照模型，例如选择只包含环境光和漫反射部分的 Lambert 光照模型。

3. 压缩纹理和多重纹理

采用这两种方式优化后的纹理可以减少 GPU 的内存带宽占用，加快纹理的读取速度，也能极大地提高渲染的性能，但多重纹理(Mipmaps)是一种纹理缩略图的层级结构，它的层级结构是由原始纹理图像的不同大小的缩略图组成的。在多重纹理中，每个缩略图的大小都是原始图像大小的一半，并且缩略图之间的分辨率有序递减。当纹理被远离观察时，Unity 会自动选择一个最接近场景中的物体的 Mipmap 级别，以保证图像清晰度和性能的平衡，这是一种以内存换取速度的方式。

4. 使用遮挡剔除技术

遮挡剔除(Occlusion Culling)的主要目的是减少场景中要渲染的对象数量，其原理是如果一个对象被其他物体完全遮挡，就不渲染。在 Unity 中也提供了相关的设置，设置完成后 Unity 会计算并存储那些可能被遮挡的物体，读者可自行尝试，但需要注意的是，这种技术只适用于静态的对象。

6.3 测试方法

为确保 Unity 插件能稳定、高效地为应用程序服务，测试也是开发过程中最重要的一个环节，因此掌握一些测试方法，可以帮助开发者及时发现和修复错误，提升用户体验。在 Unity 开发中，不论是进行应用程序开发，还是进行 Unity 插件开发，开发者和测试者常用的测试方法主要有单元测试、集成测试和自动化测试，以下是它们的具体介绍。

6.3.1 单元测试

单元测试(Unit Testing)旨在验证代码中最小的独立的部分(函数或方法)是否按照预期工作，每个单元测试都应在给定的输入下能够产生符合预期的输出。单元测试的核心要素包括独立性、特定性、自动化和重复性。独立性要求每个测试都独立于其他测试，确保互相之间不影响，并且能独立运行；特定性要求每个测试都要聚焦于一个特定的功能或行为；自动化要求单元测试尽量是自动执行的，不需要人工干预；重复性要求代码在更改后可以重复执行，以确保更改代码后没有引入新的错误。单元测试主要有 3 个作用：一是可以帮助开发者在早期及时发现并修复错误，避免后期错误累加后导致调试困难。二是能确保开发者在重构代码时不会破坏现有功能。三是单元测试可以作为代码的实时文档,说明函数或方法应如何使用及其预期行为,但是单元测试也有自身的局限性,它只能验证独立代码的功能性,不能检测组件间的交互问题。

本节将使用 Unity Test Framework 和 NUnit 框架对单元测试案例进行讲解。Unity Test Framework 是 Unity 自带的测试框架,支持单元测试和集成测试。NUnit 是一个广泛使用的.Net 测试框架,与 Unity 兼容,在写单元测试用例时都会用到。

【案例 6-3】 实现一个计算器功能,并对其加减乘除进行单元测试。

首先,需要确保 Unity 工程已经导入了 Test Framework 和 Custom NUnit 插件,如果没有导入,则可以直接在 Package Manager 下面搜索导入,如图 6-26 所示。

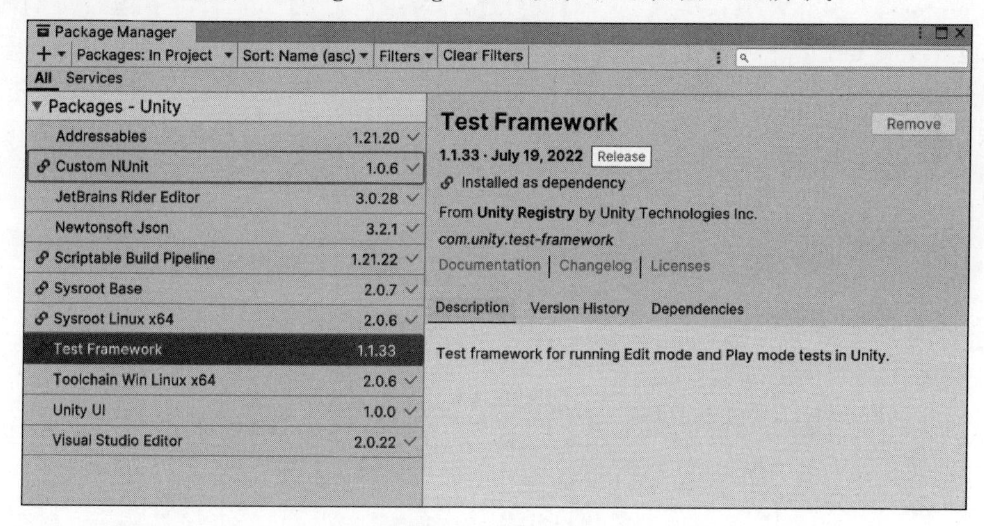

图 6-26 测试框架

然后实现一个带有加减乘除 4 种方法的计算器类,代码如下:

```
//第 6 章 //Calculator.cs

//计算器类
public class Calculator
{
    //加法
    public float Add(float a, float b)
    {
        return a + b;
    }
    //减法
    public float Reduce(float a, float b)
    {
        return a - b;
    }
```

```
    //乘法
    public float Multi(float x, float y)
    {
        return x * y;
    }
    //除法
    public float Division(float x, float y)
    {
        return x / y;
    }
}
```

接下来需要配置单元测试和实现单元测试脚本。在 Unity 编辑器中通过 Window→General→Test Runner 打开测试界面，可以实现在 PlayMode 和 EditMode 两个模式下进行测试，本案例在 EditMode 下单击 Create EditMode Test Assembly Folder 按钮，这会在工程里自动创建一个测试程序集文件夹（默认为 Tests，重命名为 Tests_Editor）和一个 asmdef 文件，如图 6-27 所示。

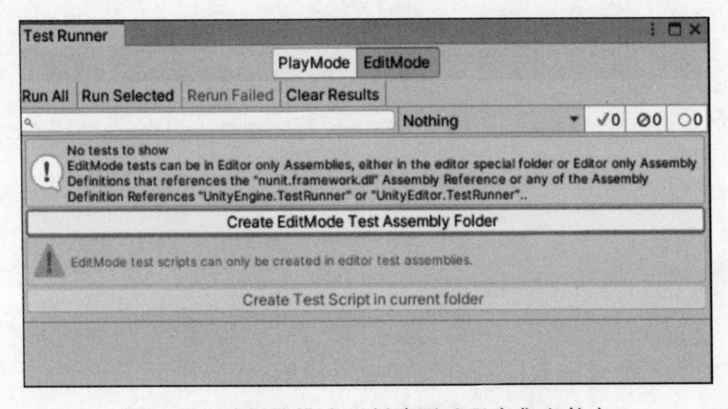

图 6-27　编辑器模式下创建测试程序集文件夹

测试程序集文件夹创建完成后，就可以在这个文件夹里创建单元测试脚本了，这里分别实现 4 种方法的单元测试，代码如下：

```
//第 6 章 //CalculatorTest.cs

public class CalculatorTest
{
    [Test]
    public void Add_TwoAddThree_ReturnFive()                //对加法运算进行单元测试
    {
        Calculator calculator = new Calculator();
        float a = 2;
        float b = 3;
```

```
            float expectedResult = 5;
            float result = calculator.Add(a, b);              //5
            //验证结果
            Assert.AreEqual(expectedResult, result);
        }

        [Test]
        public void Reduce_FiveReduceOne_ReturnFour()          //对减法运算进行单元测试
        {
            Calculator calculator = new Calculator();
            float a = 5;
            float b = 1;
            float expectedResult = 4;
            float result = calculator.Reduce(a, b);            //4
            //验证结果
            Assert.AreEqual(expectedResult, result);
        }

        [Test]
        public void Multi_FiveMultiTwo_ReturnTen()             //对乘法运算进行单元测试
        {
            Calculator calculator = new Calculator();
            float a = 5;
            float b = 2;
            float expectedResult = 10;
            float result = calculator.Multi(a, b);             //10
            //验证结果
            Assert.AreEqual(expectedResult, result);
        }

        [Test]
        public void Division_NineDivisionThree_ReturnThree() //对除法运算进行单元测试
        {
            Calculator calculator = new Calculator();
            float a = 9;
            float b = 3;
            float expectedResult = 3;
            float result = calculator.Division(a, b);          //3
            //验证结果
            Assert.AreEqual(expectedResult, result);
        }
}
```

需要注意的是，这里由于使用了程序集定义文件，所以在测试程序集文件目录下的脚本是无法访问 Calculator 类的，因此这里在 Calculator 类脚本目录也要创建一个程序集定义文件，然后在测试程序集定义文件配置上关联上 Calculator 类的程序集，如图 6-28 所示。

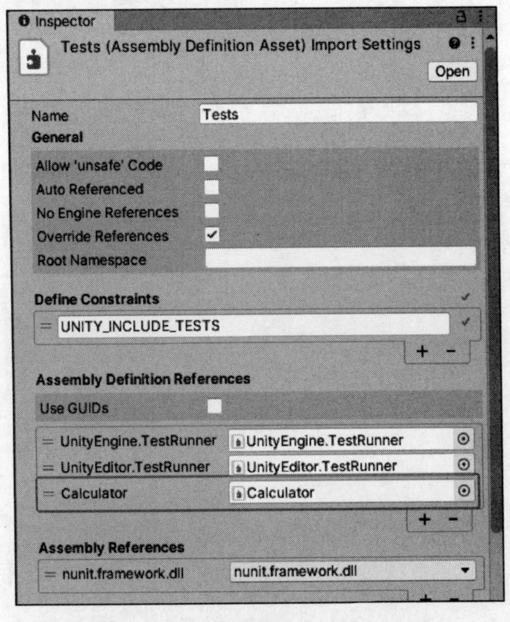

图 6-28　添加待测试目标的程序集

此时返回测试窗口，就可以看到 4 个单元测试用例了，其中每项前面都默认有一个空心圆圈，当右击执行测试用例后，如果测试通过了，空心圆里面就是绿色的图标，如果测试不通过，空心圆里面就是红色的图标，选中错误项后会在下方输出测试用例的预期结果和真实结果(为了演示错误情况，将减法方法的实现修改为加法)，如图 6-29 所示。

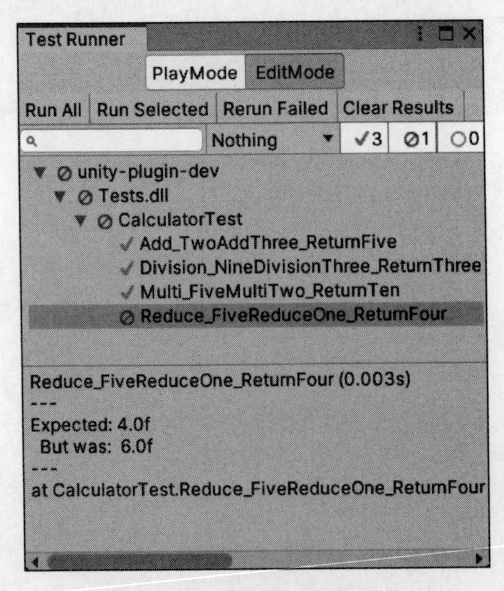

图 6-29　编辑器模式下测试结果

6.3.2 集成测试

集成测试(Integrating)又叫组装测试或联合测试。它主要是在单元测试之后,验证多个模块或组件在一起工作时的行为和交互是否正常,是对整体功能的测试,因此,它有助于帮助开发者发现在模块接口中可能存在的问题,例如数据传递错误和接口不匹配等问题。集成测试可以采用白盒或者黑盒的方法来测试,甚至可以一起使用。采用白盒测试需要对代码内部结构有所了解,采用黑盒测试只需关注输入和输出,作为开发者采用白盒加黑盒(白加黑)的方式具有先天优势。本节依然使用 Unity Test Framework 和 NUnit 框架对集成测试案例进行讲解。

【案例 6-4】 在案例 6-3 的基础上,对 Calculator 类进行集成测试(黑盒测试加白盒测试)。

因为要进行白盒测试,因此需要对方法有所了解,这里将除法运算改得稍微复杂一点,考虑到除数为 0 时返回−1,这样在白盒测试时就可以测试除数为 0 的内部逻辑是否正确了。修改除法方法后,代码如下:

```
public float Division(float x, float y)
{
    if (y == 0)
        return -1;
    return x / y;
}
```

因为集成测试大多数发生在运行时,因此在测试窗口选中 PlayMode 页签后单击 Create PlayMode Test Assembly Folder 按钮会创建出运行模式下的测试集目录(命名为 Tests_Runtime),如图 6-30 所示。

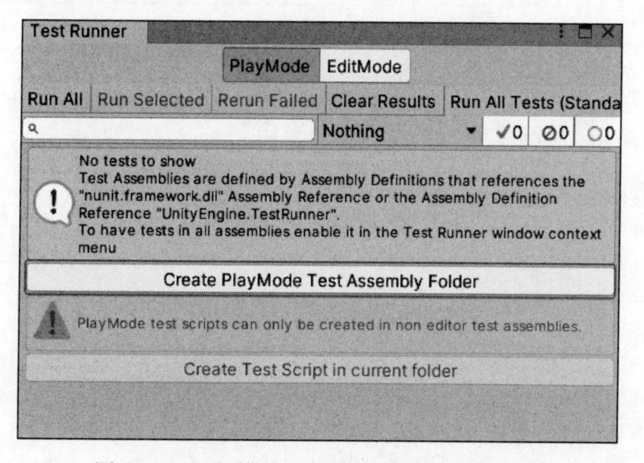

图 6-30 运行模式下创建测试程序集文件夹

选中这个目录后,再单击 Create Test Script in current folder 按钮创建测试脚本模板,如图 6-31 所示。

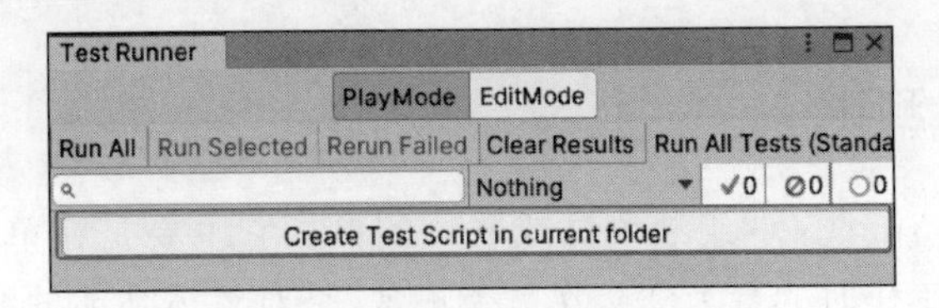

图 6-31　运行模式下创建测试脚本

脚本创建完后，和 EditorMode 模式下一样，也要将 Calculator 类关联到运行模式下的测试程序集定义文件上，如图 6-32 所示。

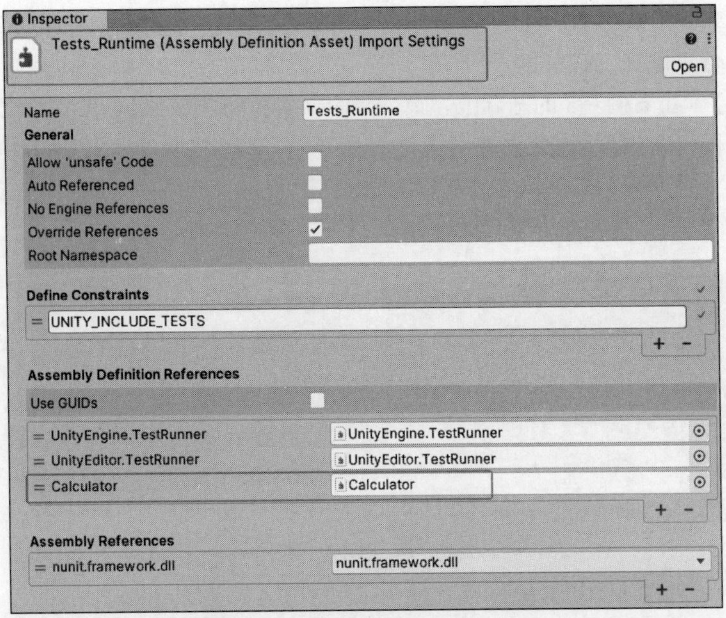

图 6-32　配置待测试目标的程序集

最后，在脚本里分别实现对计算器类 4 种方法的组合进行测试（黑盒测试）和对除法运算除数为 0 进行测试（白盒测试），代码如下：

```
//第 6 章 //CalculatorTest_Runtime.cs

[TestFixture]
public class CalculatorTest_Runtime
{
    [Test]
    public void Calculator 组合使用黑盒测试()
    {
        Calculator calculator = new Calculator();
        //组合测试
        float result1 = calculator.Add(10, 20);            //30
        float result2 = calculator.Multi(result1, 2);      //60
```

```
        float result3 = calculator.Reduce(result2, 10);    //50
        float result4 = calculator.Division(result3, 5);   //10
        //验证结果
        Assert.AreEqual(10, result4);
    }

    [Test]
    public void Calculator除数为0白盒测试()
    {
        Calculator calculator = new Calculator();
        float result = calculator.Division(10, 0);
        //验证结果
        Assert.AreEqual( - 1,result,"除数不能为0");
    }
}
```

此时再打开测试窗口，就能看到这两个测试用例了，运行后便能查看是否通过用例验证，如图6-33所示。

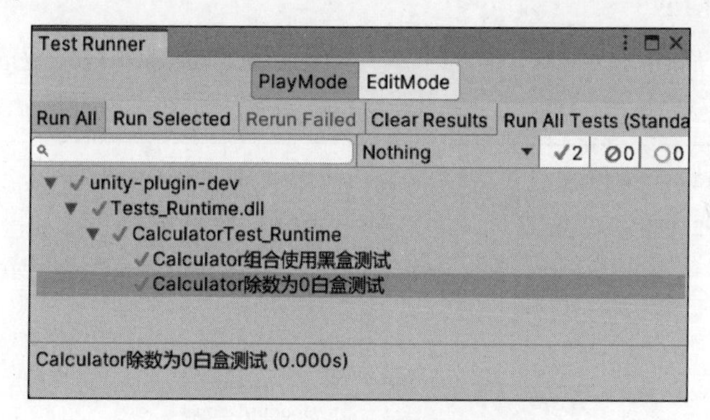

图6-33　运行模式下测试结果

6.3.3　自动化测试

当功能非常多，或版本迭代更新较快，或存在团队协作等情况时，自动化测试可及时发现和修复问题，提高软件的可靠性和稳定性，从而提高软件质量。也能解放人力测试，尤其是项目较大时，自动化测试可以大大提升测试效率，降低测试成本。本节将通过一个案例讲解如何在Windows系统下使用Jenkins对Unity进行自动化测试。

1. 安装JDK

由于Jenkins是基于Java开发的，因此运行Jenkins需要Java环境，需要前往官网下载适合操作系统的JDK版本，如图6-34所示。

Linux	macOS	Solaris	Windows

Product/file description	File size	Download
ARM64 RPM Package	71.70 MB	jdk-8u401-linux-aarch64.rpm
ARM64 Compressed Archive	71.88 MB	jdk-8u401-linux-aarch64.tar.gz
x86 RPM Package	140.75 MB	jdk-8u401-linux-i586.rpm
x86 Compressed Archive	138.13 MB	jdk-8u401-linux-i586.tar.gz
x64 RPM Package	137.79 MB	jdk-8u401-linux-x64.rpm
x64 Compressed Archive	135.04 MB	jdk-8u401-linux-x64.tar.gz

图 6-34　JDK 下载页

2. 安装 Jenkins

Java 环境装好后，前往 Jenkins 官网下载与操作系统和 Java 环境对应的安装包，如图 6-35 所示。

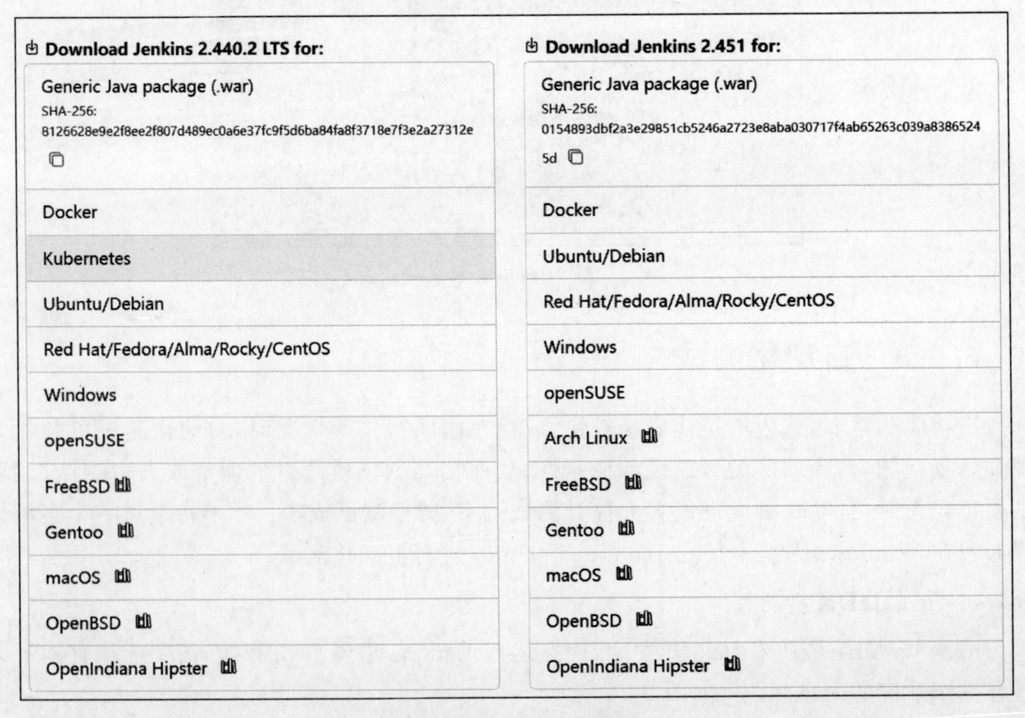

图 6-35　Jenkins 下载页

在安装 Jenkins 的过程中，可以直接按默认配置进行安装，但是在服务登录凭据界面时可以直接选择 Run service as LocalSystem，如图 6-36 所示。

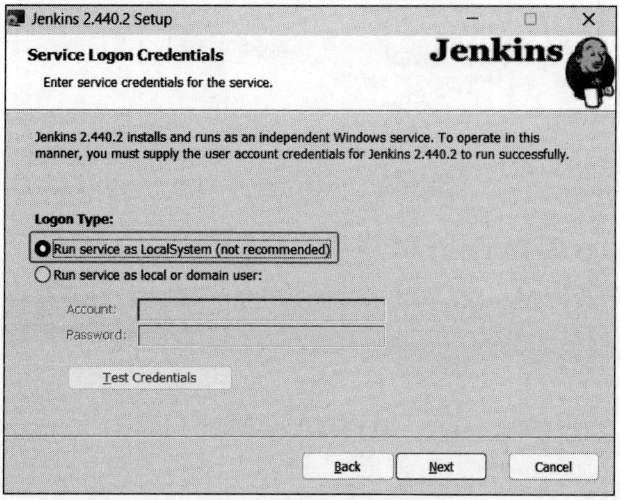

图 6-36 Jenkins 服务凭据界面

在选择 JDK 路径时，需要修改为安装 JDK 时的路径，如图 6-37 所示。

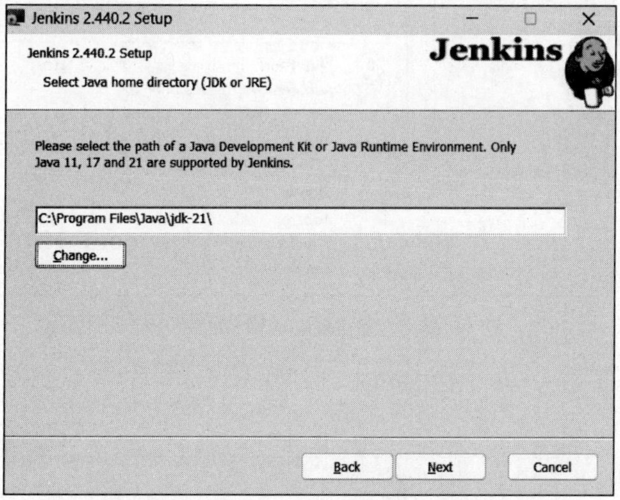

图 6-37 Jenkins 安装时选择 JDK 安装路径

安装完 Jenkins 后，默认已经启动了服务。后面也可以通过命令 net start jenkins 和 net stop jenkins 来启动和停止服务。Jenkins 启动后可以直接在浏览器中输入地址进行访问，本案例网址为 http://localhost:8080/，此时会提示解锁 Jenkins，按提示找到 initialAdminPassword 文件并将内容复制进去即可，如图 6-38 所示。

接下来在自定义 Jenkins 界面选择需要安装插件，可以任意选择一个。最后创建一个管理员用户即可完成 Jenkins 配置，然后进入 Jenkins 主页。

图 6-38　解锁 Jenkins 界面

3. 使用 Jenkins 配置 Unity3d 插件

在 Jenkins 主页选择 Manage Jenkins 下的 Plugins 进入插件安装页，如图 6-39 所示。

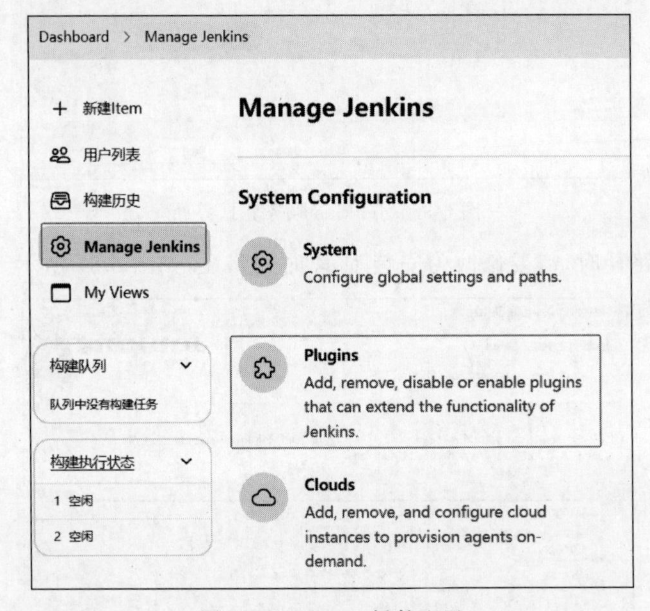

图 6-39　Jenkins 插件配置

在插件选择页选中 Available plugins，然后输入 Unity3D 搜索出 Unity 插件后选中安装，如图 6-40 所示。

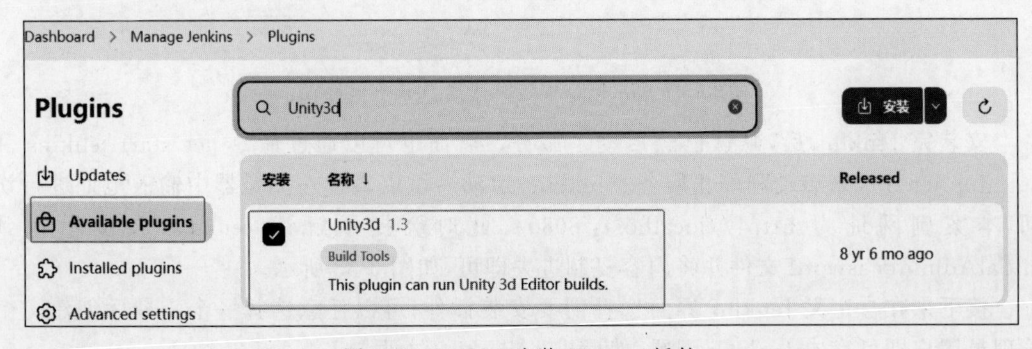

图 6-40　Jenkins 安装 Unity3d 插件

安装完成后，返回 Manage Jenkins 页，并选中 Tools 进入工具配置页，如图 6-41 所示。

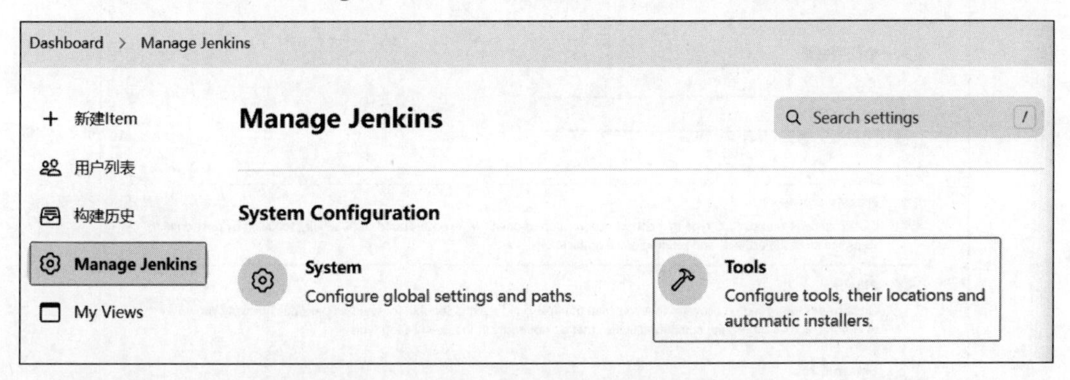

图 6-41 Jenkins 工具配置

在 Tools 页滑动到最后，增加本机安装的 Unity 引擎版本和路径，需要注意的是路径只需到 Editor 目录，如图 6-42 所示。

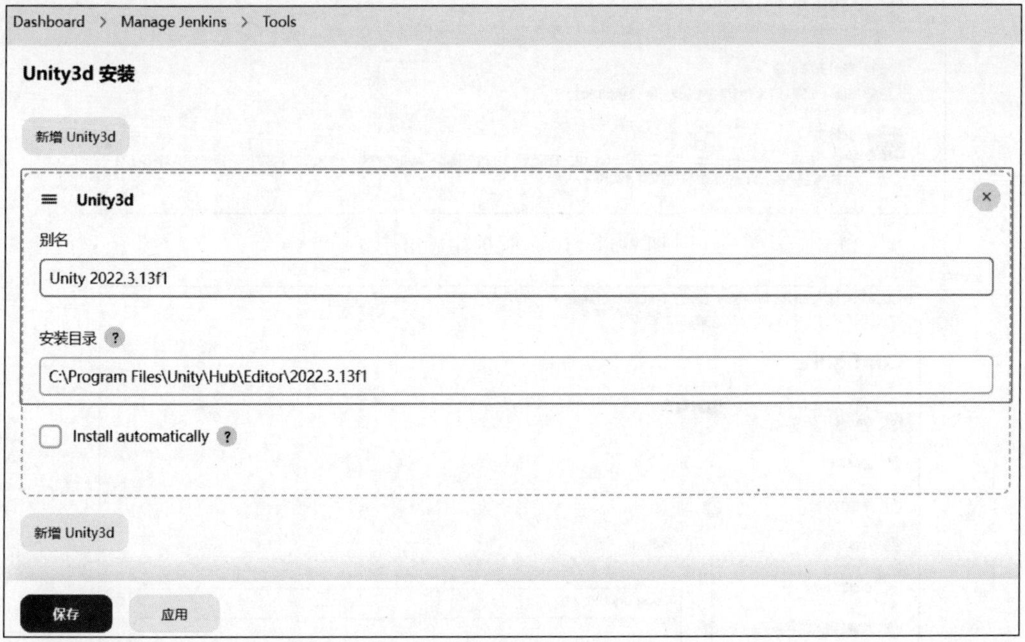

图 6-42 Jenkins Unity3d 配置

4. 创建自动化测试任务

在 Jenkins 主页选择新建 Item 进入任务创建页，选择 Freestyle project 创建一个通用的任务，如图 6-43 所示。

首先配置源码管理，在 Repository URL 输入插件的 Git 访问地址，并在 Credentials 下面单击添加 Git 的访问凭据，如图 6-44 所示。

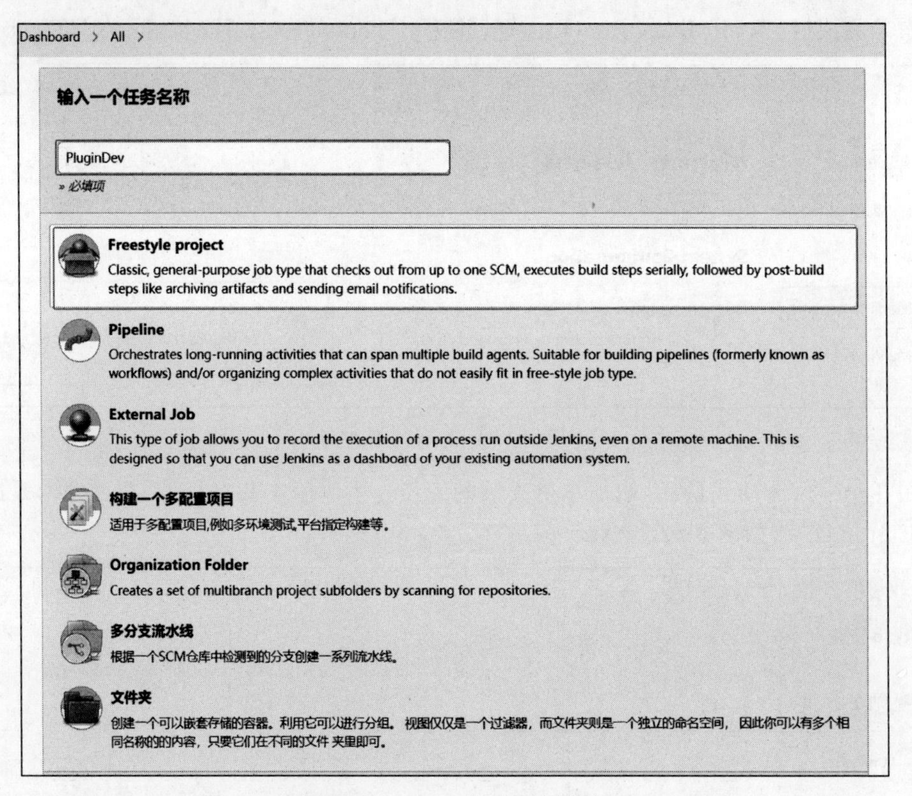

图 6-43　Jenkins 创建通用任务

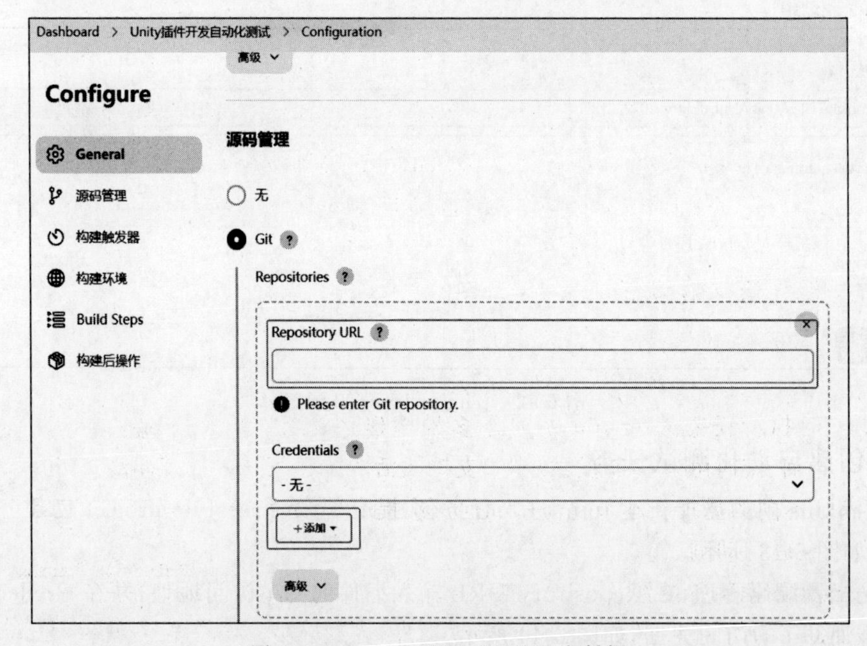

图 6-44　Jenkins 配置 Git 地址和凭据

在凭据弹出窗根据实际情况选择类型后，填写对应的信息。凭据验证成功后再切回源码管理选择仓库对应的凭据。再在这个界面下滑到构建步骤的地方，选择 Invoke Unity3d Editor 后会默认选中第 3 步配置的 Unity 版本，然后在 Editor command line arguments 项填写 Unity 的命令启动参数(Unity 启动参数可以详见官方文档)。本案例主要执行集成测试部分的代码，主要参数字段是 testResults，表示测试结果存放路径，testPlatform 表示选择的测试平台，这里选择的是 playmode，因此完全启动参数内容如下：

```
-batchmode -runTests -projectPath C:/Work/unity-plugin-dev -testResults C:/Work/unity
-plugin-dev/TestResults/results.xml -testPlatform playmode
```

构建步骤配置如图 6-45 所示。

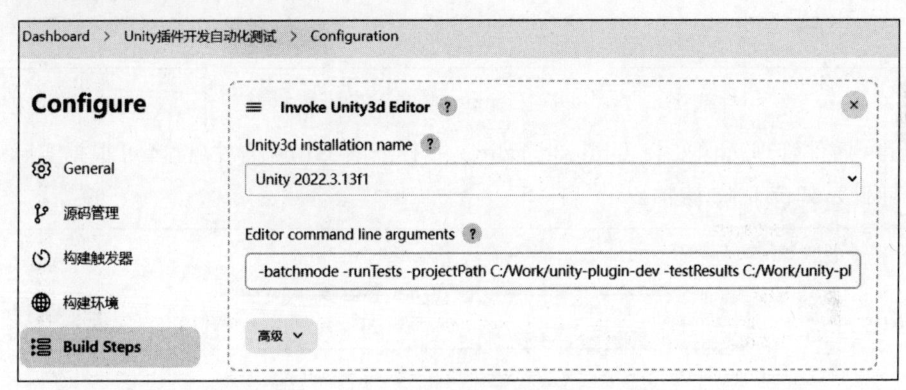

图 6-45　Jenkins 配置唤醒 Unity 的启动参数

保存后，在创建的任务界面执行 Build Now 就会马上执行自动化测试任务并显示执行进度和结果，如图 6-46 所示。

此时，可以通过单击构建历史进入控制台输出查看任务执行日志信息。另外，通过 Unity 命令启动项也设置了自动化测试输出的日志文件 results.xml，打开此文件可以查看集成测试的结果，如图 6-47 所示。

图 6-46　Jenkins 执行当前任务

5. 设置自动化触发器

Jenkins 的构建触发器是负责启动任务的，它们可以定时执行，也可以通过事件触发执行，例如每天晚上九点执行或代码提交时执行任务。Jenkins 提供了多种构建触发器，包括 SCM 轮询、定时触发和远程触发等，支持灵活的构建策略，以便满足不同的需求。本节将演示如何每次提交代码时自动触发以完成自动测试。

1）安装 Git 插件并配置

由于本书示例工程采用 Gitee 服务存放管理，因此需要

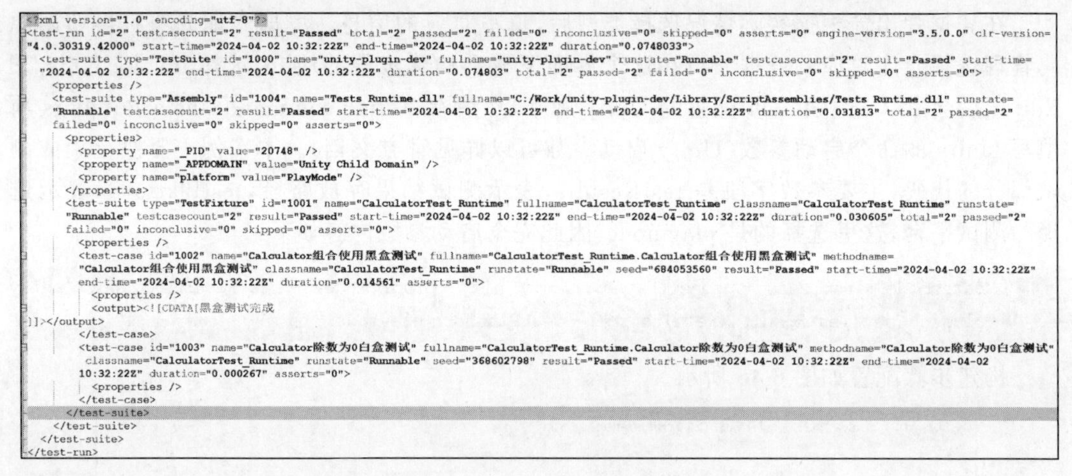

```xml
<?xml version="1.0" encoding="utf-8"?>
<test-run id="2" testcasecount="2" result="Passed" total="2" passed="2" failed="0" inconclusive="0" skipped="0" asserts="0" engine-version="3.5.0.0" clr-version=
"4.0.30319.42000" start-time="2024-04-02 10:32:22Z" end-time="2024-04-02 10:32:22Z" duration="0.0748033">
  <test-suite type="TestSuite" id="1000" name="unity-plugin-dev" fullname="unity-plugin-dev" runstate="Runnable" testcasecount="2" result="Passed" start-time=
  "2024-04-02 10:32:22Z" end-time="2024-04-02 10:32:22Z" duration="0.074803" total="2" passed="2" failed="0" inconclusive="0" skipped="0" asserts="0">
    <properties />
    <test-suite type="Assembly" id="1004" name="Tests_Runtime.dll" fullname="C:/Work/unity-plugin-dev/Library/ScriptAssemblies/Tests_Runtime.dll" runstate=
    "Runnable" testcasecount="2" result="Passed" start-time="2024-04-02 10:32:22Z" end-time="2024-04-02 10:32:22Z" duration="0.031813" total="2" passed="2"
    failed="0" inconclusive="0" skipped="0" asserts="0">
      <properties>
        <property name="_PID" value="20748" />
        <property name="_APPDOMAIN" value="Unity Child Domain" />
        <property name="platform" value="PlayMode" />
      </properties>
      <test-suite type="TestFixture" id="1001" name="CalculatorTest_Runtime" fullname="CalculatorTest_Runtime" classname="CalculatorTest_Runtime" runstate=
      "Runnable" testcasecount="2" result="Passed" start-time="2024-04-02 10:32:22Z" end-time="2024-04-02 10:32:22Z" duration="0.030605" total="2" passed="2"
      failed="0" inconclusive="0" skipped="0" asserts="0">
        <properties />
        <test-case id="1002" name="Calculator组合使用黑盒测试" fullname="CalculatorTest_Runtime.Calculator组合使用黑盒测试" methodname=
        "Calculator组合使用黑盒测试" classname="CalculatorTest_Runtime" runstate="Runnable" seed="684053560" result="Passed" start-time="2024-04-02 10:32:22Z"
        end-time="2024-04-02 10:32:22Z" duration="0.014561" asserts="0">
          <properties />
          <output><![CDATA[黑盒测试完成
]]></output>
        </test-case>
        <test-case id="1003" name="Calculator除数为0白盒测试" fullname="CalculatorTest_Runtime.Calculator除数为0白盒测试" methodname="Calculator除数为0白盒测试"
         classname="CalculatorTest_Runtime" runstate="Runnable" seed="368602798" result="Passed" start-time="2024-04-02 10:32:22Z" end-time="2024-04-02
        10:32:22Z" duration="0.000267" asserts="0">
          <properties />
        </test-case>
      </test-suite>
    </test-suite>
  </test-suite>
</test-run>
```

图 6-47　Jenkins 任务输出结果

在 Jenkins 插件管理页像安装 Unity3d Editor 一样安装 Gitee 插件(读者可根据实际情况选择其他插件),如图 6-48 所示。

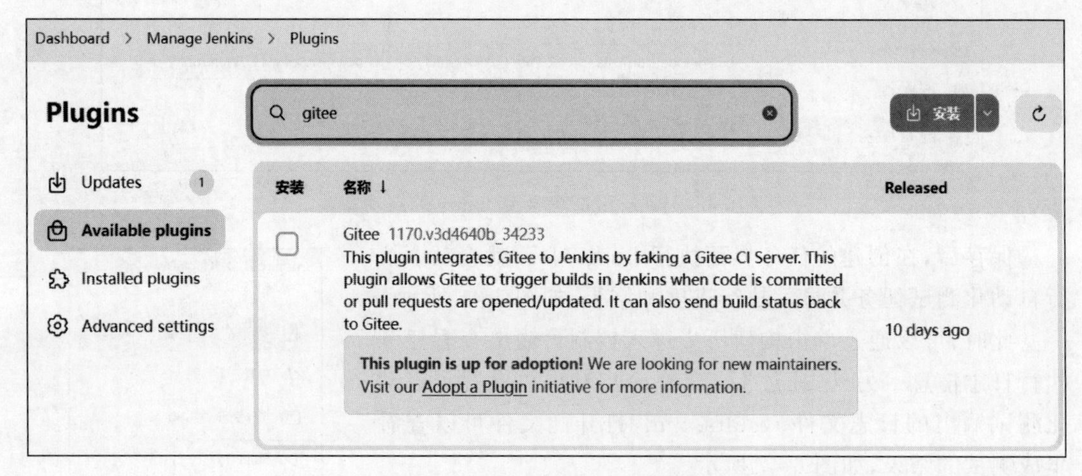

图 6-48　Jenkins 安装 Gitee 插件

插件安装完成后导航到 System 下面找到 Gitee 配置项进行配置,其中证书令牌按提示前往地址创建一个,然后在 Jenkins 创建一个 Gitee API 令牌即可。最后的效果如图 6-49 所示。

2) 配置内网穿透(内网才需要)

由于 Jenkins 部署在本地,公网是无法访问的,因此需要采用内网穿透工具获取一个公网地址。本案例采用工具(例如 Loophole 等)将公网地址映射到本地 Jenkins 地址并保持服务启动,否则公网将失效。最后获得公网地址,这里用 https://A.B 表示这个公网地址。

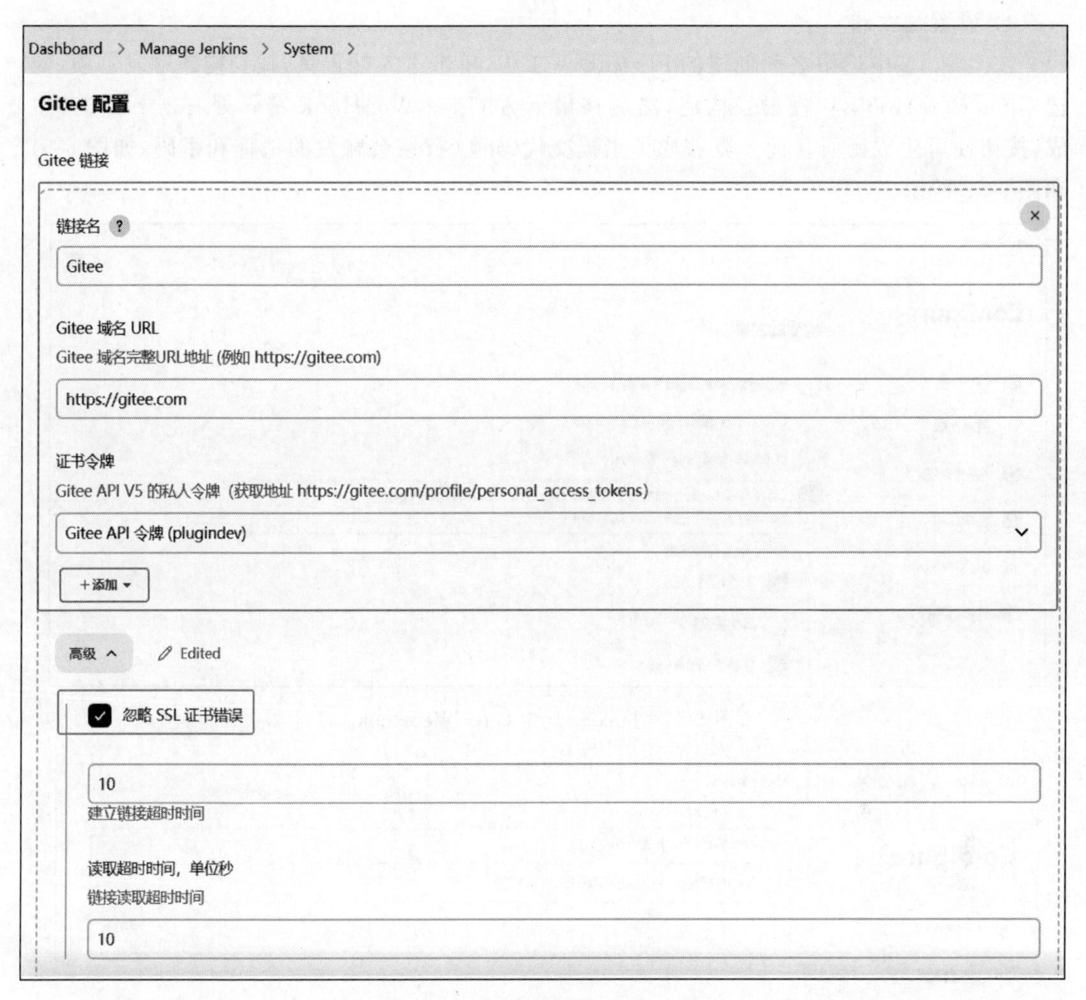

图 6-49　Jenkins 配置 Gitee 令牌

3）配置 Jenkins 地址

再次切换到 Jenkins 的 System 界面，找到 Jenkins Location 项，将获取的公网地址配置给 Jenkins URL，如图 6-50 所示。

Dashboard > Manage Jenkins > System >

Jenkins Location

Jenkins URL

https://A.B

图 6-50　配置 Jenkins 地址

4）设置触发器

在 Jenkins 中选中之前创建的 PluginDev 工程，单击进入配置页，找到构建触发器项，勾选 Gitee WebHook，以便触发构建，然后在最下方 Gitee WebHook 密码处右击下方的“生成”按钮便可生成密码。此步骤获取了当提交代码时 Gitee 会触发的地址和密码，如图 6-51 和图 6-52 所示。

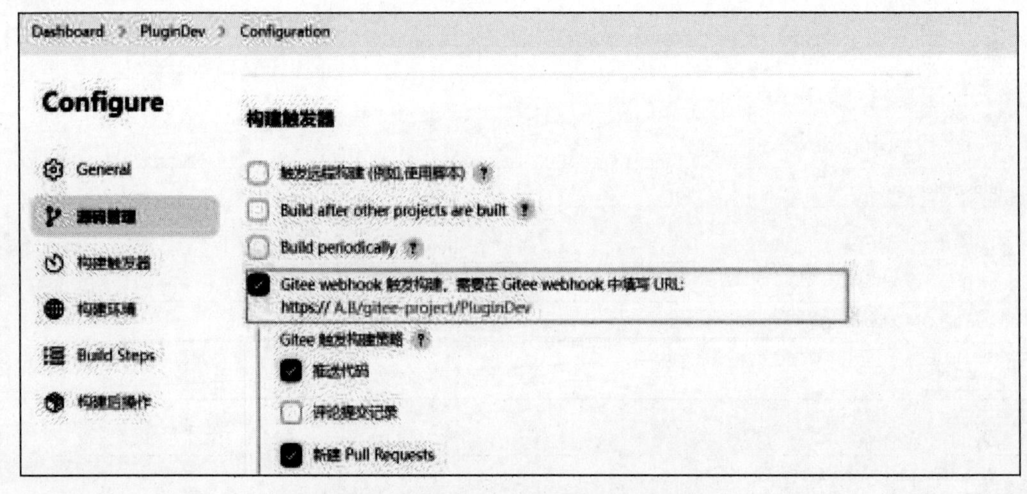

图 6-51 Jenkins 选中 Gitee WebHook

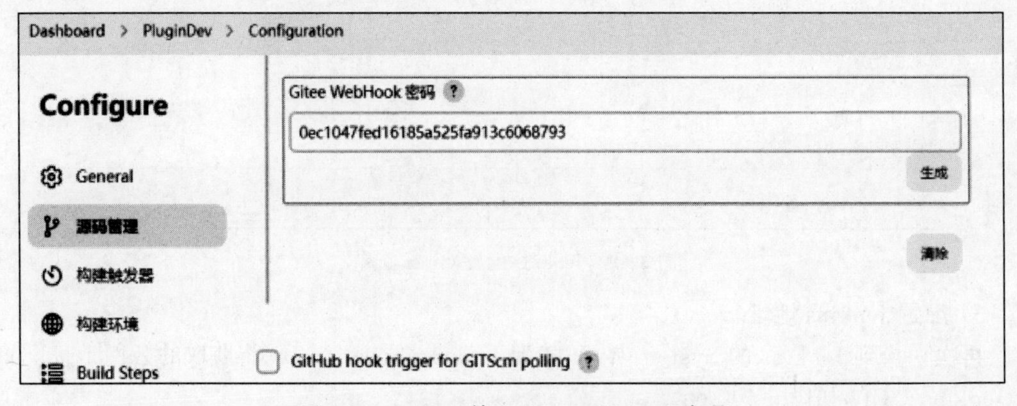

图 6-52 Jenkins 输入 Gitee WebHook 密码

5）配置 Git 工程 WebHooks

在 Gitee 工程项目下单击管理找到 WebHooks 项，单击右上角“添加 WebHook”进行配置，在 URL 和 WebHook 密码处分别输入上一步获取的地址和生成的密码，如图 6-53 所示。

此时，如果工程有任何代码提交就会主动触发执行 Jenkins 上创建的集成测试任务，并会显示触发来源，如图 6-54 所示。

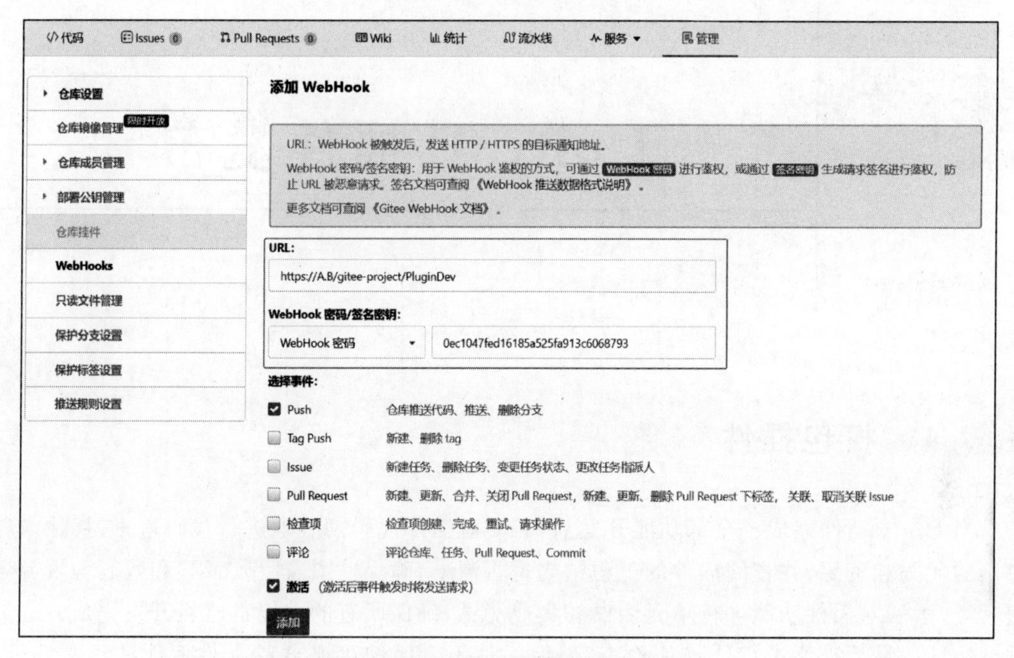

图 6-53　为 Gitee 工程配置 WebHooks

图 6-54　提交代码时自动触发测试任务结果

第 7 章

CHAPTER 7

Unity3D 插件发布

7.1 打包插件

当 Unity 插件完成了全部功能开发后，需要对插件代码彻底地进行代码审查，移除未曾使用的代码和资源，并查阅插件的工程结构是否清晰，确保贴图、模型、音频和代码等资源各归其类，然后对插件功能进行单元测试和集成测试，确保所有的功能都已经开发完成并通过测试验证。最后需要运行依赖项检查，确保插件不会因缺少必要的文件而无法正常工作。检查依赖有多种方法，最常用的方法有以下 3 种。

7.1.1 使用 Unity 引擎自带的选择依赖功能

在 Unity 的 Project 视图里右击任意资产，然后单击 Select Dependencies 选项后，将会将此资产所有的依赖列举出来，但当插件比较大时，这种手动的方式极耗时且很难将插件全部依赖找齐。

7.1.2 使用脚本自动化检测

如果插件很大，则可以编写一个简单的编辑器扩展工具遍历插件中的所有资源和文件，然后对每个文件使用 AssetDatabase. GetDependencies 方法查询出所有的依赖文件。

7.1.3 插件导出后应用测试

这种方式比较简单，直接创建一个新的 Unity 项目，将插件直接导入，然后使用插件的所有功能，如果遇到缺失依赖项的问题，则可根据提示进行补全。

经历以上几步后，便可以进行打包工作。需要注意的是，这里的打包特指. unitypackage 包，因为使用 Unity Package Manager 发布的包有严格的规范需要遵守，不需要输出一个整包资源，而其他的插件发布方式都可以直接用. unitypackage 包的形式，类似于 zip 压缩文件。

言归正传，可以通过菜单项 Assets→Export Package...或者右击 Project 任意资产后选择 Export Package 将插件内容导出为.unitypackage 包，但需要注意的是，如果通过 Assets→Export Package 打包，则会默认选中全部资源；如果工程内有未使用过的资源未被移除，则需要手动取消勾选；如果内容较多，则可以尝试取消勾选 Include dependencies 选项后，再确认导出资源是否完整，如图 7-1 所示。

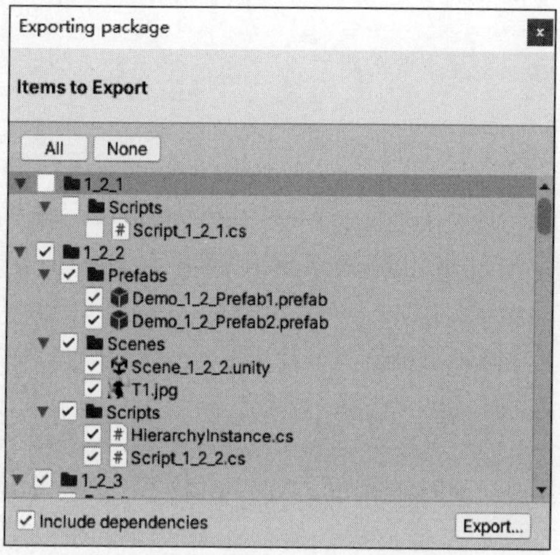

图 7-1 资源导出界面

7.2 创建插件文档和说明

每个插件都应该有一个说明文档，详细的文档介绍可以帮助用户更好地理解插件的功能和使用方法。尤其是对于功能庞大的插件，通过阅读文档可以帮助用户快速上手。另一方面，对于插件开发者来讲，提供插件说明文档也可以节省技术支持的成本。如果没有良好的说明文档，则用户可能很难掌握插件的使用方法而寻求技术支持，这不仅浪费用户的时间，也会增加插件开发者的工作负担，因此，本书提倡对于所有的插件，不论是商用还是自有都应提供一个说明文档，这既能更好地服务用户，也能体现出专业性和责任感。需要强调的是，文档的主要目标是让用户快速理解并使用插件，因此，在编写文档时，应尽量保持语言精简明了，结构清晰，逻辑连贯。尽量使用用户熟悉的术语，并避免使用技术性较强的术语进行描述。通常一个全面的插件说明文档应该包括以下内容。

7.2.1 插件介绍

插件介绍可以说明插件的功能、目的和主要特性等内容，用户通过阅读这些内容可以对插件有一个大致的了解，从而判断插件是否适用。

7.2.2 安装指南

如果插件需要进行额外的配置或者环境安装等，则开发者应该详细地描述如何安装和配置插件等内容。对于那种非常复杂的设置，还需要提供更详尽的步骤和说明，如果可以提供截图或视频教程来辅助说明，则会更加容易地获得用户青睐。

7.2.3 使用说明

这是文档的核心部分，应详尽地说明如何使用插件的每项功能。如果插件功能非常多，则至少要提供核心功能的详细使用说明，另外使用说明的书写应当从用户初次使用的角度以渐入式的方式进行阐述，并且可以提供示例代码和常见的使用场景应用案例来进一步说明。

7.2.4 常见问题解答

对用户提出的常见问题(FAQ)进行汇总并给出解答，这能帮助用户自我解决大多数问题，从而减少插件开发者的技术支持负担。需要注意的是，每个版本发布之后，需要收集用户的问题反馈，然后更新此部分内容。如果帮助文档可以单独及时更新，就直接更新，否则可以随插件版本发布一起更新。

7.2.5 接口和函数参考

对于开放了 API 的插件，应该提供详细的接口和函数定义，以及使用方法。如果插件开发的 API 比较少，则可以直接在文档里提供，但如果 API 非常多，则通常需要另建一个 API 文档或者 API 网页来描述。接口和函数参考可以帮助用户理解插件的功能组成、类之间的关系和每个 API 的具体能力。

7.2.6 更新日志

列出插件的版本历史和修改记录，尤其是修复了什么漏洞、新增了什么功能等，这将有助于用户了解插件的更新情况及主要变化。同时也有助于开发者记录插件发布历史。

7.2.7 联系信息

提供技术支持的联系方式，让用户在需要时可以寻求帮助或反馈问题，通常可以提供邮箱、交流群等。

7.3　选择发布平台

当 Unity 插件一切准备就绪时，便需要考虑通过什么途径来创造价值。这种价值可以是以通过获取报酬为主的经济价值，也可以是为了在开发者社区中创建和提升个人或企业形象为主的品牌价值，也可以是以推广技术创新或技术贡献为主的精神价值。无论出于什么考虑，通常 Unity 插件都可以发布在 Unity Asset Store、个人网站、GitHub（或同类）和 Unity Package Manager 上，本章将分别讲解如何在这些平台上发布 Unity 插件。

7.3.1　Unity Asset Store 发布

Unity Asset Store 是 Unity Technologies 为 Unity 用户提供的在线资源平台。它允许开发者购买和出售 Unity 创建的各种资产，如脚本、模型、材质、声音等。这对开发者来讲非常友好，对于初创公司和独立开发者，购买预制的资产可以帮助他们快速开发游戏，而无须从头开始制作一切元素。对于更大的公司，他们也可以在 Unity Asset Store 上找到一些特殊的资产，例如特殊的音效或者特效，来丰富他们的游戏，而对于出售资产的开发者来讲，他们可以通过分享自己的创意和技能，赚取额外的收入，并且帮助其他开发者实现他们的目标。

但 Unity 对 Asset Store 中的所有资产都有质量标准，需要确保上传的资产适用于不同的项目和用途，本节将进行详细讲解。

1. 插件发布流程讲解

1）创建发布者账号

如果已经拥有普通账号（Unity ID），则可以直接转换成发布者账号。在 Asset Store 主页的底部找到发布者登录选项，如图 7-2 所示。

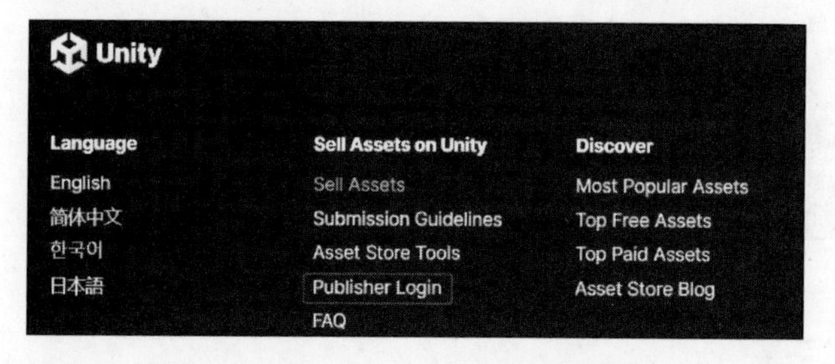

图 7-2　Unity Asset Store 发布者入口

单击后在弹出界面填写一个未被使用的发布者名称，便可以完成转换。如果没有普通账号，则正常注册后再按上述操作进行即可。之后，需要在发布者门户网站上设置。门户网站当前有两个，一个是旧版发布平台（https://publisher.assetstore.unity3d.com）；另一个是新版发布平台（https://publisher.unity.com/），新版更加强大，但两个平台的发布者账号是相通的，因此同一账号不论使用哪个平台都可以。本书以新版为例进行讲解。在新版门户界面单击个人资料(Profile)页完善个人信息，同样带有黄色感叹号图标的地方都要填写，如果没有可填写的信息，则可以按提示格式填写一个无效的信息，否则会导致提交审批环节失败，其中用户支持信息，建议这里至少填写一个邮箱信息，这可以让用户在需要时联系到开发者，如图 7-3 所示。

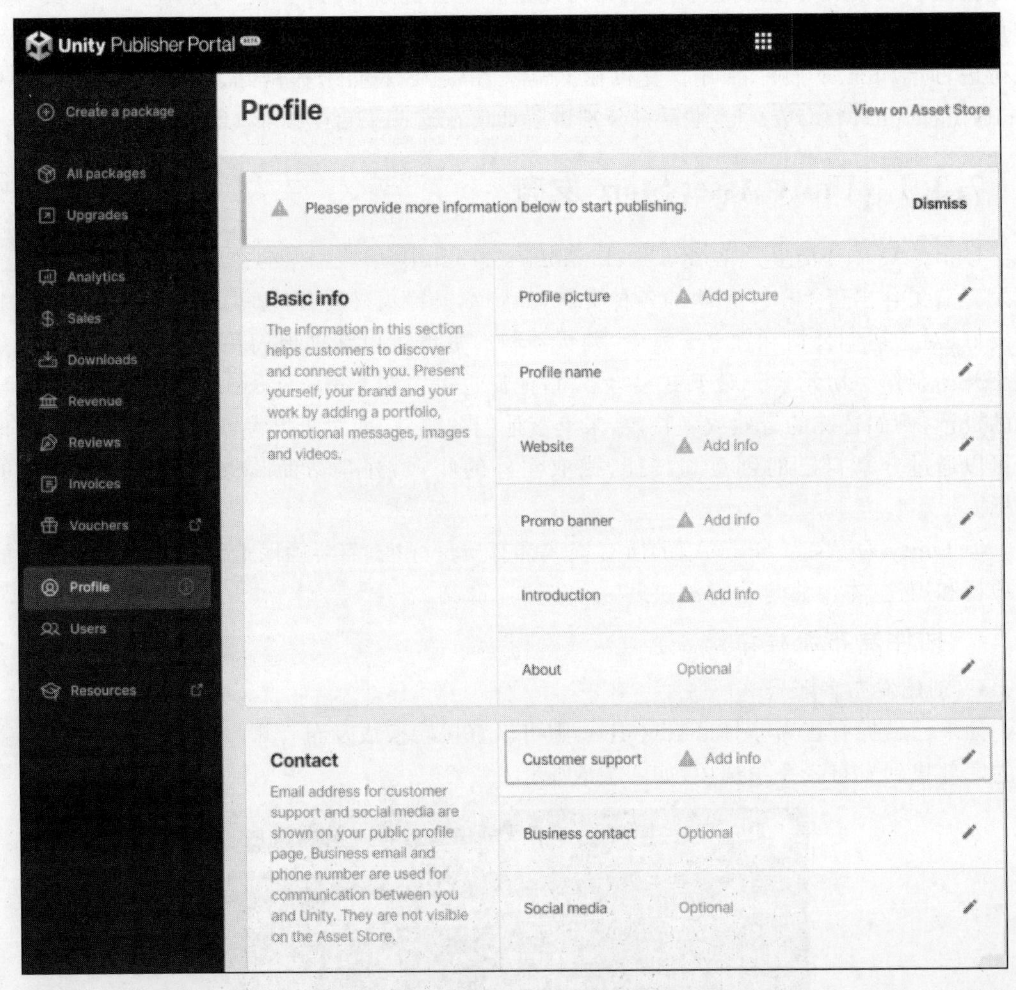

图 7-3　发布者个人设置

2）创建资源包草案

在门户界面任何位置单击导航栏最上方的 Create a package 或者单击导航栏选择所有资源包(All packages)页面后在右上角单击 Create a package 创建资源包草案，如图 7-4 所示。

在创建界面需要为资源包填写一个名字，中英文都可以，然后在下方的目录栏选择资源包的类别，这一栏需要选择一个和插件性质最接近的类别，如图 7-5 所示。

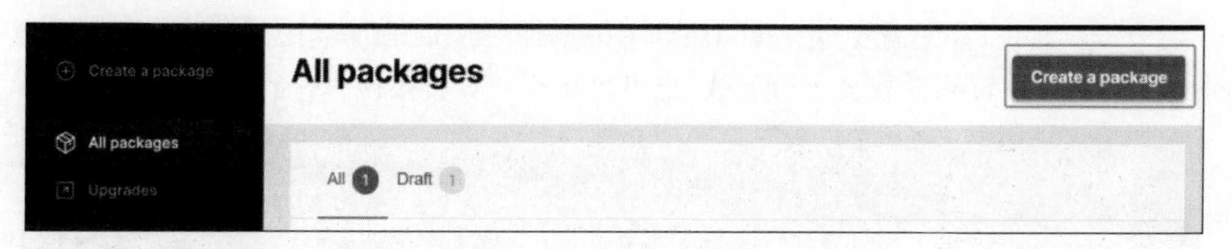

图 7-4 创建资源包草案

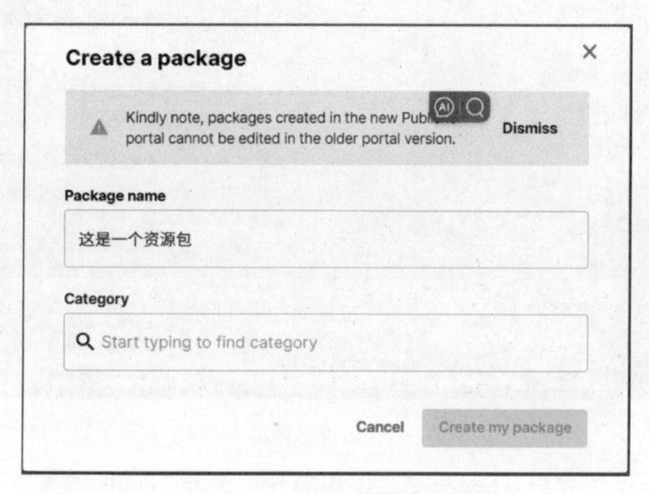

图 7-5 配置资源包信息

3）向资源包草案上传资源

资源包草案创建成功后会弹出一个上传资源包的界面，但这里的上传需要在 Unity 工程里进行上传。需要注意的是，上传的资源包最大为 6GB，上传界面如图 7-6 所示。

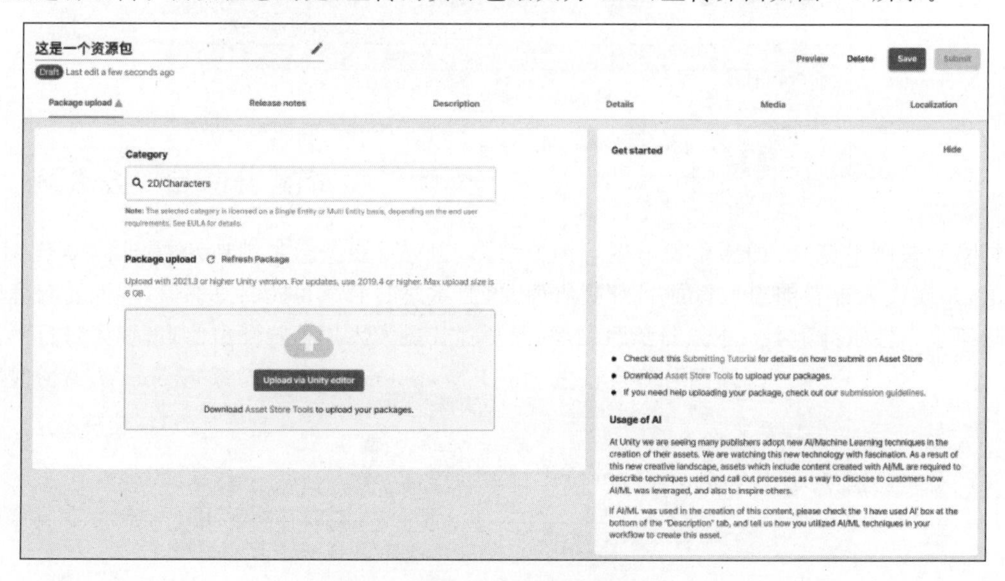

图 7-6 将资源上传到资源包草案

要上传资源包，首先需要现在 Unity 工程里安装 Asset Store Tools 工具，可以直接单击图 7-6 的链接跳转到下载页进行下载，也可以在商城页直接搜索，如图 7-7 所示。

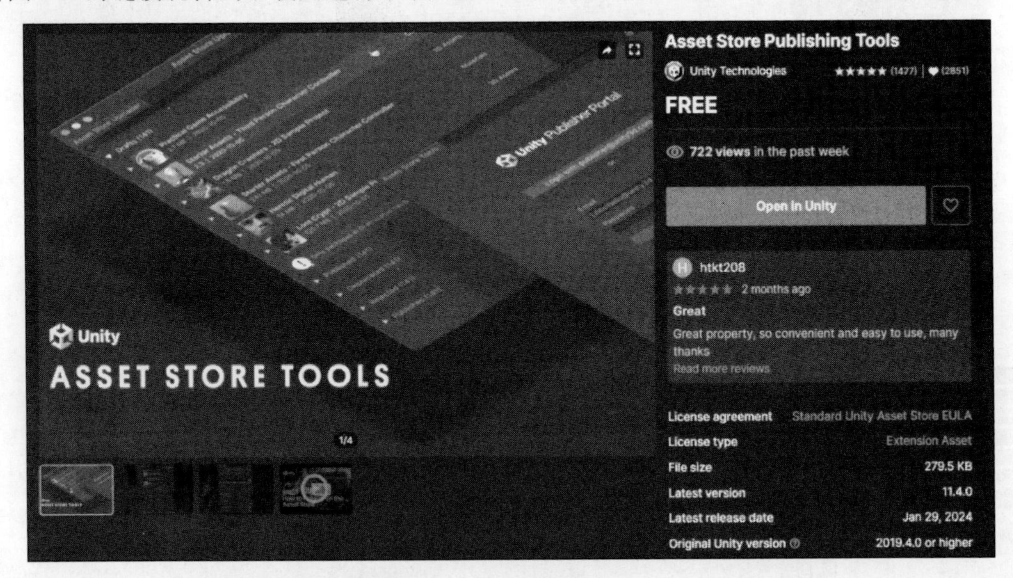

图 7-7　上传资源包工具

成功导入 Unity 工程后，在菜单栏会多出 Asset Store Tools 的菜单项，按 Asset Store Tools→Asset Store Uploader 打开上传窗口，此时如果未登录，则需要登录发布者账号。登录后就可以同步到在门户界面创建的资源草案，如果没有，则单击右下角刷新按钮即可，如图 7-8 所示。

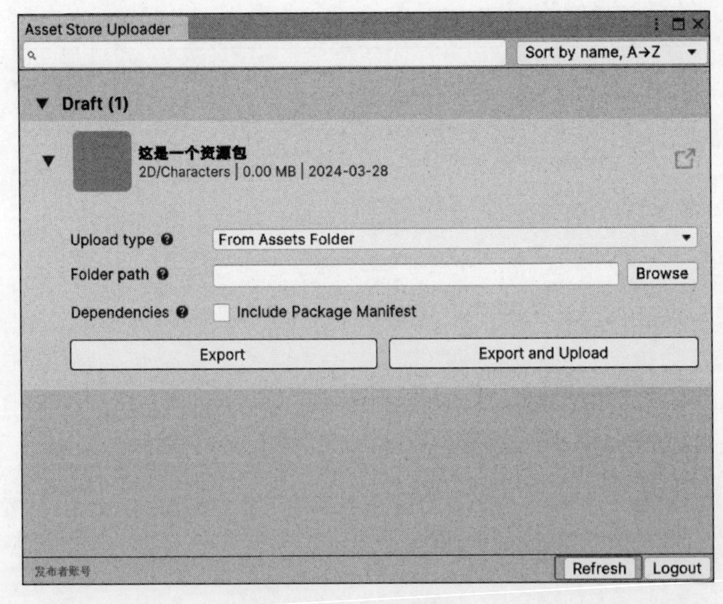

图 7-8　上传界面

此时选择要打包上传的资产根目录，选择后根据实际需要选择是否包含依赖和是否有特殊目录，甚至可以直接单击 Validate 按钮提前检查这个包是否有发布问题，需要注意的是，这里只是进行正常检查，其结果并不会影响上传结果，并且会在 Asset Store Validator 窗口输出检查报告（也可以通过选择 Asset Store Tools→Asset Store Validator 打开），如图 7-9 所示。

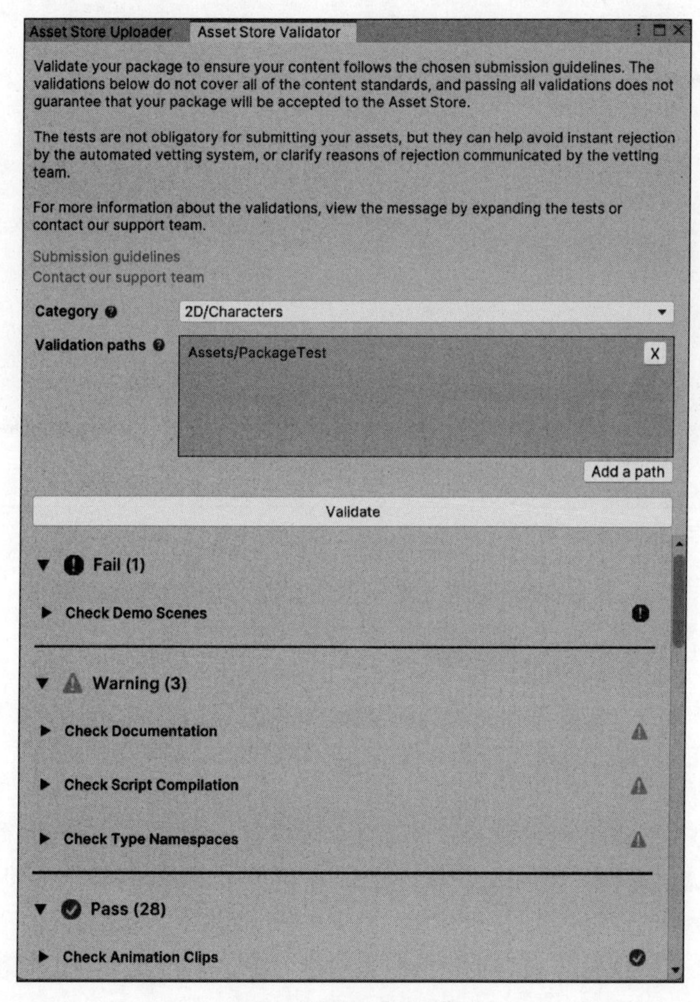

图 7-9 资源包校验结果

最后可以选择导出或者直接导出并上传这个包，在这一步资源包输出的形式已经是 .unitypackage 格式的文件了。这里选择 Export and Upload，上传过程中会显示进度条，并显示最后的上传结果，如图 7-10 所示。

4）填写资源包信息

切回到发布者门户界面，在所有资源包界面可以看到对应的草案已经多了包体大小的数据（初始为 0.0Bytes），如图 7-11 所示。

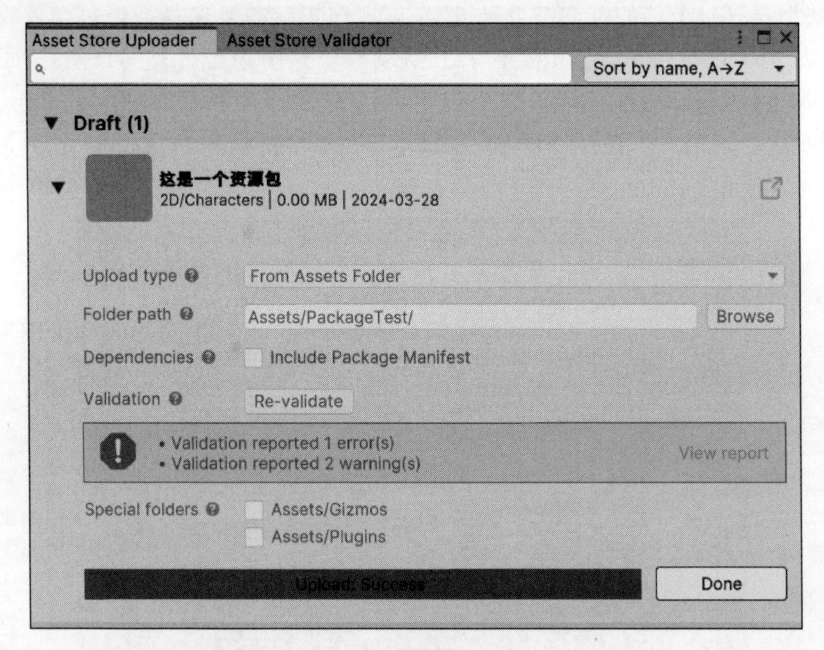

图 7-10　资源包上传

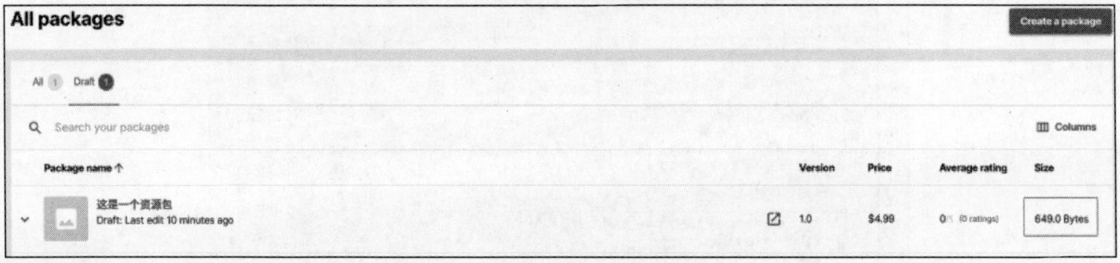

All packages
Create a package
All 1 Draft 1
Search your packages
Columns
Package name ↑ | Version | Price | Average rating | Size
这是一个资源包
Draft: Last edit 10 minutes ago | 1.0 | $4.99 | 0 (0 ratings) | 649.0 Bytes

图 7-11　上传后资源包草案状态

单击进入草案的详细信息，这里凡是带有黄色感叹号图标提示的项都需要依次进行设置，设置完成后黄色感叹号图标会变成绿色图标。需要注意的是，在下面的设置过程中，建议随时单击右上角的保存按钮进行保存。

在资源包上传(Package upload)页，需要选择资源包工作的渲染管线和是否有依赖商城的其他资源包，其他项可以根据实际情况填写，如图 7-12 所示。

在发行说明(Release notes)页，需要设置发布资源的版本号和变更日志，默认这里已经填写了，开发者可以根据实际情况更改，如图 7-13 所示。

在描述(Description)页，需要设置资产的描述信息，通常默认至少需要根据模板填写 Technical details 项，其他项可以酌情填写。需要注意的是，在这一页如果勾选了在包体里使用了 AI(Artificial Intelligence，人工智能)/ML(Machine Learning，机器学习)，就需要填写是如何使用的，这样才能通过，如图 7-14 所示。

这是一个资源包
Draft Last edit a few seconds ago
Package upload
Release notes
Description
Category
2D/Characters
Note: The selected category is licensed on a Single Entity or Multi Entity basis, depending on the end user requirements. See EULA for details.
Package upload
Refresh Package
Upload with 2021.3 or higher Unity version. For updates, use 2019.4 or higher. Max upload size is 6 GB.
2022.3.13f1
Mar 28, 2024 08:36 UTC, 0 files, 649.0 Bytes
Which render pipeline(s) does your asset work with?
Built-in
HDRP
URP
Custom RP
Does this package have Asset Store package dependencies?
Yes
No

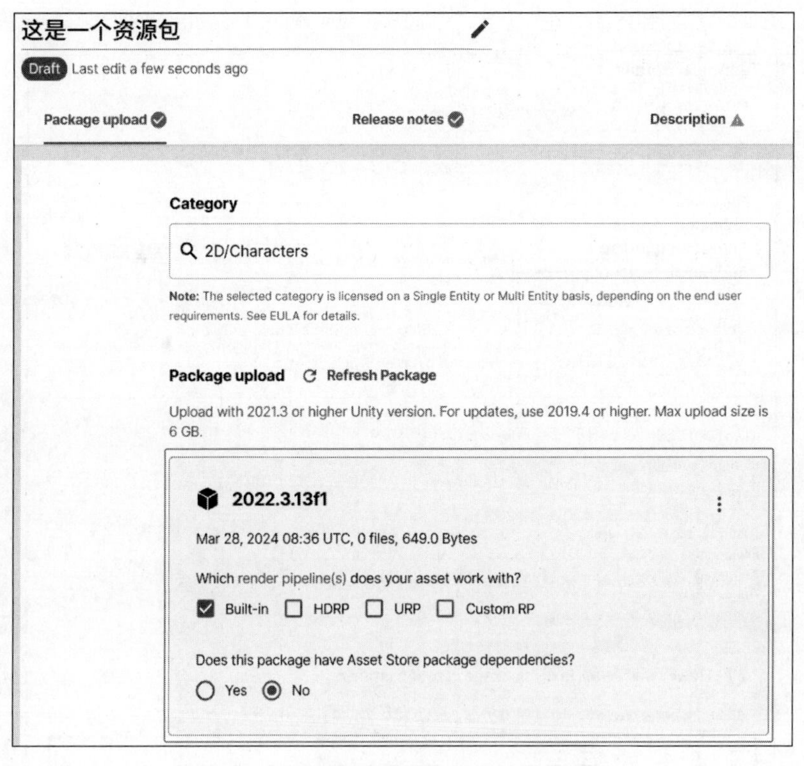

图 7-12 资源包渲染管线和依赖信息填写

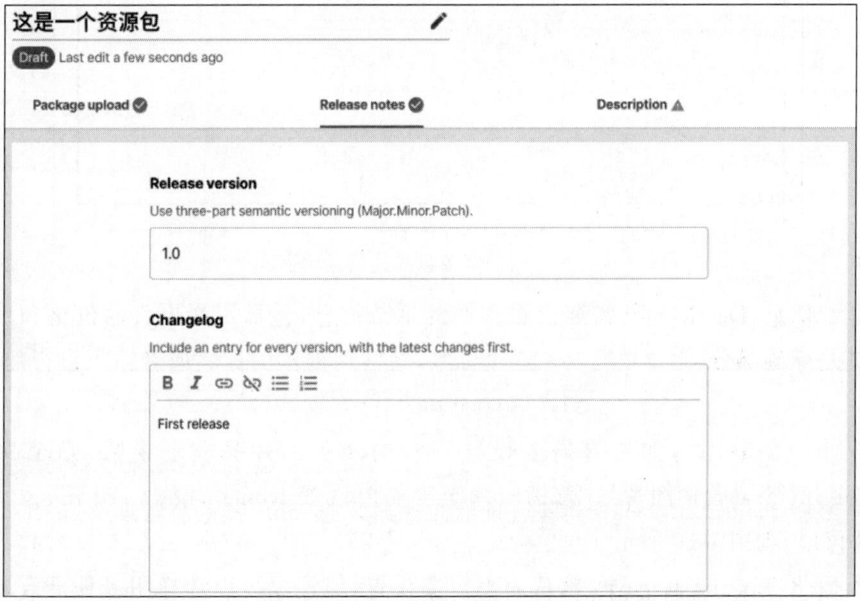

这是一个资源包
Draft Last edit a few seconds ago
Package upload
Release notes
Description
Release version
Use three-part semantic versioning (Major.Minor.Patch).
1.0
Changelog
Include an entry for every version, with the latest changes first.
First release

图 7-13 资源包发行说明填写

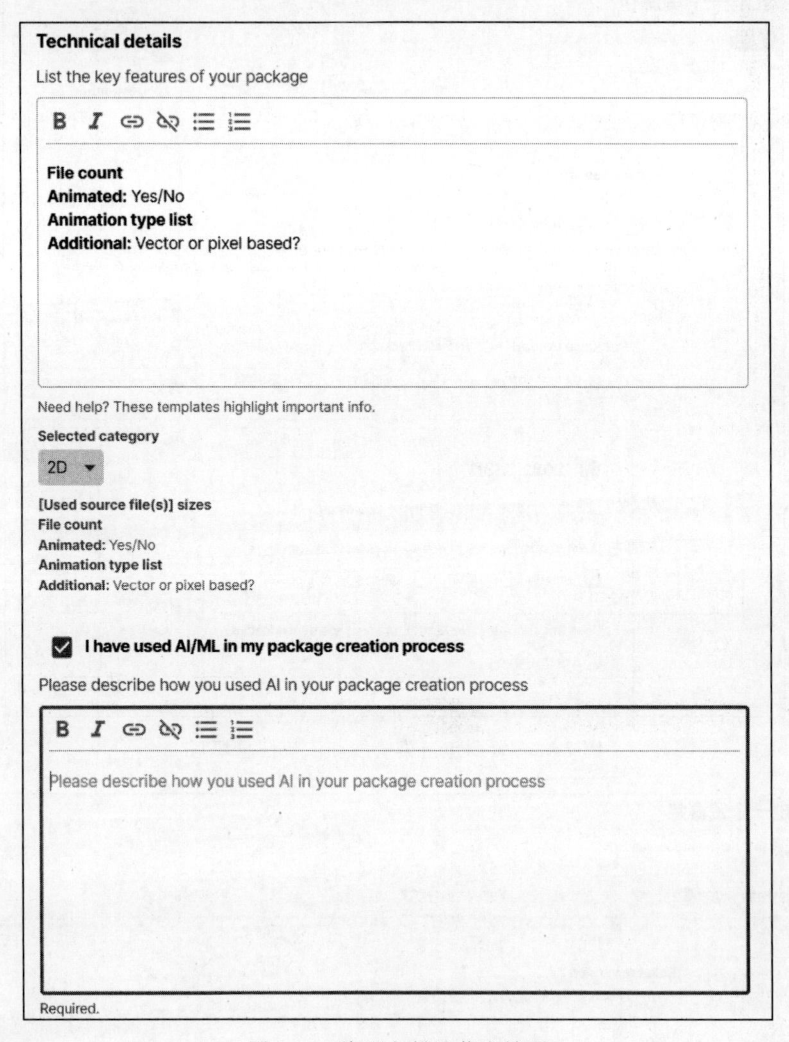

图 7-14　资源包描述信息填写

在详细信息(Details)页，需要设置资产的细节信息，包括资产出售的价格和资产的标签。尤其是标签部分，需要填写 3～15 个标签，通常用推荐的标签或者输入流行的关键字，如图 7-15 所示。

在媒体(Media)页，如果有需要设置资产的展示图片和演示视频，则至少要设置 Marketing images(营销图片)。营销图片至少需要设置 Icon image、Card image 和 Cover image 才可以，如图 7-16 所示。

在本地化(Localization)页，默认为不需要设置，但这里可以选择用多种语言进行推广宣传，可以提高销售量，如图 7-17 所示。

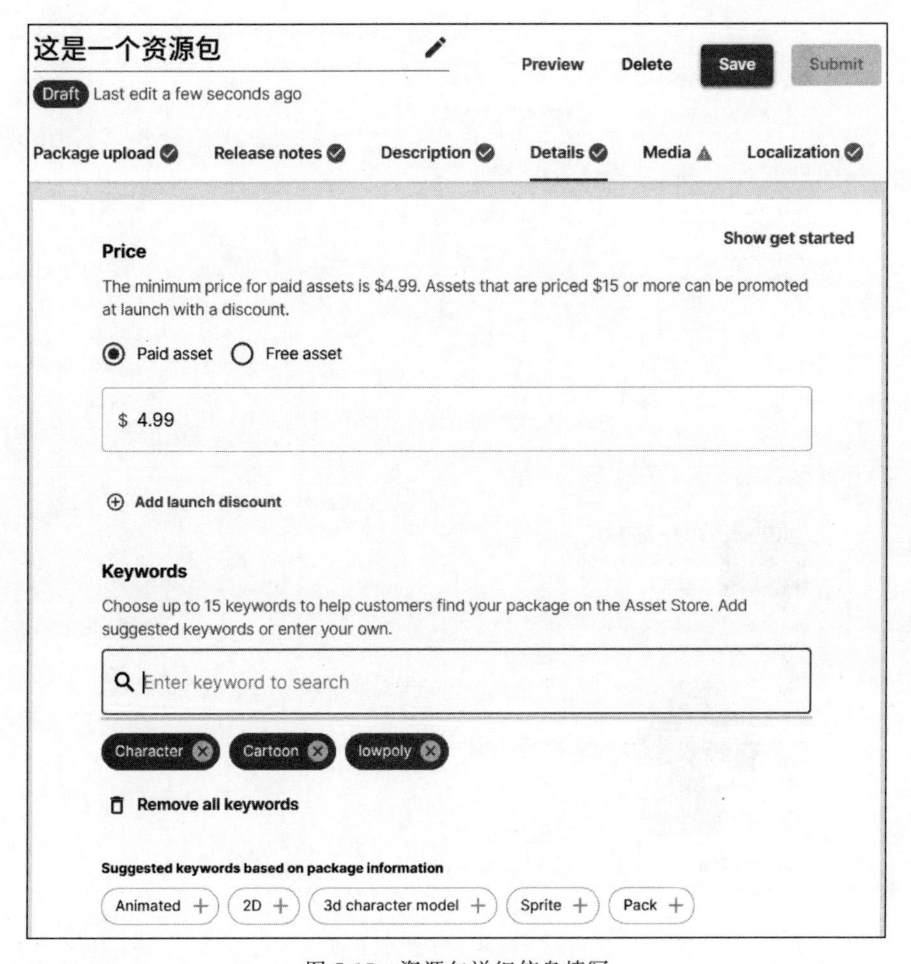

图 7-15 资源包详细信息填写

5）提交审批

当资源包的所有必要信息都填写完成后，可以单击右上角的提交（Submit）按钮，此时会弹出审批窗口。需要填写希望 Unity 资产管理团队审查提交资产的哪些信息和是否审批通过后自动发布，以及最重要的是要勾选是否确定你发布的资产里的所有内容都有出售版权，如图 7-18 所示。

提交审批成功后会弹出一些提示信息，告诉发布者接下来需要等待的时间、修改的内容等，如图 7-19 所示。

此时，在所有资源包页可以看到已提交的资产包状态已经变更为待处理（Pending），如图 7-20 所示。

虽然上传的资产还没有通过审批，但其实已经可以通过在资产信息界面单击预览（Preview）按钮查看最终的效果，如图 7-21 所示。

Marketing images

Upload images to promote your package in the Asset Store.

Browse or drag a file here

Icon image Viewed at 100%

这是一个资源包

(not enough ratings)

$4.99

Card image Viewed at 100%

这是一个资源包

(not enough ratings)

$4.99

Cover image

图 7-16 资源包媒体信息填写

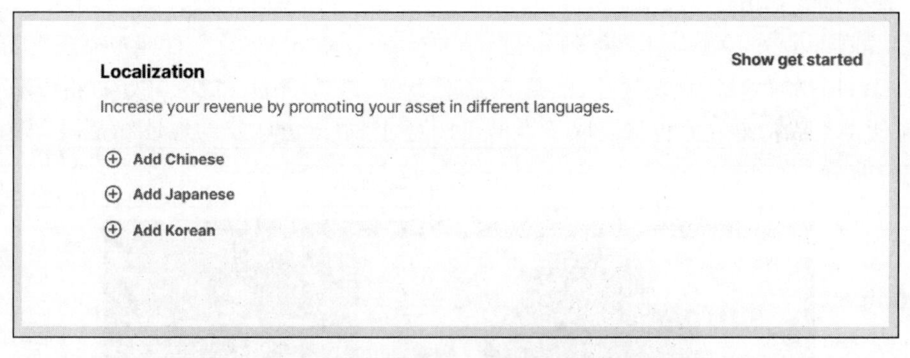

图 7-17 资源包本地化信息填写

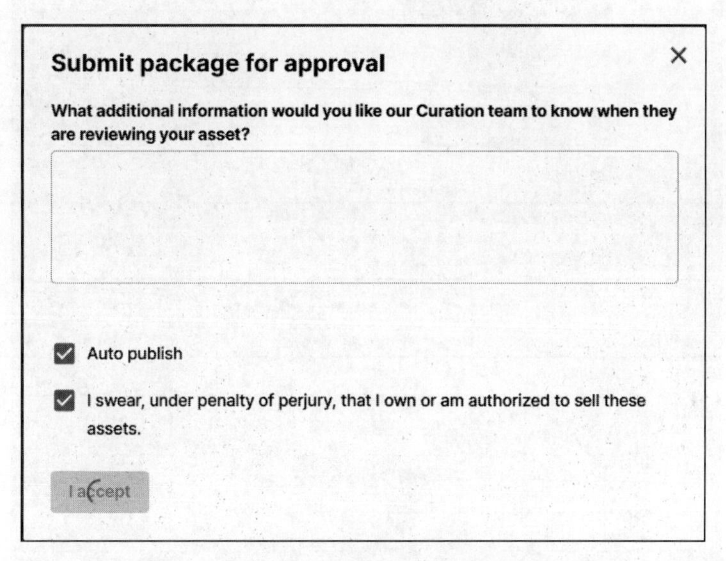

图 7-18 资源包提交审批

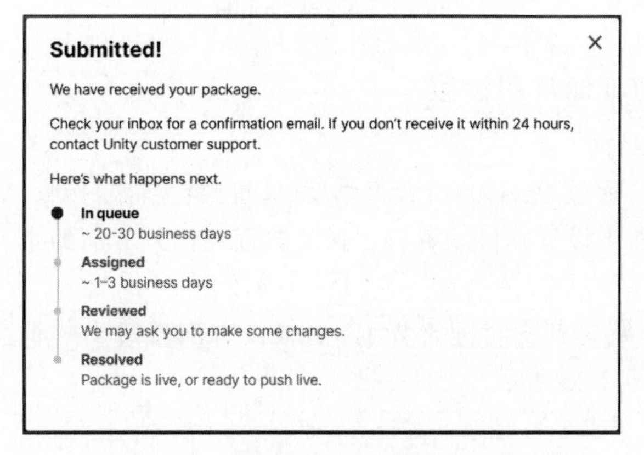

图 7-19 资源包提交成功后的提示

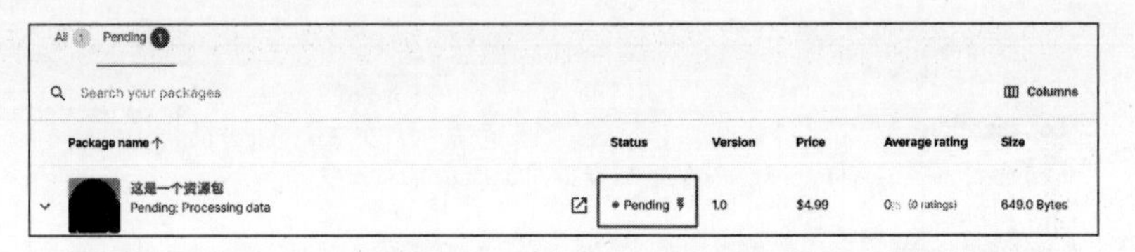

图 7-20　资源包状态显示

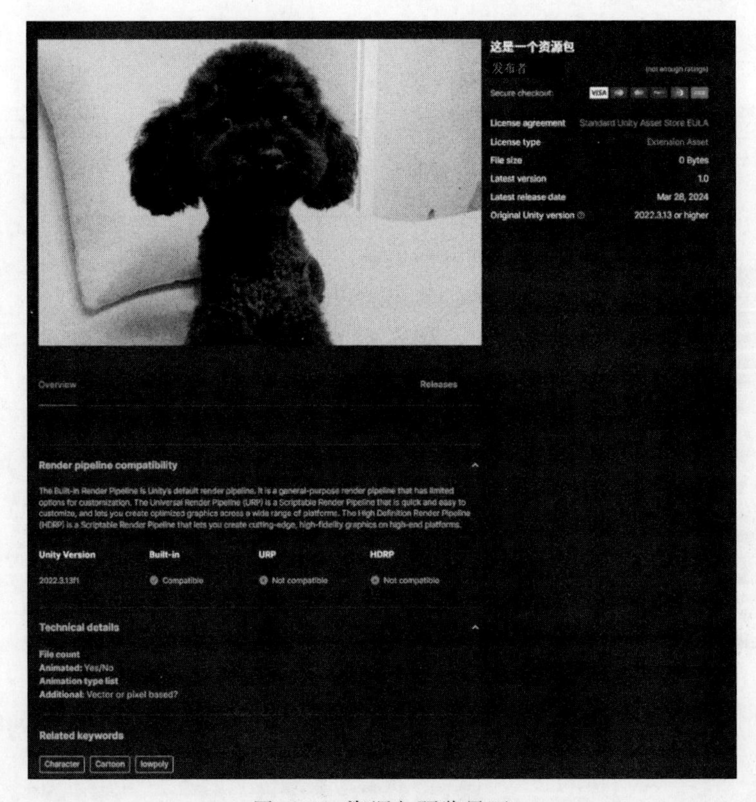

图 7-21　资源包预览界面

2. 插件发布的其他常用设置

1) 设置收入信息

发布者可以每月(通过 PayPal)或者每季度(通过银行转账)接收 Asset Store 发布者的自动付款,但需要发布者设置好付款资料。付款界面在门户界面的个人资料(Profile)页的最下面,如图 7-22 所示。

单击付款项后会跳转到支付配置界面,如果没有配置过支付信息,则可以单击 Add profile 进行配置,如图 7-23 所示。

在弹出的窗口按要求填写好地址等信息,如图 7-24 所示。

最后需要在填好的支付信息页面补充支付方式和税务等信息,如图 7-25 所示。

这里仅给出到这里为止的全部步骤,后面的步骤只需按步骤操作就可以了。

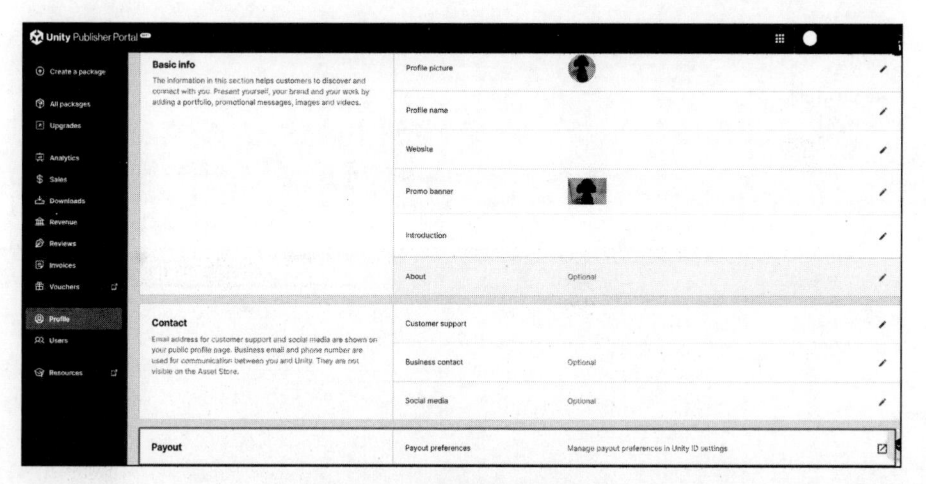

图 7-22　设置收入信息入口

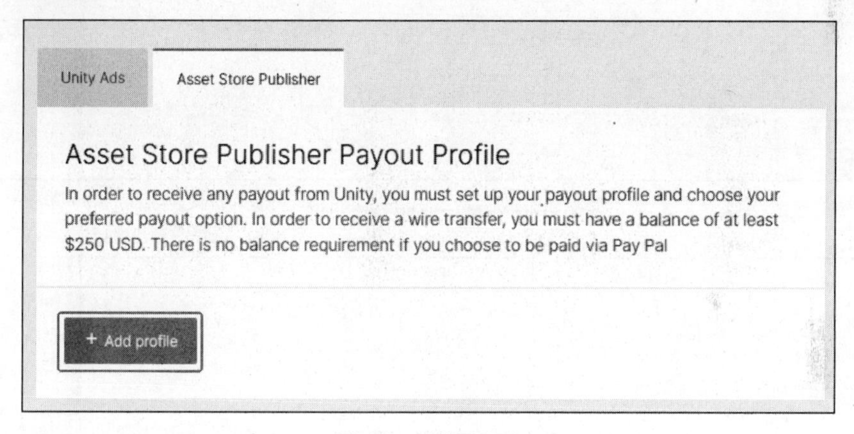

图 7-23　增加配置

2）推荐资源包

Asset Store经常会有促销活动来推荐资产，他们团队会在促销活动前根据推广主题或预计的销售表现来选择资源包，并与其发布者联系，询问是否参与。如果被选中，他们则会通过电子邮件与发布者联系，沟通参与条款和折扣销售价格。Unity允许发布者在促销活动中更改资产价格，但必须在产品描述中明确显示促销的详细信息，包括原始价格和促销期限（最长为两周）。促销结束后，发布者不能在接下来的两个月内更改资源包的价格。另外，发布者必须通过自己的渠道宣传促销活动，但不能在Asset Store资产包上传的营销和销售图像中提及Unity的任何销售或主题活动。

3）升级资源包

升级资源包有两种形式。一种是Major，这种升级是现有资源的新版本升级，包含很大的功能差异，例如资源或者API。在这种情况下，原来的资源包必须在商城存在一年以上，并且在创建新的资源包后，之前的版本应该被弃用，被弃用的资源包只有以前购买过或下载

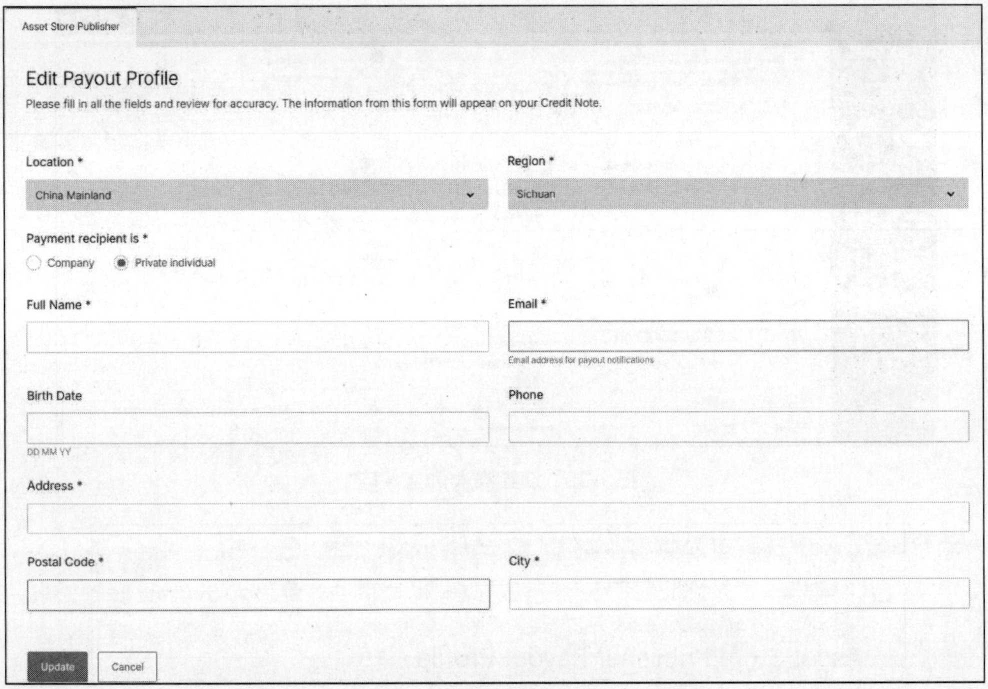

Asset Store Publisher

Edit Payout Profile

Please fill in all the fields and review for accuracy. The information from this form will appear on your Credit Note.

Location * China Mainland

Region * Sichuan

Payment recipient is * Company Private individual

Full Name *

Email *

Email address for payout notifications

Birth Date

DD MM YY

Phone

Address *

Postal Code *

City *

Update Cancel

图 7-24 地址等填写

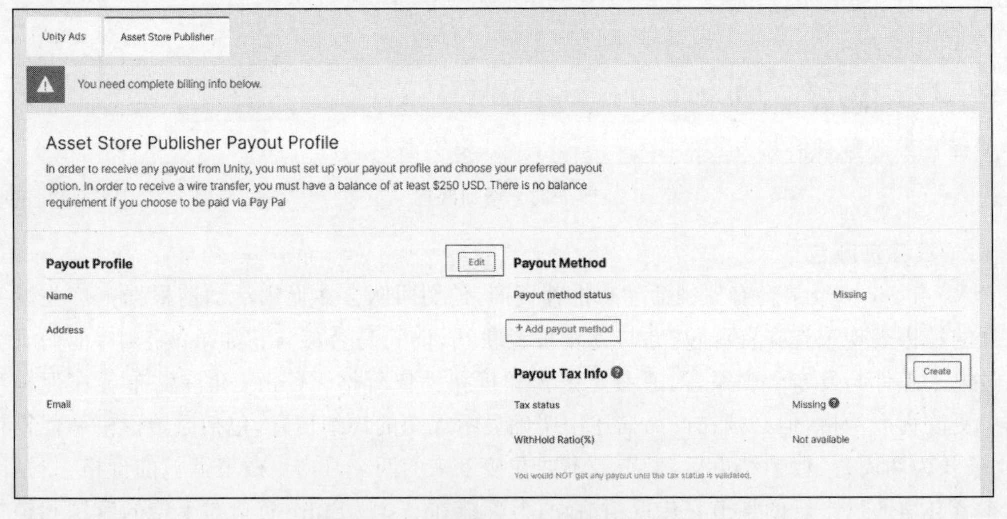

图 7-25 设置支付方式和税务等信息

过的客户才能使用；另一种是 Lite，这种通常是免费的精简版，主要是提供给潜在客户试用的资源包，如果试用情况较好，则会吸引他们全价购买另一个版本。

无论哪种方式都需要按上述提到的创建资源包草案、上传资源和提交到 Asset Store 等流程进行创建，然后在门户界面的升级（Upgrades）页可以单击右上角的 Create a paid upgrade 来创建更新，如图 7-26 所示。

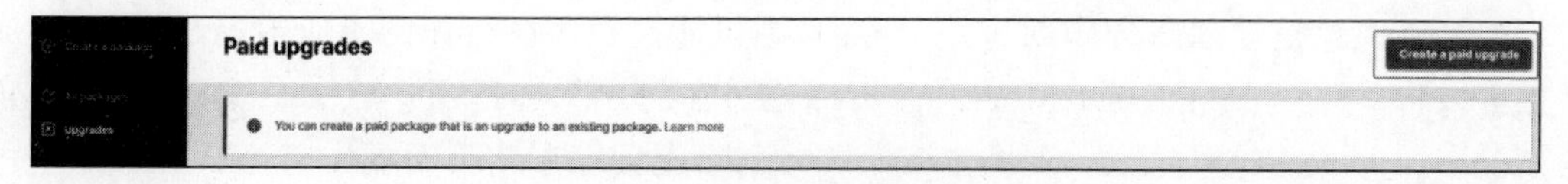

图 7-26　创建资源包更新入口

最后在弹出窗口里填写具体的更新信息，完成后单击右上角的 Create upgrade，如图 7-27 所示。

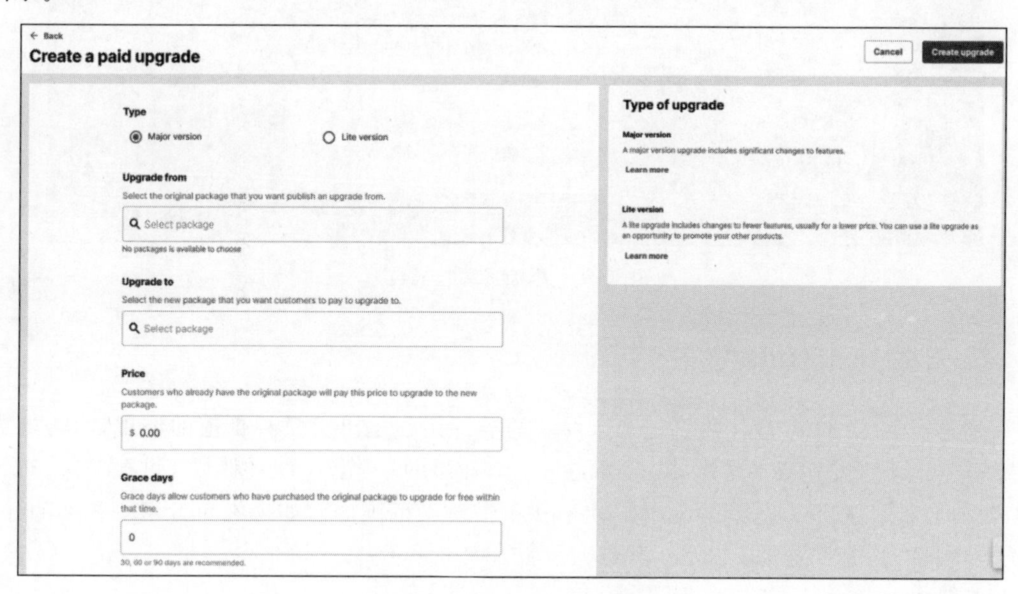

图 7-27　具体更新信息填写

4）发放兑换券

兑换券是发布者可以让客户免费获得其付费资源包的通行证，但目前每个资源包每年最多可以创建 12 张兑换券，并且这些券只能赠送，不能出售或者交易。

单击门户页的兑换券（Vouchers）会跳转到旧版本门户页下的兑换券选项，选择要兑换的资源包后直接单击 Create Voucher 按钮并按说明操作即可，如图 7-28 所示。

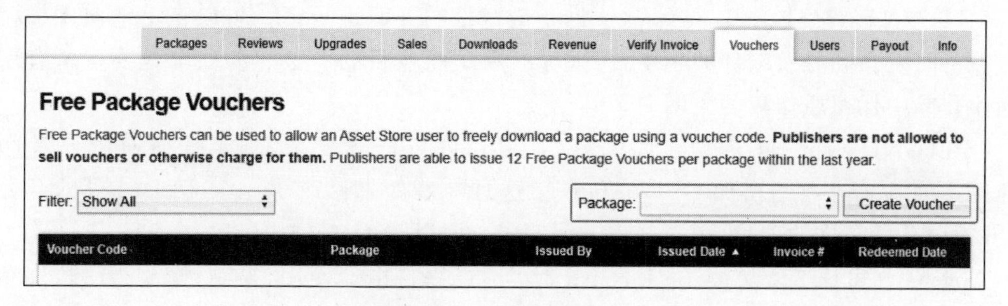

图 7-28　发放兑换券入口

5）管理资源开发团队

如果资源包是与团队合作创建并上传的，则可能涉及团队协作的工作内容，以便团队成员也可以将资源发布到 Asset Store。这可以通过在门户页选择用户（Users）页单击右上角的 Add new user 来增加成员，如图 7-29 所示（删除成员也在此页面操作）。

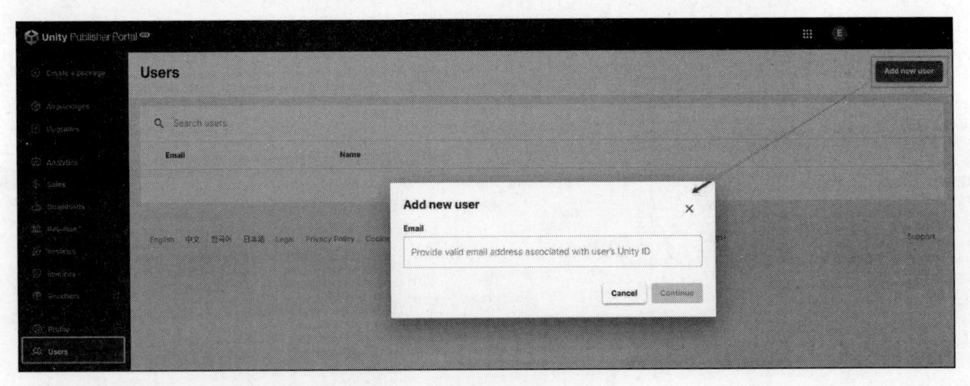

图 7-29　添加资源包成员

7.3.2　GitHub 发布

通过类似 GitHub 的代码管理平台发布的插件往往是出于精神价值的体现，因为这类平台基本上不涉及购买的情况，甚至可能是完全开源的。当然，如果别人提供报酬，发布者提供访问权限，则可以获取经济报酬，但不在本书讨论范围内。如果发布者需要在 GitHub 上分享插件，则通常需要按以下步骤进行设置。

1. 创建工程

首先在 GitHub 上创建一个工程仓库，需要注意的是，因为要对外分享，因此可以直接选择 Public 模式，当然也可以在后期设置为 Public，然后通常可以勾选创建一个 README 文件，这可以用作插件的说明文档。如果代码要开源，则需要在界面选择一个开源协议，如图 7-30 所示。

这里对开源协议简单地进行说明，通常开源协议包括但不限于以下几种。

MIT 许可证（MIT License）：这或许是最宽松的开源许可证。可以自由地使用、复制、修改、合并、发布和分发软件的副本，甚至可以用于商业目的。唯一的要求是要在所有副本或衍生作品中保留原作权的声明。

GPL（GNU General Public License）：GPL 许可证较复杂，规定任何使用或者修改 GPL 代码的发布必须也遵循 GPL 许可证。这意味着如果修改了一个 GPL 许可的开源项目，并想公开发布你的项目，则必须也采用 GPL 许可证。

Apache 许可证 2.0（Apache License 2.0）：可以自由地使用、复制、修改、合并、发布和分发软件。同时，可以将此代码用于商业用途。若项目包含从 Apache 许可的项目衍生的代码，则需要在项目中声明。

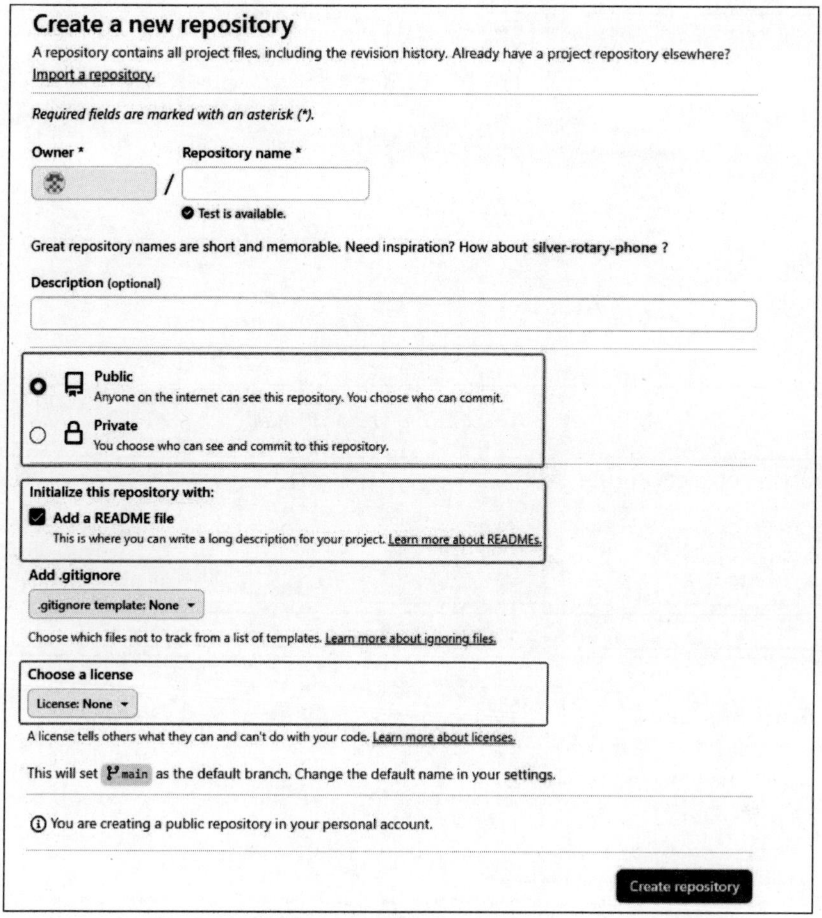

图 7-30 创建 GitHub 工程

BSD 许可证(BSD Licenses)：主要有新 BSD 许可证(New BSD License)和简化 BSD 许可证(Simplified BSD License)两种形式，其特点是非常简洁明了，对使用、修改、再发布非常宽松，几乎没有什么限制。

2. 保护工程

为了使发布出去的工程不被用户随意修改，因此需要保护对应的开发分支，不允许用户将任何内容提交到保护的分支上。在 GitHub 工程页按 Settings→Branches 找到创建分支保护的规则，可以单击编辑或者增加来创建新的保护规则，如图 7-31 所示。

在分支保护详情页大部分内容可以根据情况设置，例如如果有团队协作就需要考虑合并请求这些，但是基于共享插件的情况下至少需要设置两个地方。一是待保护的分支名称模式(Branch name pattern)，可以使用通配符来匹配多个分支，例如可以输入 master 来保护 master 分支，或者输入 release/* 来保护以 release/ 开头的所有分支。二是还需要勾选锁定分支(Lock branch)，这样普通开发用户就只能读而不能直接将修改内容提交到这个分支上了，但需要注意的是仓库管理者和开发者是可以提交的，如图 7-32 所示。

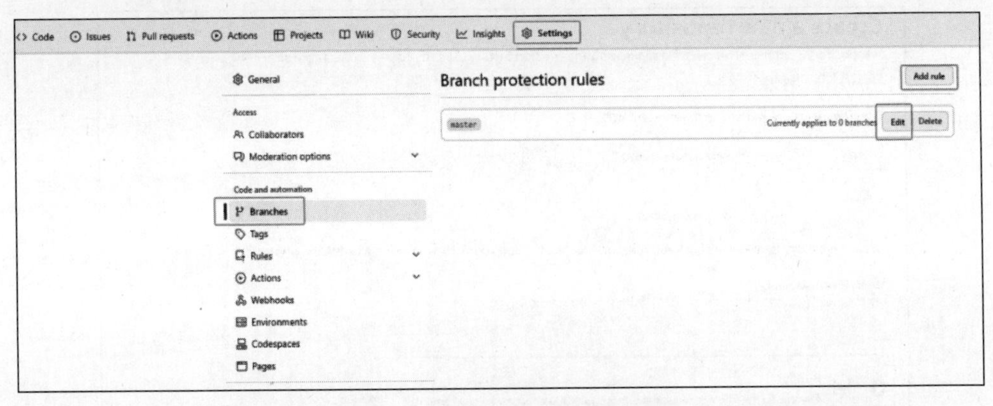

图 7-31　设置工程分支保护规则

Branch protection rule

Branch name pattern *

Protect matching branches

☐ **Require a pull request before merging**
When enabled, all commits must be made to a non-protected branch and submitted via a pull request before they can be merged into a branch that matches this rule.

☐ **Require status checks to pass before merging**
Choose which status checks must pass before branches can be merged into a branch that matches this rule. When enabled, commits must first be pushed to another branch, then merged or pushed directly to a branch that matches this rule after status checks have passed.

☐ **Require conversation resolution before merging**
When enabled, all conversations on code must be resolved before a pull request can be merged into a branch that matches this rule. Learn more about requiring conversation completion before merging.

☐ **Require signed commits**
Commits pushed to matching branches must have verified signatures.

☐ **Require linear history**
Prevent merge commits from being pushed to matching branches.

☐ **Require deployments to succeed before merging**
Choose which environments must be successfully deployed to before branches can be merged into a branch that matches this rule.

☐ **Lock branch**
Branch is read-only. Users cannot push to the branch.

☐ **Do not allow bypassing the above settings**
The above settings will apply to administrators and custom roles with the "bypass branch protections" permission.

图 7-32　保护分支设置

3. 开发与上传

插件开发者在开发过程中，按发布到 Unity Asset Store 的标准正常开发和测试即可，不同的是这里的插件使用说明文档通常是 ReadMe.md 文件，当然也可以创建别的文件来表示，甚至可以提供 PDF 格式的说明文档，但需要注意的是，在 GitHub 上发布非常容易，只需公开就可以了(在创建时设置为 public 模式其实就已经共享了)，GitHub 并不会限制开发者操作自己的工程，也不会主动审查插件是否符合分享的标准，因此开发者需要自己把控。

4. 打包发布

当插件已经完全达到发布标准并且已经提交到 GitHub 仓库上时，就可以开始准备发布了。这里的发布是指将仓库代码打成压缩包和上传.unitypackage 文件，也可以是别的资源。

创建发布项信息需要在代码仓库的代码(Code)页，单击右侧 Release 下面的 Create a new release 链接，如图 7-33 所示。

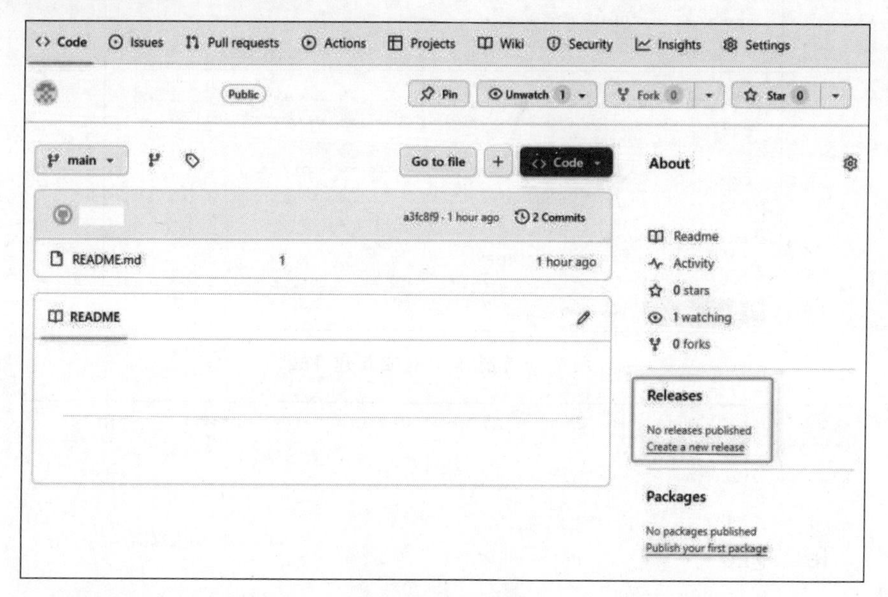

图 7-33 发布入口

发布版本时需要创建 Tag，因此在发布信息界面可以选择已打好的标签(Tag)或者输入新 Tag 名自动创建一个。如果还有其他的资源，则可以单击下方的上传文件进行上传，Unity 插件主要是导出来的.unitypackage 包体。最后在补充完其他信息后，单击下方的 Publish release 按钮即可，如图 7-34 所示。

当插件发布成功后，在代码的右侧可以看到最近发布的版本信息，单击后用户就可以从这里下载需要的包体了，如图 7-35 所示。

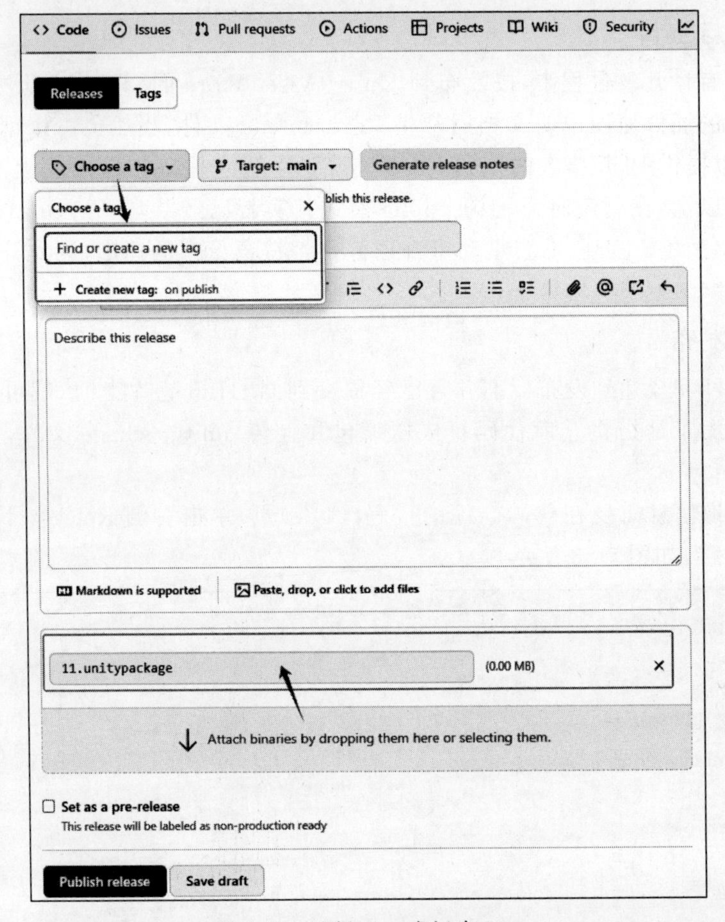

图 7-34 选择 Tag 或新建 Tag

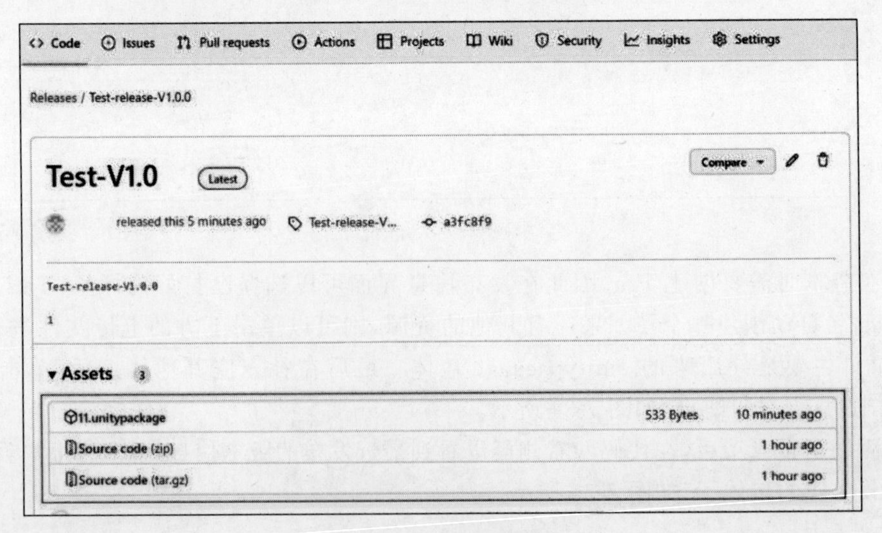

图 7-35 发布结果

7.3.3　Unity Package Manager 发布

Unity Package Manager(UPM)在前面已经简单地进行了介绍,它和 Unity Asset Store 虽然都是官方提供的,但是它们却有不同的职责,两者互相补充,共同简化了资源和依赖的管理。在本节需要再次明确 UPM 专注于管理和维护项目中插件的依赖关系,它支持开发者从 Unity 编辑器内部直接安装、更新、配置项目所需要的插件,并且支持从 Unity Asset Store 或其他第三方源直接导入,强调对插件的版本管理。

另外,需要说明的是,如果发布者将自己的包通过 UPM 进行发布,则通常不是为了获取经济报酬,因为它没有支付系统等。当然,和代码管理仓库(GitHub)一样,如果别人提供报酬,发布者提供访问权限,则可以获取经济报酬,但不在本书讨论范围内。

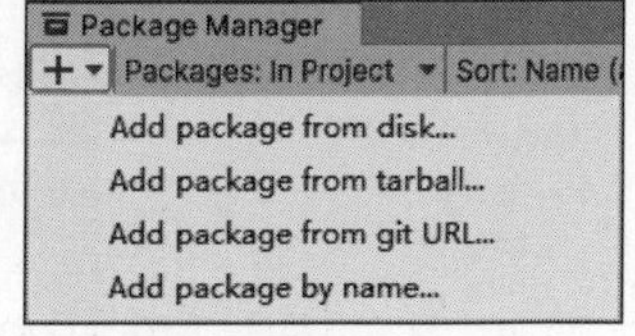

图 7-36　UPM 导入方式

UPM 有 5 种常用的共享资源包方式,这些方式有自己的特点和使用场景。对于资源包开发者来讲,了解这些方式非常有必要。这几种方式基本上可以通过在 UPM 窗口单击左上角的加号进行选择,如图 7-36 所示。

1. 资源包导入方式

1)通过本地文件导入

通过本地文件其实共享的是包含包体信息的 JSON 文件,UPM 通过这些信息将包体下载到工程里。这通常用在团队内部共享或个人项目,尤其在包的开发和测试阶段。开发者可以将自己创建的 JSON 文件放置在本地或网络共享文件夹中,方便团队内成员直接使用。导入 JSON 文件的示例如图 7-37 所示。

```
package.json
1  {
2      "name": "com.unity.asset-store-tools",
3      "displayName": "Asset Store Tools",
4      "version": "11.4.0",
5      "unity": "2019.4",
6      "description": "Whether you're a programmer,
7      "type": "tool"
8  }
```

图 7-37　导入 JSON 文件的示例

2)通过 Unity Asset Store 导入

这种方式是指在 Unity Asset Store 购买资源后,导入 Unity 工程时会通过 UPM 导入,本质上导入的资源是发布在 Unity Asset Store 上的。

3)通过 Git URL 导入

这种方式是通过 Git 仓库上的项目网址将资源包导入工程中的,这种方式适用于团队协作和版本控制,也方便分享给其他开发者,但需要注意的是,不是任何放在 Git 仓库上的资源都可以通过这种方式导入，只能导入按 UPM 包体结构约定开发出的资源包。

4）通过 Tarball 文件导入

Tarball 文件其实就是先将资源文件打包再进行压缩的文件。UPM 支持后缀为 tgz 和 tar. gz 两种格式的文件，但是打包前的文件需要遵循一定的规则，需要将资源和 package. json（遵循 UPM 资源包规则创建的文件）文件都放置在命名为 package 的目录下，然后通过命令打包：tar-czvf 资源包名. tgz（或者. tar. gz）package（上述的根目录），这样就会生成 Tarball 文件。

虽然这里对 package 目录下的资源没有强制要求路径层级，但是本书建议除了 package. json 直接放置在根目录下，其他资源依然遵循 UPM 推荐的包体结构约定（图 7-48）来存放，并且每个文件最好都带有对应的 meta 文件（被 Unity 引擎忽略的目录和文件除外），否则导入时可能会报一些错误信息。建议打包的包体目录结构如图 7-38 所示。

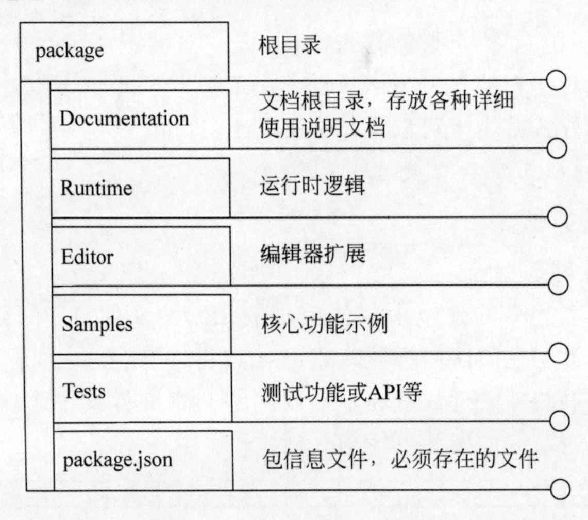

图 7-38 建议包体目录结构

5）通过范围注册表（Scoped Registry）导入

UPM 支持基于 NPM 协议注册表，因此可以使用任何现成的 NPM 注册服务器进行包管理。通过这种方式可以实现与 Unity 官方发布插件相似的效果，可以进一步促进知识和创作的共享，也为开发者提供了一种更加灵活和高效的管理和分发 Unity 插件的方法，并且允许 Unity 将任何自定义包注册服务器的位置传达给包管理器，这样用户就可以同时访问多个包集合了。另外，通过这种方式还可以精确地控制插件版本和来源，让开发者可以确保项目的稳定性和兼容性，同时也能够享受到来自私有源或指定第三方源的专业插件和工具，进一步提升开发效率和项目质量。

本节将通过一个具体案例来讲解如何在 Windows 系统使用 Verdaccio 来搭建私有的 NPM 包服务器。

首先，需要安装 Node. js，可以直接前往官网（https://nodejs. org/en/download/）下载并安装，安装完成后在 Windows 计算机上打开 Windows PowerShell 窗口，然后输入命令

npm install -g verdaccio 安装 Verdaccio，安装成功后输入命令 verdaccio.cmd 启动服务，服务启动后可以在浏览器中访问私服地址，本案例的默认地址是 http://localhost:4873。如此，便搭建好了私有的 NPM 服务器，效果如图 7-39 所示。

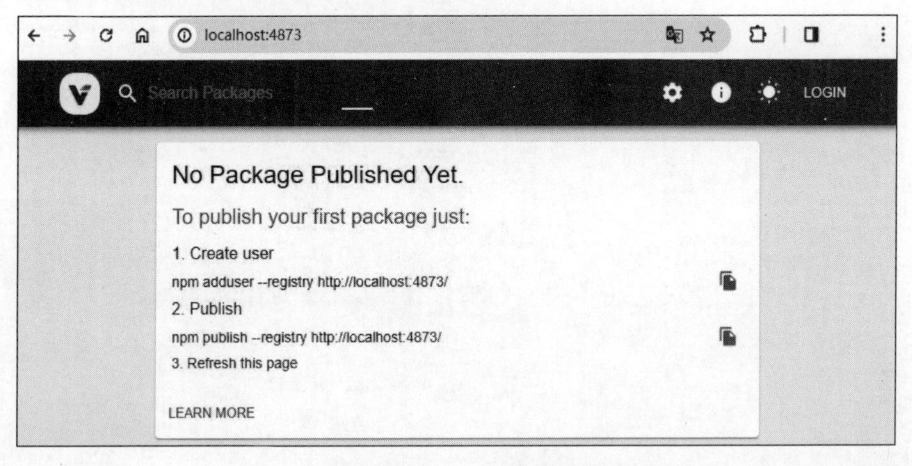

图 7-39 Verdaccio 服务界面

然后需要将自己开发好的包按图 7-37 所示准备好。有两种方式，一种是手动检测将要上传的包；另一种是通过插件 Package Development 进行检测，由于当前此包为实验包，所以可以通过包体名字进行添加。打开 UPM 窗口单击左上角加号，选择 Add package by name，然后输入包名 com.unity.upm.develop 进行安装，如图 7-40 所示。

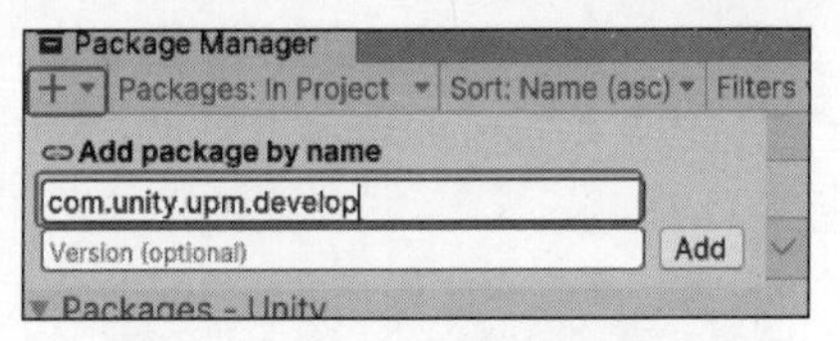

图 7-40 导入 UPM 插件开发包

安装完成后，在 UPM 左上角的添加下拉项会增加一个 Create package 选项，如图 7-41 所示。

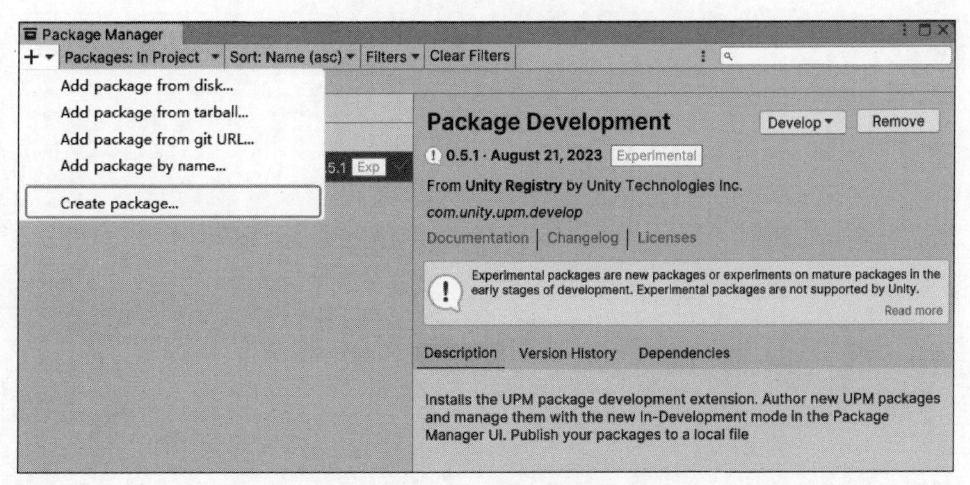

图 7-41 导入成功后的界面

单击后，输入自己的包名即可完成一个空包体的创建。同时，在工程的 Packages 和 UPM 窗口都能找到创建的包体，并且可以在 UPM 上选中这个包体后进行测试、验证、自动新建一个临时工程单独试用(Try-out)和发布到本地磁盘等操作，如图 7-42 所示。

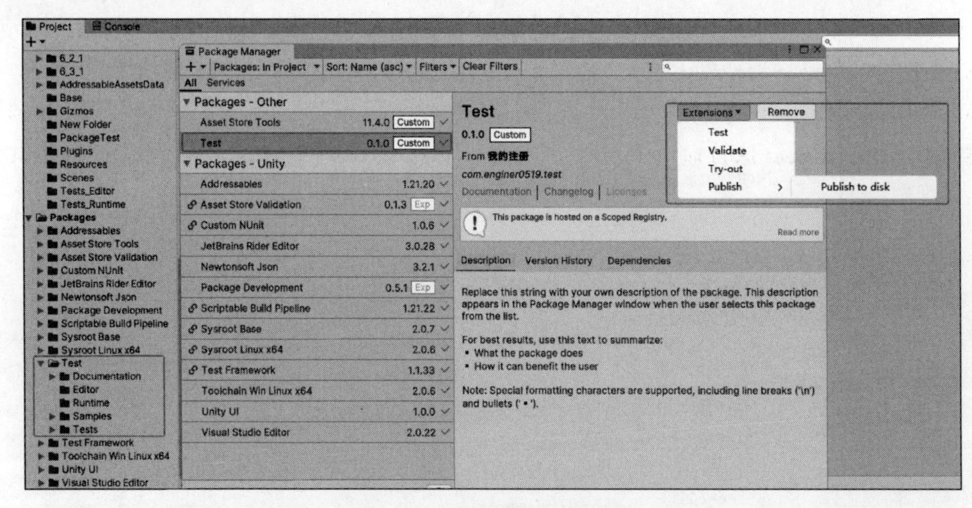

图 7-42　新建的包体操作项

在 Packages 下找到新建的包体(Test)，选中其下面的 package. json 文件配置信息，为了让包体在 Unity 编辑器中可见，将 Visibility in Editor 选项改为总是可见(Always Visible)，如图 7-43 所示。

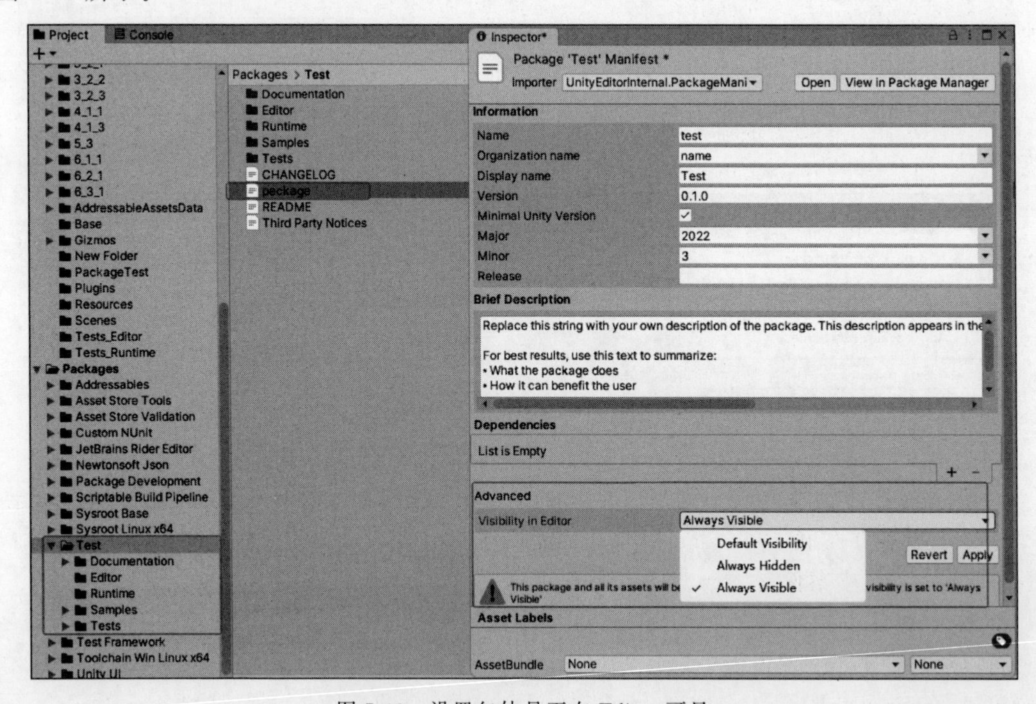

图 7-43　设置包体是否在 Editor 可见

配置完成后，就可以把开发好的代码和资源文件等按类型分别放入对应的文件夹，然后可以按图 7-42 右侧按钮所示对这个包进行测试、验证等操作。如果单击发布，则会将此包打成一个 Tarball 压缩包存放在本地磁盘。如果要将这个包推送到私服，则需要将这个压缩包解压两次，第 1 次解压得到 tar 文件，第 2 次解压得到一个以 package 为根目录的包体，然后切换到 Windows PowerShell 窗口进入这个 package 目录下，如果私服没有登录，则可以通过命令 npm adduser --registry http://localhost:4873 依次输入用户名、密码和邮箱完成登录。登录完成后执行命令 npm publish --registry http://localhost:4873 即可将此包推送到私服上面。

此时，再切换到 Verdaccio 网页，刷新后就能看到新增加了一个包体，如图 7-44 所示。

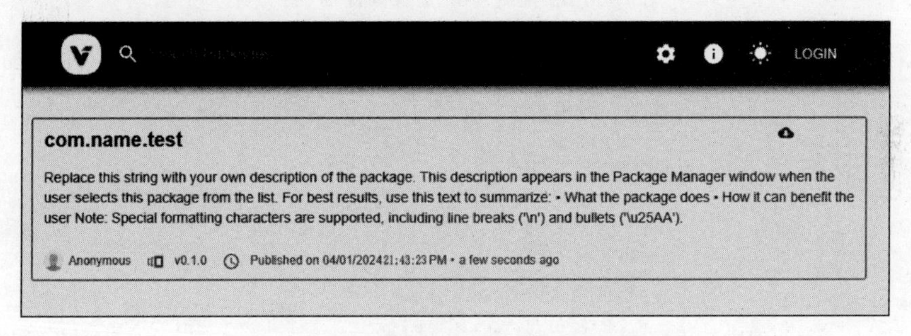

图 7-44 上传新包后的 Verdaccio 界面

如果要删除已发布的包体，则可以同样在 package 目录下，通过命令 npm unpush --force --registry http://localhost:4873 进行删除，或者找到 Verdaccio 服务器计算机，从磁盘上删除，本案例演示在 Windows 系统的 C:\Users\用户\AppData\Roaming\verdaccio\storage 下面。

以上就是将包体发布到私服的所有过程，那么如何将范围注册表导入工程中使用呢？

首先，为了让 Unity 客户端机器都能访问私服，需要找到 Verdaccio 的配置文件 config. yaml，找到 Listen 部分内容并进行修改，如图 7-45 所示。

```
listen:
# - localhost:4873            # default value
# - http://localhost:4873     # same thing
  - 0.0.0.0:4873              # listen on all addresses (INADDR_ANY)
# - https://example.org:4873  # if you want to use https
# - "[::1]:4873"                # ipv6
# - unix:/tmp/verdaccio.sock    # unix socket
```

图 7-45 打开 Verdaccio 的监听配置

然后需要在要添加的工程目录下找到 Packages/manifest. json 文件，在文件里新增 1 个范围注册表并关联上 Verdaccio 服务。需要注意的是 Scopes 的填写，需要填写能映射到包名的作用域，本案例是 com. name，如图 7-46 所示。

当然，除了可以通过修改 manifest. json 文件来向 Unity 编辑器注册私有 NPM 服务器外，还可以通过在 Unity 编辑器中选择 Edit→Project Settings→Package Manager 打开 UPM 的配置窗口，在 Scoped Registries 中直接新建服务并填写对应的信息来注册，如图 7-47 所示。

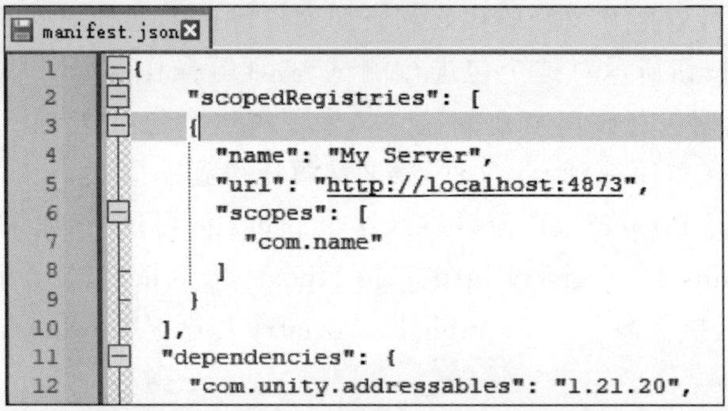

```json
{
  "scopedRegistries": [
    {
      "name": "My Server",
      "url": "http://localhost:4873",
      "scopes": [
        "com.name"
      ]
    }
  ],
  "dependencies": {
    "com.unity.addressables": "1.21.20",
```

图 7-46　在文件中设置范围注册表信息

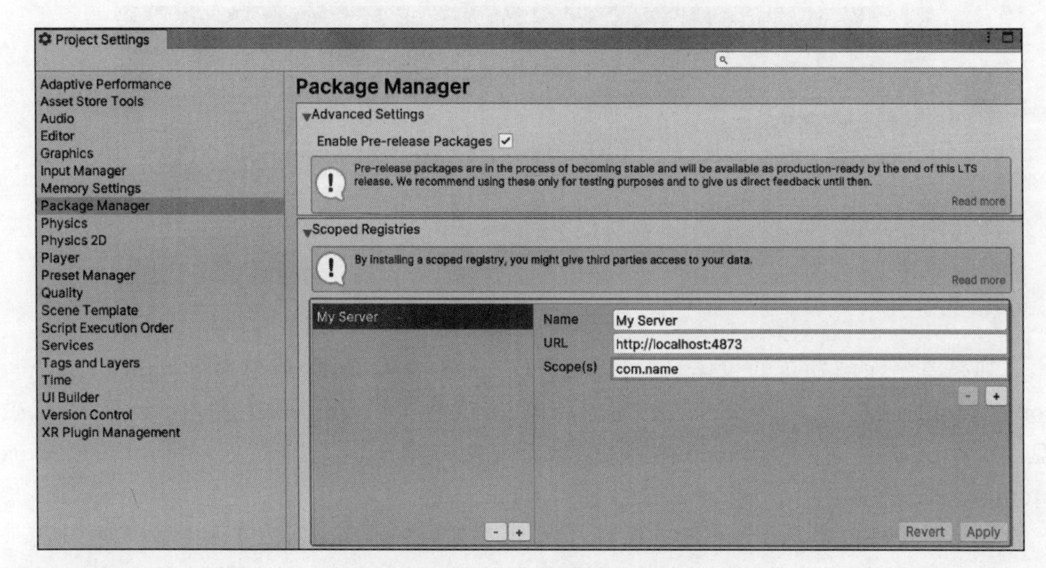

图 7-47　在 Unity 中设置范围注册表信息

注册完毕后，重新打开 UPM 窗口，就可以发现 Packages 来源多了一个 My Registries 选项，选中后就能看到本案例上传的包体，正常安装即可使用，如图 7-48 所示。

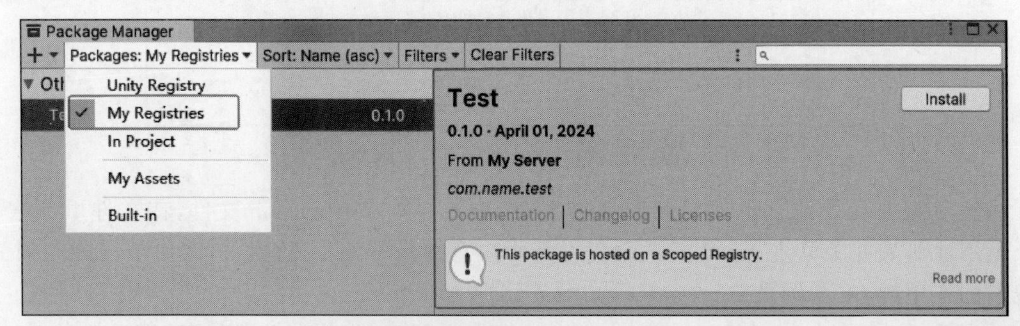

图 7-48　新增的范围注册表结果

2. UPM 规则约定

最后，需要补充的一点是上述分享方式都有提到创建自定义包的规则约定，主要包含包命名约定和包体结构约定。

1）包命名约定

包体有两种名称，一种是向服务器注册的正式名称；另一种是用户看到的显示名称。显示名称要简洁，能表示关键信息即可。正式名称则要遵循反向域名符号命名约定。首先，要以<domain-name-extension>.<company-name>开头，例如 com. example 或者 net. example，其次，如果这个要显示在 Unity 编辑器中，则命名的字符数最多 50 个，如果不需要显示在 Unity 编辑器中，则字符数限制上限是 214 个字符，字符只能包含小写字母、数字、“-”“_”和“.”。最后，如果要指示嵌套的名称空间，则要在名称空间后面加上一个额外的句点，例如 com. example. physics。

2）包体结构约定

UPM 包体官方推荐的结构约定如图 7-49 所示。

```
<root>
 ├── package.json
 ├── README.md
 ├── CHANGELOG.md
 ├── LICENSE.md
 ├── Third Party Notices.md
 ├── Editor
 │   ├── [company-name].[package-name].Editor.asmdef
 │   └── EditorExample.cs
 ├── Runtime
 │   ├── [company-name].[package-name].asmdef
 │   └── RuntimeExample.cs
 ├── Tests
 │   ├── Editor
 │   │   ├── [company-name].[package-name].Editor.Tests.asmdef
 │   │   └── EditorExampleTest.cs
 │   └── Runtime
 │        ├── [company-name].[package-name].Tests.asmdef
 │        └── RuntimeExampleTest.cs
 ├── Samples~
 │        ├── SampleFolder1
 │        ├── SampleFolder2
 │        └── ...
 └── Documentation~
      └── [package-name].md
```

图 7-49 UPM 包体官方推荐的结构约定

这里的 root 目录通常是包的名称，用小写字母表示，不包含空格。需要注意，这里和通过 Tarball 文件导入时要求根目录命名为 package 是不同的，但如果要压缩成 Tarball 包，则可以直接将 root 目录名改为 package。

package. json 是包体的清单文件，主要记录包的名称、版本和依赖项等，这个文件必须存放在根目录下。

CHANGELOG. md 是包体的修改日志，记录包体的修改详情，不是必需的文件。

README. md 是包体的说明文件，可以对包体进行描述和说明，不是必需的文件。

LICENSE. md 是包体的版权声明，不是必需的文件。

至于其他目录下的文件也都不是必需的文件，开发者可根据实际开发情况增删使用。图中的 Documentation～和 Samples～目录比较特殊，Unity 引擎会忽略任何以～字符结尾的文件夹名称的内容，并且不会用.meta 文件跟踪它们，也就是说在 Unity 编辑器是看不到它们的。

最后，在开发 UPM 包体时不能将 StreamingAssets 目录创建在包体下以供使用，此路径在包体内就不再是 Unity 的特殊目录了，如果凑巧刚好有这个目录，并且目录下的资源需要加载，则可以用 Addressables 系统来加载。

第 8 章
CHAPTER 8

插件商业化与市场推广

8.1 构思插件的商业模式

在掩卷沉思现代商业模式之时，已然发现无论是售卖和营销，还是购买和退换，互联网都成为其中最重要的一环。如今，随着移动互联网的广泛深入，商业活动领域无处不在，时间和地域已不再是限制。

另外，新兴技术的不断突破，让新技术与商业模式在不断的摩擦中带来更多可能。环顾目前，实时自动化的交易、借助大数据的精准推广、基于个性化的需求定制和基于 AI 的智能客服已经将生产者和消费者紧密相连，而插件作为一种功能扩展工具，以降低研发成本和提高生产力而被广大用户所关注，因此只要合理合法地借助互联网的商业模式，便可以赋予插件商品属性，帮助开发者获取商品价值。

8.1.1 自行销售

自行销售是指开发者合法通过自有的销售渠道或者平台，直接向消费者推销和销售其产品或服务的方式。此方式由于没有中间商或代理商，开发者可以直接与消费者交流，避免了中间环节产生的利益流失，是一种可以节约成本并且同时最大化保持和消费者直接接触的方式。

但是，如果纯自行销售，则通常需要花费一定的成本建立自己的网站，然后在网站上对插件做出一些简单介绍和视频演示，然后通过合法的支付渠道提供给消费者插件包，但是对开发者团队来讲，需要掌握一些网络营销的技巧来增加插件的在线曝光度和自身的知名度，并且需要投入专门的时间对插件进行维护和更新，同时还要想办法在激烈的市场竞争下脱颖而出，这在 8.3 节将展开说明。

另外一种，就是将插件发布在 Unity Asset Store 上，对开发者来讲只需提供有竞争力的插件就可以了，不再需要搭建网站和提供支付系统等问题，Asset Store 团队会定时选择促销产品进行推广（开发者也可以自己推广），相对来讲这种销售方式会更加简单。

8.1.2 授权/许可模式

授权/许可模式指的是许可人将插件功能授权给许可使用人使用，通常使用人需要通过向许可人支付许可费等方式获取插件，以便进行使用。授权/许可模式主要用在合法使用和利用他人的知识产权，在双方同意的基础上，许可人给予许可使用人特定的权益，许可使用人按照许可协议的约定进行合法使用。例如一个许可人开发了一款 Unity 插件并将此插件的使用权授权给许可使用人可以在自己的项目中使用这个插件，但是需要按照许可协议为许可人支付一定的费用。

授权/许可模式的主要优势是能够扩大知识产权的利用和价值，同时许可人也能获得经济收益，但是，这种模式也存在一些挑战，例如如何保护自身的知识产权不被滥用，如何制定合理的许可费用和许可协议等。

在 Unity 插件中，插件如果采用这种方式来售卖，则其包体可以通过任何方式发布并免费提供给用户，只是用户在使用时插件会自动校验是否被授权。如果没有被授权，则会明确提示用户应该如何取得授权许可，但是，这种模式也要想办法避免插件被破解的情况。

8.1.3 广告模式

广告模式就是利用插件在使用过程中通过置入的广告内容获取收入的一种方式。通常这种 Unity 插件往往是以界面的形式提供给用户使用的，这样开发者才可以通过静态图片或动态视频等方式为广告商植入广告。当前在 Unity 的众多插件中自身是通过广告模式获取收入的插件几乎没有，因此本节仅仅提出这种可能。

8.1.4 付费插件与免费插件混合模式

付费插件与免费插件混合模式的情况是较为常见的，通常分成 4 种情况，需要根据插件的特性、用户需求和市场环境等多种因素来综合考虑。

1. 基础＋高级模式

这其实是一种 Freemium 模式，核心理念便是免费加增值服务的商业策略，通过免费的产品或者服务来吸引用户，然后在免费版本里提供有限的功能或基础服务，再鼓励用户为了获取更高级的功能或者服务，从而升级到付费版本。在 Unity 插件开发中便提供一个基础的免费插件，用户可以通过任意可发布的平台下载使用，同时也提供一个付费版插件，这个插件包含更多的高级功能或者优化内容，例如付费版的 CPU 和内存都做了更加深入的优化等，然后在基础版本中不断地提示和鼓励用户采购付费插件，以便获取更好的功能和服务。

2. 干扰内容＋付费移除干扰模式

此模式应用也很多，熟知的付费移除广告便是经典的应用。在 Unity 插件开发中，插件的某个核心功能或者高频功能每次被使用时进行干扰提示，例如弹窗告知某些信息或者调用冷却时长限制等。用户如果想免费使用,就要接受这种干扰,如果愿意承担一定费用,则可以移除这种干扰,但需要明确告知用户,自愿消费。另一方面,采用这种模式,插件需自身具备竞争力,否则用户肯定宁愿用其他的同类插件或者自行研发突破限制。

3. 试用+付费完整版模式

这其实也是一种 Freemium 模式,此模式是从插件完全版的功能中分离出一个试用版本,并且试用版本虽然免费,但是有更多的限制,例如试用期限等。与基础加高级模式不同的是,试用版本无法一直免费试用,同一个账号试用结束后,若还需要使用,则只有付费购买完整版。采用此模式的插件,也需要具备很强的竞争力,否则也没什么意义。

4. 层级购买模式

这也是一种 Freemium 模式,此模式是对插件内的功能进行限制,同样发布的插件,将部分基础的功能提供给用户使用,但是高级的功能需要付费后才能使用。与其他 3 种策略不同,此方式只提供了一个插件包,仅仅是对功能做出付费设计,例如购买后会提供一个字符串用来激活某些功能 API,否则直接调用会失败,但这种需要考虑被破解的风险。

8.2 选择合适的插件定价策略

当插件被开发完成,只要是以营利为目的商业售卖,插件的定价都会直接影响插件的收益结果,合理定价才可以保证开发者在提供高质量服务的同时获得预期的收益,也能决定用户是否最终选择这个插件。

从长期来看,合适的定价策略既有利于插件的可持续发展,也可以保障开发者的利润空间,又能确保在市场中具备竞争力,因此只有选择合适的插件定价策略,才能平衡利润和市场竞争力。

8.2.1 参考市场价格

参考市场价格是最简单的一个策略,通常涉及对同类插件的数据收集和分析。开发者首先需要直接研究同类插件的功能,了解它们的特性,以及用户反馈,并分析它们的定价策略,然后可以做一些简单的市场调研,了解用户对此类插件的需求意愿及心理价格。最后,将这些数据结合起来,分析自己的插件与现有的同类插件的优势和劣势,尤其是自己的插件特性是否更加满足用户的需求,结合插件功能与用户需求的匹配程度和投入成本,然后参考市场价格定出合适的价格。

8.2.2 根据插件功能调价

首先,如果插件具备独特的功能,并且这个功能在市场上具有不可替代性,则可以对这类功能单独设置较高的价格。其次,由于技术日新月异,插件可以通过定期的市场分析和环境影响等因素，结合变化定期调整价格。最后，插件如果在不断升级和更新中增删了功能，则可以对价格进行调整来适应市场。

8.2.3 运用包价原则

包价原则是指设置插件的使用期限价格或者将开发者提供的众多插件打包在一起设定一个总价。例如包月或者包年，再例如将开发者提供的多套插件打包在一起以更加优惠的价格进行售卖。

此方式在 Unity 插件中以包月或者包年的方式很少，主要还是对多个插件进行打包售卖。这种将多个插件进行组合的方式比较灵活，可以让用户自由组合，也可以开发者自主选择将哪些插件组合在一起包价，这种包价的方式会让用户觉得更具性价比。

8.2.4 根据用户反馈调价

用户反馈是直接反应插件是否具备竞争力的重要信息之一。无论是通过用户调研还是收集用户使用数据都能有效地让开发者再次思考插件在市场的竞争力。由于此方式是在插件已上线后的调价，因此就算全体用户反馈良好，开发者要上调价格还是需要三思的。通常用户对这种涨价行为是不买单的，这也是为什么很多插件刚开始价格定得略高，然后宁愿长期以打折或促销方式售卖的原因。但是反过来，如果大多数用户反馈价格较高或者性价比不足等信息，开发者则需要考虑是否需要下调价格以提高市场竞争力。

但是，价格调整不能过于频繁，否则可能会造成用户对此感到困惑。只有在有一个明确且是基于用户反馈的合理原因而需要调整价格时再进行调整。

8.3 插件的市场推广方法与技巧

插件的市场推广需要结合实际，既需要有所创新又需要表现出实用性。有效地进行市场推广可以提升知名度，帮助插件在目标用户中建立品牌意识。也能通过推广活动将插件介绍给更多的潜在用户，扩大用户基础，从而增加用户群体。插件的持续推广，还能给已使用插件的用户一种在不断维护和具备责任感的暗示，能增强用户黏性。

因此掌握市场推广的方法和技巧能有效地将插件和用户连接起来，也是促进插件成功售卖的重要因素。

8.3.1 选择适当的市场平台

插件开发者可以根据不同的目标受众，选择适当的市场平台进行推销。如果插件被定位为免费，仅为了在提供技术分享的同时提升品牌影响力，则选择 GitHub 或者 Unity Asset Store 这种用户众多的平台将是不错的选择，如果是付费插件，则首要选择还是在 Unity Asset Store 上进行售卖。无论是免费的还是收费的插件都可以通过在用户众多的视频网站、社区网站、博客网站和公众号等平台写案例或者文章进行功能演示和使用介绍,以此扩大推广力度。

8.3.2 为插件设置专业的演示视频

视频是一种非常受欢迎的媒介,相比于文字说明或代码演示,视频能够更直观、更生动地展示插件的功能和使用方法。既能体现插件开发者的专业态度,也能帮助用户快速地理解插件功能。

另外,演示视频还可以作为营销材料,在不同的平台上进行推广,吸引更多的潜在用户,增加插件的下载量和使用率。

8.3.3 利用社交媒体

在多元社交的互联网时代,社交媒体是一种高效且成本相对低廉的传播途径,但是社交媒体非常多,不同的媒体有不同的用户群体基础,因此需要确定插件的目标受众,选择受众较多的社交媒体投放推广内容。通常最常见的社交媒体包括 Unity Connect 社区、CSDN、视频网站、短视频平台和公众号等。在自媒体时代下,无论是企业还是个人都可以拥有一个自媒体账号来合法地宣传合规的内容。

另一方面,社交媒体只是提供了一个社交环境,本质上还是需要创建高质量的推广内容才能吸引更多的用户。这可以通过保持社交媒体的活跃度,定期使用插件功能发布有趣、有价值且引人注目的内容来吸引和保持受众的关注。对于社交媒体上用户的留言要保持回复评论、参与对话讨论、回答用户问题或者举办投票活动等,以建立社区感。

总之,社交媒体以流量为王,有了流量才能被更多的用户所关注,但是流量往往需要投入大量的时间,因此开发者团队需要对此进行权衡。

8.3.4 提供高质量插件

俗话说打铁还需自身硬,插件是否吸引用户,本质上还得看是否有用且高质量。这对于开发者来讲通常需要做到以下几点。

1. 功能完善

确保插件具有完善的功能,并且能够满足用户的需求。这需要开发者团队在设计之初就要考虑到用户的使用场景和需求,尽可能地提供完整实用的功能。

2. 插件稳定可靠

插件作为一个服务提供方,应当具备良好的稳定性和可靠性。用户在插件运行的过程中,不能频繁地出现因插件而导致的崩溃或者错误。开发者应该先进行充分的测试,确保插件在各种环境和条件下都能正常运行后再进行发布。

3. 性能卓越

插件应该在发布前尽可能地进行优化，确保其能够高效运行而不会过度消耗系统的资源。尤其不能出现内存泄漏和主线程卡顿等现象，这会严重影响用户体验和满意度。

4. 简单易用

插件如果有用户界面，则应当设计得简洁直观且色彩搭配不要太过张扬，让用户能够轻松地上手并且愉快地使用。设计过程尽量考虑用户的操作习惯和预期行为，以降低用户的学习曲线。

5. 代码简洁高效

插件如果提供了示例代码或者源码，则代码应该以简洁高效为主，让用户能快速理解代码的含义。

6. 文档和支持

插件应该提供清晰而详尽的文档，包括但不限于安装说明、使用指南、常见问题答疑等。另外需要及时响应用户反馈，提供高效的技术支持和服务。

7. 持续更新

插件需要定期进行更新，解决 Bug 问题、改进功能、增加新特性和优化程序等，以保持插件的市场竞争力和吸引力。通过持续更新，向用户展示开发团队对插件使用情况的关注和对插件维护的决心，增强用户信任感。

8. 安全合规

对外发布的插件要确保符合相关法律法规和平台的规定，避免出现侵犯知识产权或违反使用条款的情况。尤其是发布出去的插件要确保其资源、代码或者库文件等都拥有发行出售的权力。同时，也要注意插件的自身安全性，避免存在安全漏洞或潜在的风险。

8.3.5 运用打折促销策略

打折促销是商品交易的常见手段，插件也不例外。无论是个人网站上的促销，还是接受第三方平台(例如 Unity Asset Store)的促销活动都是推广插件的有效策略。

通常促销活动会选择在用户活跃度高或者销售相对低迷的期间进行，例如节假日等。此外，也有选在产品发布、更新或者版本升级的时间点进行促销。

促销的方式往往选择限时促销，例如 24h 限购、倒计时限购、周末特惠和限量销售等，这是一种以营造紧迫感促使用户尽快购买的方式。另外还有一种是组合销售的方式，例如将多个插件捆绑销售等，这种方式的最终定价一定要比单独购买更便宜才有性价比。

最后，就是选择合适的折扣力度，需要具有吸引力，又不能过于折损利润。这需要根据成本、市场竞争情况等因素进行综合判断，通常折扣力度在 10%～50%。

8.4　用户支持与插件更新策略

设计用户支持与插件的更新策略可以保持插件的高质量特色，提升用户体验，促进插件的销售和品牌声誉。

8.4.1　用户支持

对插件进行用户支持是保持用户满意度和增加用户黏性的重要措施，通常可以通过以下方式进行。

1. 提供详细的文档和教程

编写清晰详细的帮助文档，包括安装指南、常见问题解答、使用说明等，让用户能够自助解决问题，降低维护成本。

2. 建立沟通渠道

尽量提供多种支持渠道，如电子邮件、在线聊天、社交媒体等，确保用户能够便捷地联系到开发成员。这可以通过在插件界面、说明文档或官方网站上清晰地列出这些联系方式实现。

3. 及时响应

开发成员需要尽可能地及时回复用户咨询的问题，用户在遇到问题时往往希望能够得到技术支持团队的快速帮助，及时响应能够提升用户体验。

4. 个性化回复

开发成员对每个用户的问题应尽量给予个性化的回复，避免套用标准化的回复模板。这能够让用户感受到被重视和理解，增强用户满意度。

5. 培训和教育

技术团队可以提供插件相关的培训和教育资源，如视频教程、在线培训课程等，帮助用户更好地了解插件的功能和使用方法。

6. 问题跟踪

建立良好的问题跟踪机制，记录用户反馈的问题，并及时跟进解决。确保每个问题都得到妥善处理，避免问题重复出现。

7. 社区支持

建立用户社区或论坛，让用户可以在此相互交流经验和解决问题，同时也可以由开发团队参与其中，提供帮助和解答疑问。

8. 动态推送

如果插件满足向用户推送时讯并且用户也同意，开发团队则可以向用户发送更新概要和新闻，告知关于插件的最新动态和重要信息，以保持与用户的沟通。

8.4.2 更新策略

Unity 插件的更新是开发团队对用户的责任感的体现，也是插件可持续发展的必要措施，只有不断地完善插件才能给用户带来更好的服务。通常插件的更新策略主要有以下几种。

1. 修复 Bug 和功能改进

每个新版本应该包含对已知 Bug 的修复和对功能的改进。这可以提高插件的稳定性和可用性，增加用户的满意度。

2. 增加新功能

在每个新版本中引入新的特性和功能，以满足用户的新需求和市场趋势。这可以使插件保持竞争力，并吸引更多用户使用。需要注意的是，也要同时更新说明文档等相关内容。

3. 响应用户反馈

积极收集用户反馈，并根据用户需求调整更新策略。这可以增强用户对插件的参与感和满意度，并提高用户忠诚度。

4. 兼容 Unity 版本

这主要是为了确保插件与最新的 Unity 版本兼容，并及时更新插件以适配新的 Unity 功能和技术。这可以保证用户在使用最新的 Unity 版本时可以顺利地使用插件。

5. 定期版本更新

通过制订一个明确的更新计划，定期发布插件的新版本。通常，可以考虑为插件制定一个未来的详细路线图（Roadmap），用户可以通过 Roadmap 了解到插件以后的大致规划，这可以让用户期待插件的改进和新功能的加入，保持对插件的兴趣。

第9章 CHAPTER 9 未来展望

9.1 Unity3D 插件开发趋势预测

本章内容是笔者基于当前的技术趋势和市场动态，对 Unity 插件的未来发展进行了一系列假设性展望。

在科技领域，尤其是快速发展并且充满不确定性的领域，如区块链、人工智能、云计算等，在未来的发展道路上往往充满了变数，因此，这些预测是在对现有技术发展方向和对行业动态的持续观察的基础上，结合个人经验和对前沿技术的探索所做出的猜测。本章仅提供个人的见解，旨在勉励自我及业内外的读者从不同的方向拓展 Unity 插件社区，推动技术的进步和创新。

9.1.1 预测一：更多的 AI 插件

随着硬件性能的持续提升，特别是 GPU(图形处理单元)的强大计算能力在人工智能领域得到了充分的验证和应用，我们正见证着 AI(Artificial Intelligence，人工智能)技术的一个又一个飞跃。虽然 GPU 最初只是被设计用于加速图形渲染，但是它的并行处理能力却成为深度学习等人工智能任务的理想选择，因此近年来随着人工智能技术的快速发展，机器学习、深度学习和自然语言处理等方向都取得了显著的成绩，衍生的工具或产品在各行各业已经开始崭露头角。例如 DeepMind Health(Google Health)是基于深度学习的视网膜病变筛查技术，能够精准地识别糖尿病视网膜病变的程度。

再者，云计算服务的成熟和普及，使即使需要大量计算的复杂 AI 模型，也可以通过云服务便捷地进行训练和部署，这让 AI 的应用门槛大大降低，为各行各业都提供了实现数字化转型的机会。

另一方面，技术的日新月异和人们需求的不断增长，传统的开发模式已经无法满足这种日益增长的需求，而 AI 技术到达一定程度后正是破局的关键技术之一。

因此 Unity 引擎作为在各个领域都有广泛应用的 3D 引擎，提升开发效率必然是众多开发者追求的目标，那么 AI 方向的插件开发应该会是一个大方向，这些插件可能涉及以下几个方面。

1. AI 助手和代码生成插件

利用 AI 来辅助生成脚本或游戏逻辑与算法实现，减少重复性编码工作，提高开发效率。还能提供代码优化建议，自动识别潜在的错误并提出修复方案。

2. 游戏设计和内容生成插件

使用 AI 生成游戏内的地形、关卡、故事情节等内容，创造独一无二的玩家体验。还可以帮助分析玩家数据，从而指导游戏设计师调整游戏平衡、难度和玩法。

3. AI 角色和 NPC 行为插件

通过更高级的 AI 模型，实现 NPC 行为的自然性和多样性，提升游戏的沉浸感。还可以利用自然语言处理技术，创建能与玩家自然交流的 NPC，提供更丰富的互动体验。

4. 游戏测试和优化插件

使用 AI 进行游戏自动化测试，自动发现和报告 Bug，甚至在某些情况下自动修复问题。还可以分析游戏运行数据，提供性能优化建议，帮助开发者提升游戏运行效率和稳定性。

5. 玩家行为分析插件

通过分析玩家数据，预测玩家行为，为游戏设计和营销策略提供支持。也可以根据玩家的行为和偏好，动态地调整游戏内容，提供个性化的游戏体验。

6. 音频和视觉效果插件

可以帮助处理游戏内的图像和视频，包括风格迁移、图像增强等。还可以利用 AI 生成游戏音效，或者根据游戏场景动态地调整音乐和声音效果。

7. AIGC(Artificial Intelligence Generated Content，人工智能生成内容)插件

直接在 Unity 引擎里生成文本、图像、音频、视频等内容，给项目提供素材或者直接使用功能。

9.1.2 预测二：更多的 XR 插件

随着 XR(包括 VR、AR 和 MR)技术的愈发成熟和元宇宙概念的推广，用户对沉浸式的需求也带来了进一步的提升，社区娱乐、教育训练和虚拟展示等已成为 XR 应用的沃土。更多的 XR 插件或许会是一个大方向，这些插件可能涉及以下几个方面。

1. 新的 XR 平台插件

巨大的市场前景或许会吸引新的厂家研发 XR 相关硬件，随之提供对应的 SDK 插件等，但这类插件往往都是厂家研发的，并且会提供最底层的 XR 技术支持，对于大多数 XR 开发者来讲无法修改，除非有开源的插件，开发者可以对插件进行扩展及优化。

2. 交互增强类插件

沉浸式的体验重在交互体验的协调融合之感，更多的手势捕捉、身体动作识别、硬件设备的力反馈或者触感模拟、眼动追踪和AI神经网络都可能成为主动交互的灵感来源。另外专为XR主动交互设计的UI素材也将极大地提升交互体验。最后结合AI的语音输入和处理也将为沉浸式应用带来无限可能。

3. 增强的XR性能优化插件

XR应用在短期内都将可能受限于硬件的性能或者网络，当前已经存在如Oculus Quest的OVR Metrics Tool和Unity的XR Interaction Toolkit可以进行性能分析，往后将会出现更多增强的XR性能优化插件。

4. 细化的行业解决方案插件

因XR应用领域极为广阔，不同行业的XR应用痛点各有不同，统一的XR服务插件难以覆盖全领域需求，就算能也会导致插件的内容繁杂，因此不同的行业或许将会诞生专业的XR解决方案插件。例如医疗手术会追求对术后动作的精准训练，零售和商展更重视对商品的渲染效果。

5. 云XR插件

云服务当前应用十分广阔，云端的计算资源、存储能力和AI服务都十分强大，XR应用与云计算服务结合起来的插件可以充分地利用这些资源，并且可以快速部署到云端，将进一步推动云XR的发展。

9.1.3　预测三：更多光场技术应用的插件

光场(Light Field)技术是目前最受期待的下一代图形图像显示技术，是一个描述光线在三维空间中传播的概念，也是空间中光线集合的完备表示。它可以被视为一个由光线组成的“场”，其中每个点都包含通过该点的所有光线的信息。通过采集和显示这些光场信息，就可以实现对场景的三维重建和渲染，从而获得更加真实和逼真的视觉效果。

光场采集是利用特殊的设备(如光场相机)捕获场景中光线的信息，不仅包括光线的方向、位置、强度和颜色等信息，还可以捕捉到更加丰富的视觉信息，例如物体表面的纹理、深度、反射性质等。这些信息使后期处理可以实现调整焦点、视角变换等效果，而无须重新进行拍摄。

光场显示是指利用特殊的显示技术再现光场相机或其他光场采集技术所捕获的光场数据。这些显示技术通常需要借助高级的算法和硬件支持。它们能够呈现出具有真实感的三维图像，不需要佩戴任何特殊的眼镜或头戴设备就可以从不同的角度观看到立体的效果，例如光场屏实现的裸眼3D和未来的全息显示等。

光场技术其实在计算机图形学、虚拟现实、增强现实、机器人视觉等领域有着广泛的应用。例如，在虚拟现实中，通过光场技术可以生成更加真实和沉浸的三维场景，提供更加逼真的视觉体验。在机器人视觉中，光场技术可以帮助机器人感知环境，实现更加精确的定位和导航。种种迹象表明，Unity 未来结合光场技术也应该是大势所趋，而在 Unity 中的光场插件可能涉及以下几个方面。

1. 光场渲染插件

可以让 Unity 引擎支持光场图像的实时渲染。它可能包括自定义的着色器和渲染管线，以及处理光场数据所需的算法。这样的插件可以增强用户体验的真实感，为用户提供从不同角度观察场景的能力。

2. 光场相机模拟器插件

一个模拟光场相机工作原理的插件可以帮助开发者在虚拟环境中捕捉光场图像，而无须实际的光场摄影硬件。这可以用于预先评估场景效果或者输出光场模拟数据。

3. 光场视频播放器插件

专门用于播放光场视频的插件，它允许用户在视频播放过程中改变观看角度，提供一种全新的互动视频体验。

4. 深度感知和后期处理插件

利用光场数据，开发出对场景进行深度感知的插件，进而实现高级的后期处理效果，如景深控制、焦点变换、3D 重建等。

5. 光场数据压缩和传输插件

由于光场数据通常非常庞大，因此开发有效的数据压缩和传输插件也非常重要。这类插件可以帮助开发者优化光场内容的存储和流式传输。

6. 交互式光场展示插件

对于教育、展示或市场营销应用，可以创建一个插件来展示和操作光场捕获的对象或环境，提供用户与三维对象的直观交互方式。

7. 光场数据编辑工具插件

为了方便开发者调整和编辑光场数据，可以开发专门的光场数据编辑工具。这些工具可以调整光场参数、裁剪光场视图、合成多个光场源等。

9.2 Unity3D 插件未来展望

Unity3D 作为一个强大的游戏和实时内容开发平台，其插件不仅丰富了开发者的工具箱，也极大地扩展了 Unity 的能力，作为一个专业的 Unity3D 开发者，笔者从个人角度对 Unity3D 插件的未来做出大胆的猜测和展望。

1. 插件生态系统的融合与协同

随着技术的进步，Unity3D 插件不再是单一功能的补充，而是形成了一个互相协同的生态系统，使不同插件提供的功能能够更好地相互配合，创造出更加丰富和复杂的游戏及应用场景。例如，AI 插件可以与物理引擎插件紧密结合，共同提供更为真实的游戏内行为和物理反应。

2. XR 的深度融合

随着 AR 和 VR 技术的成熟，Unity3D 插件将提供更多工具来支持这些技术。这些工具将涵盖从基本的 3D 模型创建和编辑，到高级的用户交互、环境感知和空间定位等方面。随着 5G 技术的部署，XR 应用的实时性和互动性将得到极大增强。

3. 跨平台兼容性与云集成

随着云计算的普及和跨平台技术的发展，Unity3D 插件将更加重视在不同平台和设备上提供一致的用户体验。未来的插件将支持更多的操作系统和硬件平台，同时提供云服务集成，允许开发者和用户通过云端进行协作、存储和计算。这样不仅可以加快开发过程，还能使游戏和应用程序利用云计算的强大能力。

4. 实时云端协作

云技术的发展将为 Unity 插件开发带来新的协作模式。实时云端协作工具将使团队成员无论身处何地都能即时共享项目文件、资源和进度，实现高效的远程协同工作。此外，云服务还可以为插件提供强大的后端支持，如在线数据分析、玩家行为追踪等。

5. 智能化与自动化

未来的 Unity 插件开发将更加侧重于智能化与自动化。通过集成人工智能和机器学习技术，插件将能够提供更智能的资源优化、性能分析和错误检测功能。这将极大地提高开发效率，减少重复性工作，并帮助开发者专注于创新和制作。

6. 安全性与隐私保护

随着网络安全威胁的日益增加，Unity 插件开发将更加重视安全性和隐私保护。未来的插件将需要集成更强大的安全机制，如数据加密、安全认证和防作弊系统，以保护用户信息和游戏资产。此外，随着各种隐私法规的实施，插件还需要确保对用户数据的处理符合法律要求，提供必要的隐私保护措施。

7. 区块链技术

区块链技术可以为游戏内资产提供一个去中心化的管理平台。通过将游戏道具、角色和货币等资产上链，开发者可以创建一个安全、透明且不可篡改的资产记录系统。这将有助于保护玩家的虚拟财产，防止作弊和盗窃行为，并且借助区块链技术，Unity 插件也可以实现跨游戏资产互通。玩家可以在不同游戏中使用相同的游戏资产，打破传统游戏之间的壁垒。

8. 社区驱动的开发模式

Unity插件的发展将更加依赖于社区的参与和贡献。开源精神和协作共享的文化将继续推动Unity插件的创新和发展。通过社区的力量，开发者可以更快地获取反馈，改进插件，同时也能够分享自己的知识和经验，共同推动Unity生态系统的成长。

总之，未来将是一个不断变化和发展的旅程，充满了挑战和机遇。相信Unity3D的插件市场将紧跟新兴技术的发展，深入集成最前沿的技术，并会加强对插件的管控，为开发者提供一个多元化、高度集成和用户友好的插件生态系统。

图书推荐

书　　名	作　　者
仓颉语言实战(微课视频版)	张磊
仓颉语言核心编程——入门、进阶与实战	徐礼文
仓颉语言程序设计	董昱
仓颉程序设计语言	刘安战
仓颉语言元编程	张磊
仓颉语言极速入门——UI全场景实战	张云波
HarmonyOS移动应用开发(ArkTS版)	刘安战、余雨萍、陈争艳 等
公有云安全实践(AWS版·微课视频版)	陈涛、陈庭暄
虚拟化KVM极速入门	陈涛
虚拟化KVM进阶实践	陈涛
移动GIS开发与应用——基于ArcGIS Maps SDK for Kotlin	董昱
Vue+Spring Boot前后端分离开发实战(第2版·微课视频版)	贾志杰
前端工程化——体系架构与基础建设(微课视频版)	李恒谦
TypeScript框架开发实践(微课视频版)	曾振中
精讲MySQL复杂查询	张方兴
Kubernetes API Server源码分析与扩展开发(微课视频版)	张海龙
编译器之旅——打造自己的编程语言(微课视频版)	于东亮
全栈接口自动化测试实践	胡胜强、单镜石、李睿
Spring Boot+Vue.js+uni-app全栈开发	夏运虎、姚晓峰
Selenium 3自动化测试——从Python基础到框架封装实战(微课视频版)	栗任龙
Unity编辑器开发与拓展	张寿昆
跟我一起学uni-app——从零基础到项目上线(微课视频版)	陈斯佳
Python Streamlit从入门到实战——快速构建机器学习和数据科学Web应用(微课视频版)	王鑫
Java项目实战——深入理解大型互联网企业通用技术(基础篇)	廖志伟
Java项目实战——深入理解大型互联网企业通用技术(进阶篇)	廖志伟
深度探索Vue.js——原理剖析与实战应用	张云鹏
前端三剑客——HTML5+CSS3+JavaScript从入门到实战	贾志杰
剑指大前端全栈工程师	贾志杰、史广、赵东彦
JavaScript修炼之路	张云鹏、戚爱斌
Flink原理深入与编程实战——Scala+Java(微课视频版)	辛立伟
Spark原理深入与编程实战(微课视频版)	辛立伟、张帆、张会娟
PySpark原理深入与编程实战(微课视频版)	辛立伟、辛雨桐
HarmonyOS原子化服务卡片原理与实战	李洋
鸿蒙应用程序开发	董昱
HarmonyOS App开发从0到1	张诏添、李凯杰
Android Runtime源码解析	史宁宁
恶意代码逆向分析基础详解	刘晓阳
网络攻防中的匿名链路设计与实现	杨昌家
深度探索Go语言——对象模型与runtime的原理、特性及应用	封幼林
深入理解Go语言	刘丹冰
Spring Boot 3.0开发实战	李西明、陈立为

续表

书　名	作　者
全解深度学习——九大核心算法	于浩文
HuggingFace 自然语言处理详解——基于 BERT 中文模型的任务实战	李福林
动手学推荐系统——基于 PyTorch 的算法实现(微课视频版)	於方仁
深度学习——从零基础快速入门到项目实践	文青山
LangChain 与新时代生产力——AI 应用开发之路	陆梦阳、朱剑、孙罗庚、韩中俊
图像识别——深度学习模型理论与实战	于浩文
编程改变生活——用 PySide6/PyQt6 创建 GUI 程序(基础篇・微课视频版)	邢世通
编程改变生活——用 PySide6/PyQt6 创建 GUI 程序(进阶篇・微课视频版)	邢世通
编程改变生活——用 Python 提升你的能力(基础篇・微课视频版)	邢世通
编程改变生活——用 Python 提升你的能力(进阶篇・微课视频版)	邢世通
Python 量化交易实战——使用 vn. py 构建交易系统	欧阳鹏程
Python 从入门到全栈开发	钱超
Python 全栈开发——基础入门	夏正东
Python 全栈开发——高阶编程	夏正东
Python 全栈开发——数据分析	夏正东
Python 编程与科学计算(微课视频版)	李志远、黄化人、姚明菊 等
Python 数据分析实战——从 Excel 轻松入门 Pandas	曾贤志
Python 概率统计	李爽
Python 数据分析从 0 到 1	邓立文、俞心宇、牛瑶
Python 游戏编程项目开发实战	李志远
Java 多线程并发体系实战(微课视频版)	刘宁萌
从数据科学看懂数字化转型——数据如何改变世界	刘通
Dart 语言实战——基于 Flutter 框架的程序开发(第 2 版)	亢少军
Dart 语言实战——基于 Angular 框架的 Web 开发	刘仕文
FFmpeg 入门详解——音视频原理及应用	梅会东
FFmpeg 入门详解——SDK 二次开发与直播美颜原理及应用	梅会东
FFmpeg 入门详解——流媒体直播原理及应用	梅会东
FFmpeg 入门详解——命令行与音视频特效原理及应用	梅会东
FFmpeg 入门详解——音视频流媒体播放器原理及应用	梅会东
FFmpeg 入门详解——视频监控与 ONVIF+GB28181 原理及应用	梅会东
Python 玩转数学问题——轻松学习 NumPy、SciPy 和 Matplotlib	张骞
Pandas 通关实战	黄福星
深入浅出 Power Query M 语言	黄福星
深入浅出 DAX——Excel Power Pivot 和 Power BI 高效数据分析	黄福星
从 Excel 到 Python 数据分析：Pandas、xlwings、openpyxl、Matplotlib 的交互与应用	黄福星
云原生开发实践	高尚衡
云计算管理配置与实战	杨昌家
HarmonyOS 从入门到精通 40 例	戈帅
OpenHarmony 轻量系统从入门到精通 50 例	戈帅
AR Foundation 增强现实开发实战(ARKit 版)	汪祥春
AR Foundation 增强现实开发实战(ARCore 版)	汪祥春

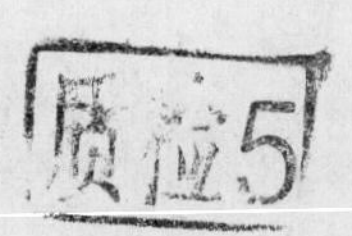